Menschliche Anatomie

KÖNEMANN

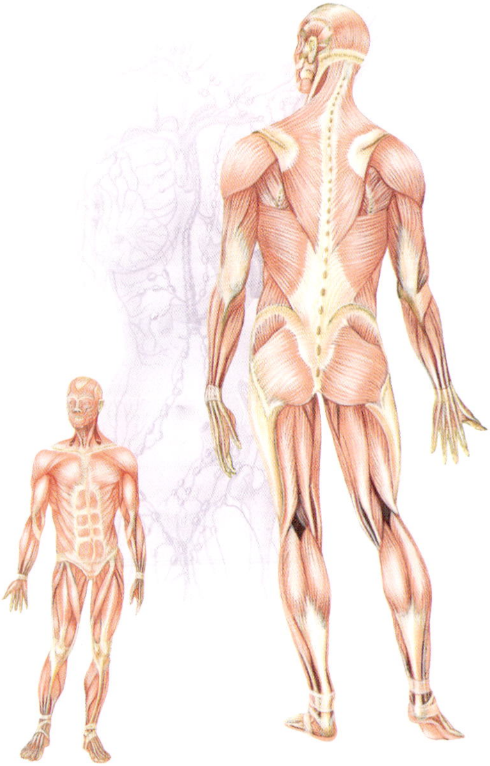

Originalausgabe: © 2000
ARCO Editorial, S. A., Ganduxer, 115; 4°
Barcelona 08022, Spanien

Herausgeber: Francisco Asensio Cerver

Text und Illustrationen © ARCO Editorial Team
Originaltitel: El cuerpo humano

© 2000 für die deutsche Ausgabe:
Könemann Verlagsgesellschaft mbH,
Bonner Straße 126, D-50968 Köln

Übersetzung aus dem Spanischen:
Gina Beitscher, Elisabeth Brock (für schroeder & partner)
Redaktion und Satz der deutschen Ausgabe:
schroeder & partner, München

Projektkoordination: Ulrich Ritter
Herstellung: Ursula Schümer

Druck und Bindung:
EuroGrafica

Printed in Marano Vicenza, Italy
ISBN: 3-8290-2111-9

10 9 8 7 6 5 4 3 2 1

Inhalt

Vorwort

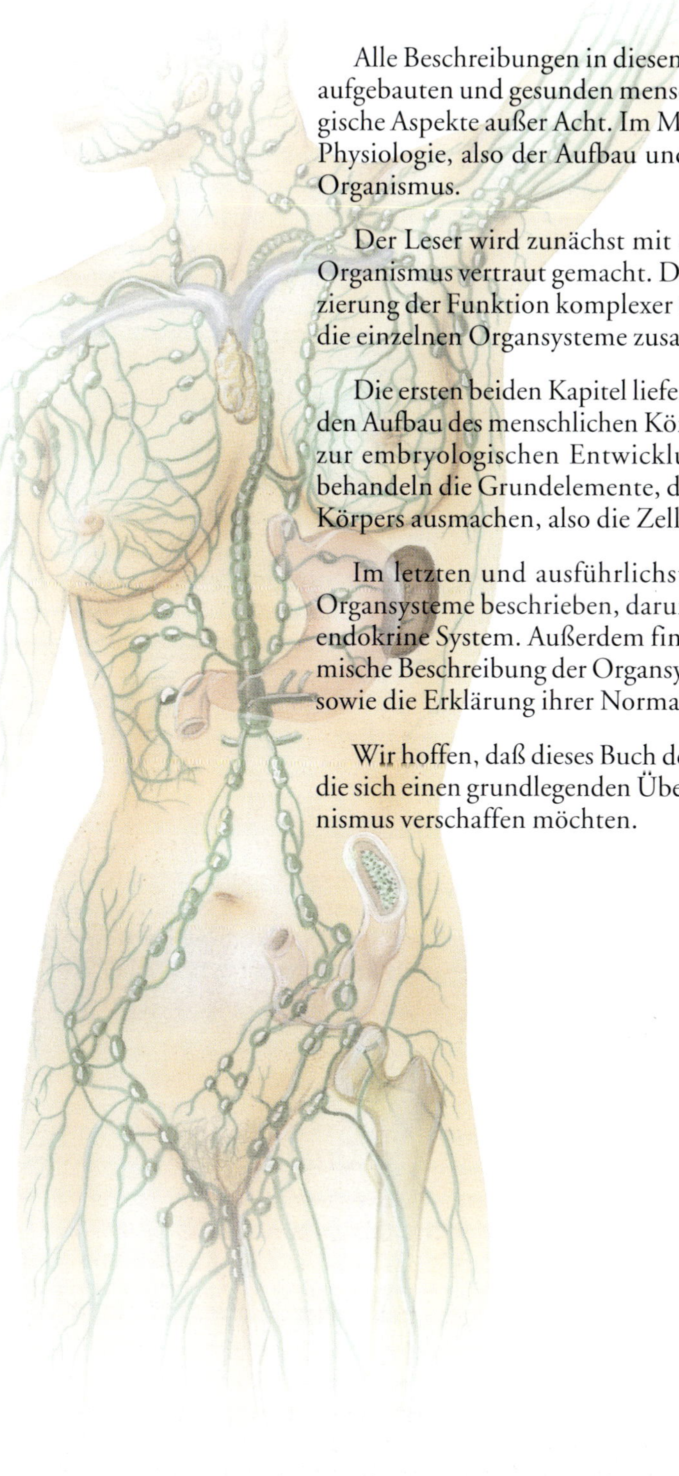

Alle Beschreibungen in diesem Buch beziehen sich auf den normal aufgebauten und gesunden menschlichen Körper und lassen pathologische Aspekte außer Acht. Im Mittelpunkt stehen die Anatomie und Physiologie, also der Aufbau und die Funktionen des menschlichen Organismus.

Der Leser wird zunächst mit den elementaren Komponenten des Organismus vertraut gemacht. Danach erfolgt die genauere Differenzierung der Funktion komplexer Organverbindungen, aus denen sich die einzelnen Organsysteme zusammensetzen.

Die ersten beiden Kapitel liefern einen allgemeinen Überblick über den Aufbau des menschlichen Körpers, einschließlich aller Aspekte die zur embryologischen Entwicklung gehören. Kapitel drei bis fünf behandeln die Grundelemente, die die Architektur des menschlichen Körpers ausmachen, also die Zelle, die Haut und das Blut.

Im letzten und ausführlichsten Teil werden die verschiedenen Organsysteme beschrieben, darunter z. B. das Immunsystem und das endokrine System. Außerdem findet man hier die umfassende anatomische Beschreibung der Organsysteme und ihrer wichtigsten Organe sowie die Erklärung ihrer Normalfunktion.

Wir hoffen, daß dieses Buch den Vorstellungen all jener entspricht, die sich einen grundlegenden Überblick über den menschlichen Organismus verschaffen möchten.

Dr. Antonio Páez
Dr. Núria Martínez

Organisation

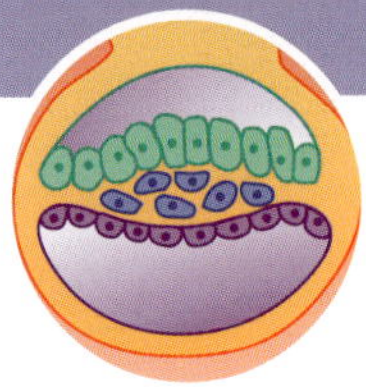

1. Moleküle

Durch die Verbindung von Atomen entstehen die grundlegenden Moleküle des menschlichen Körpers, nämlich Wasser, Fette, Kohlenhydrate und Eiweiße.

2. DNS

Bestimmte Moleküle, die sogenannten Nukleotide oder Nukleinsäuren (Adenin, Thymin, Zytosin, Guanin) verbinden sich zu einem großen Makromolekül in Doppelhelixgestalt, der sogenannten DNS oder Desoxyribonukleinsäure. Diese bildet die Chromosomen und enthält die Erbinformation des menschlichen Körpers.

3. Mitochondrien

Wahre „Kraftwerke“, in denen der Prozeß der Zellatmung und die Zersetzung von Fetten und Zucker zur Energiegewinnung stattfindet. Sie sind unverzichtbar, damit die Zelle ihre Funktionen ausführen kann.

4. Zelle

Sie ist die Grundlage der verschiedenen Gewebe. Es gibt zahlreiche Zellarten, etwa Muskelzellen, Nervenzellen, Blutzellen usw. Sie weisen überaus unterschiedliche Formen und Größen auf, was durch ihre verschiedenen Funktionen im Organismus zu erklären ist. Je nachdem zu welchem Organ sie gehören, haben Zellen entsprechenden Spezialfunktionen.

5. Gewebe

Zellen desselben Typs bilden Zellgewebe, die spezifische Funktionen erfüllen. Es gibt fünf Gewebetypen: *Epithelialgewebe* hat eine Abdeckfunktion; *Bindegewebe* stützt die Organe und verleiht ihnen ihre Form; *Muskelgewebe* sorgt für Beweglichkeit; *Nervengewebe* leitet Empfindungen an das Gehirn weiter; *Blut und Lymphgewebe* sind Transportmittel und Abwehrsystem.

6. Organe

Die Verbindung verschiedener Gewebetypen führt zur Bildung der einzelnen Organe, von denen jedes eine spezifische anatomische Struktur mit einer einmaligen und nicht ersetzbaren Funktion im menschlichen Körper aufweist.

7. Organsysteme

Ein Organsystem besteht aus einem Komplex von Organen, die zur Erfüllung einer bestimmten Aufgabe zusammenarbeiten: Ernährung (Verdauungssystem), Stützung (Knochenbau), Sauerstoffversorgung (Atemsystem), Ausscheidung von Giftstoffen (Harnwege) usw.

8. Organismus

Die Gesamtheit aller Organsysteme bildet den Organismus. Bei einwandfreier individueller Funktion und Koordination untereinander garantieren sie den perfekten Ablauf der verschiedenen Funktionen der komplexen Maschine, die menschlicher Körper genannt wird.

Strukturelle Gliederung des menschlichen Körpers

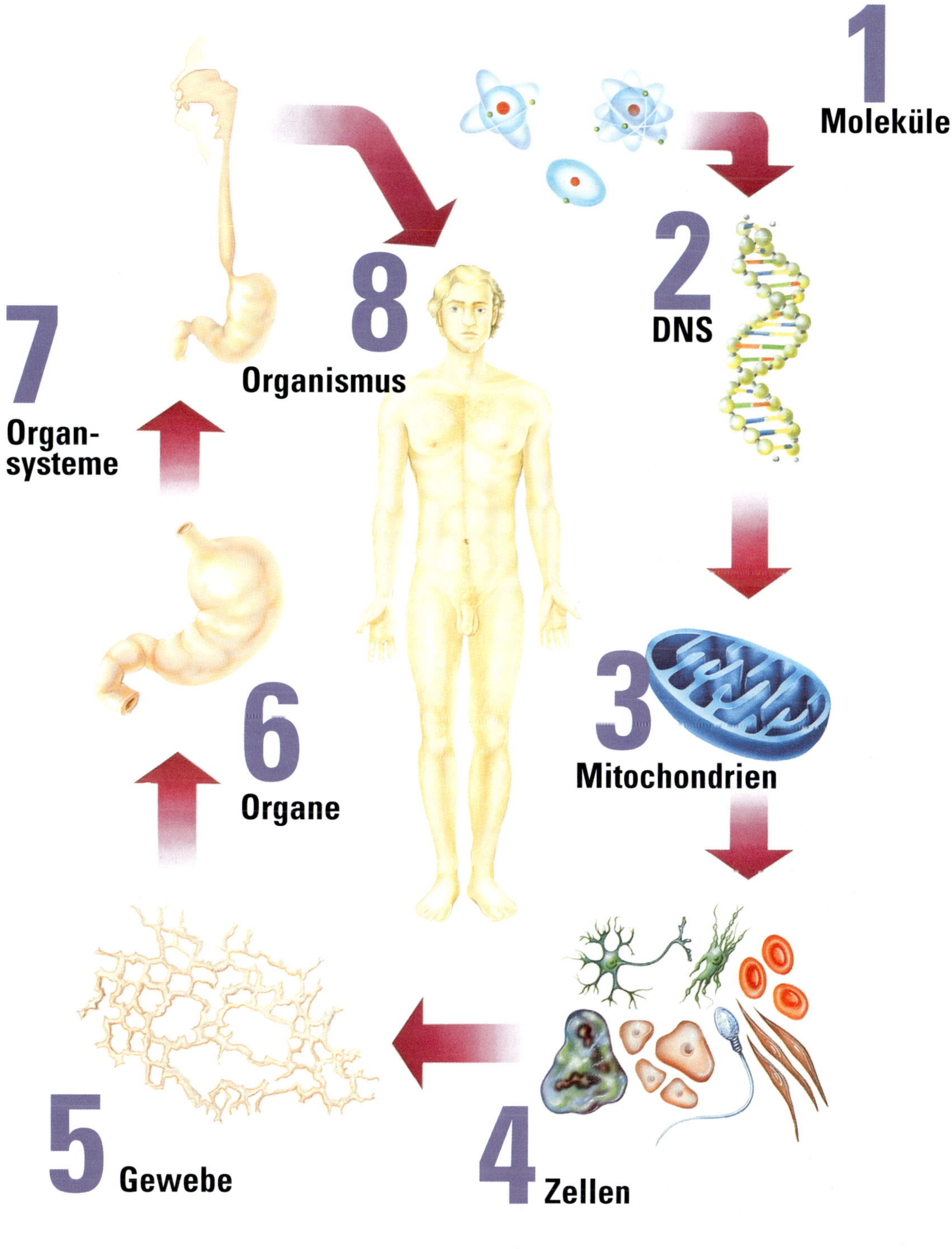

Organisation

Embryonale Entwicklung

Die Entwicklung des Menschen beginnt mit der Befruchtung, die aus der Verbindung von zwei hochspezialisierten Zellen besteht, dem männlichen Spermatozoon und der weiblichen Eizelle. Aus diesen beiden Zellen entsteht die erste Zelle des neuen Organismus, die Zygote, als Ergebnis eines komplizierten Reproduktionsprozesses. Dabei verbindet sich das genetische Material aus den DNS-Ketten in den Chromosomen der mütterlichen mit dem der väterlichen Zelle und bildet die Chromosomen der neuen Zelle.

Danach erfährt diese erste Zelle progressiv mehrere Teilungen in zahlreiche Tochterzellen, die sich in den verschiedenen Geweben, Organen und Systemen immer weiter differenzieren, bis sie schließlich einen neuen Organismus bilden.

Wenige Wochen nach der Befruchtung haben sich bereits die drei Keimblätter bzw. -schichten gebildet, aus denen der menschliche Embryo besteht: Ektoderm, Mesoderm und Endoderm.

Aus der äußersten Schicht (Ektoderm) entstehen im wesentlichen die äußersten Hautschichten inklusive z. B. der Haare und Schweißdrüsen, das Nervensystem, das Empfindungsepitel der Sinnesorgane, die Hypophyse sowie die Mundhöhle mit ihren Strukturen (Zähne, Speicheldrüsen ...).

Aus der mittleren Schicht, dem sogenannten Mesoderm, bilden sich das Herz und das gesamte Herz-Kreislaufsystem, Muskeln, Knorpel, Knochen und Gelenke, die Nieren und die Harnwege sowie die Geschlechtsorgane.

Aus der inneren Schicht, dem Endoderm, entwickeln sich der Verdauungsapparat und seine Zusatzorgane (Leber und Bauchspeicheldrüse), die Atmungsorgane und einige innere Drüsen, etwa Thymusdrüse, Schilddrüse, Nebenschilddrüse, Rachenmandeln usw.

Nach der Enstehung des vollständigen Organismus arbeiten seine Organe und Systeme koordiniert miteinander, wobei sie ihre jeweilige spezielle individuelle Aufgabe erfüllen.

Bereits wenige Wochen nach der Befruchtung haben sich die drei Keimblätter bzw. -schichten gebildet, aus denen der menschliche Embryo besteht: Ektoderm (Ektoblast), Mesoderm und Endoderm (Endoblast).

Querschnitt durch einen drei Wochen alten Embryo: Ektoderm (Ektoblast), Mesoderm und Endoderm (Endoblast) sind bereits zu erkennen

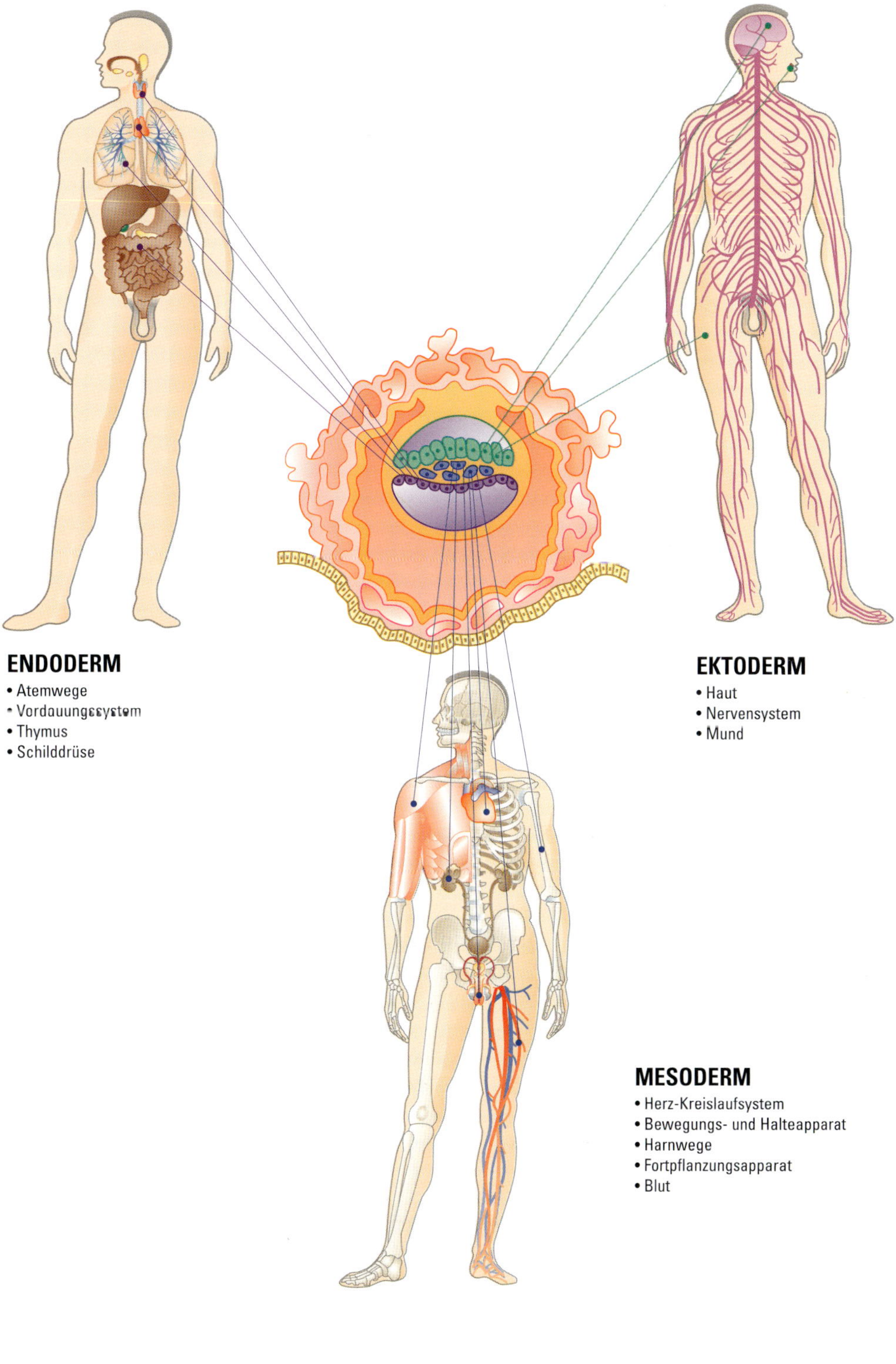

Organisation

Die wichtigsten Körperregionen

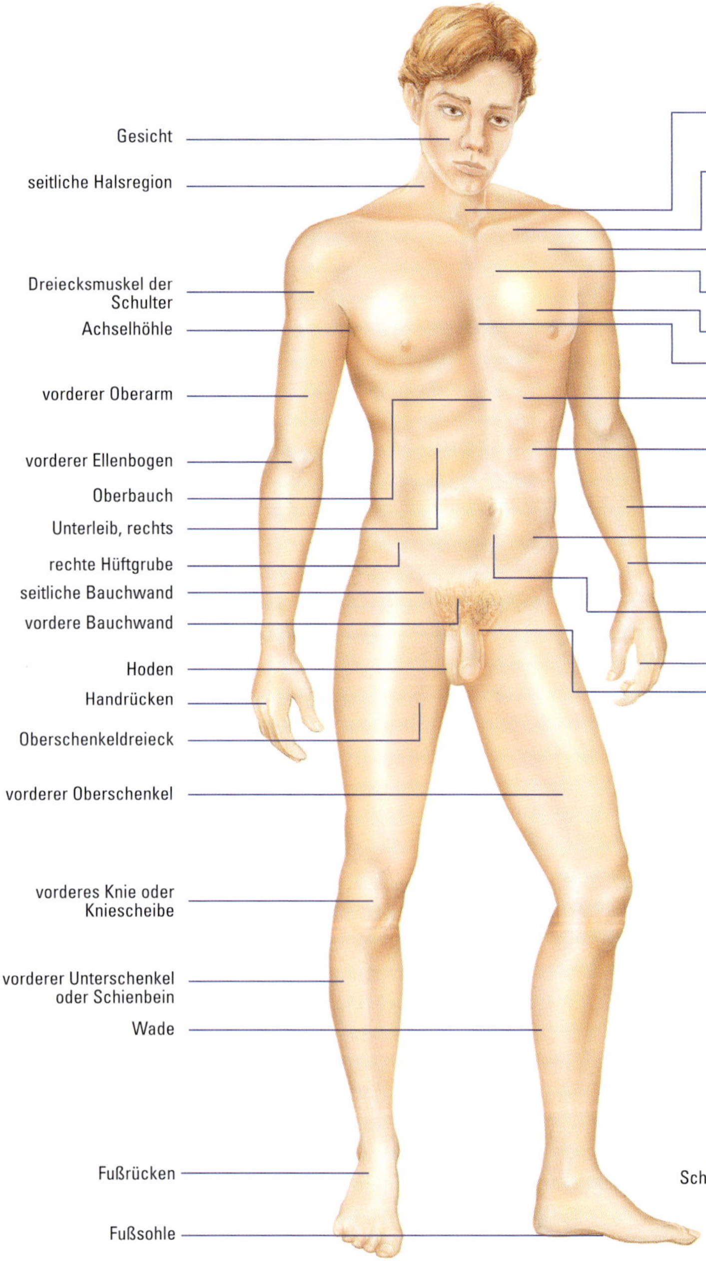

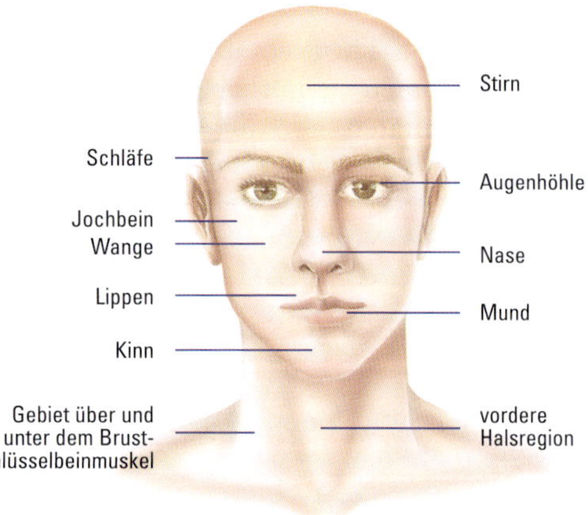

Regionen

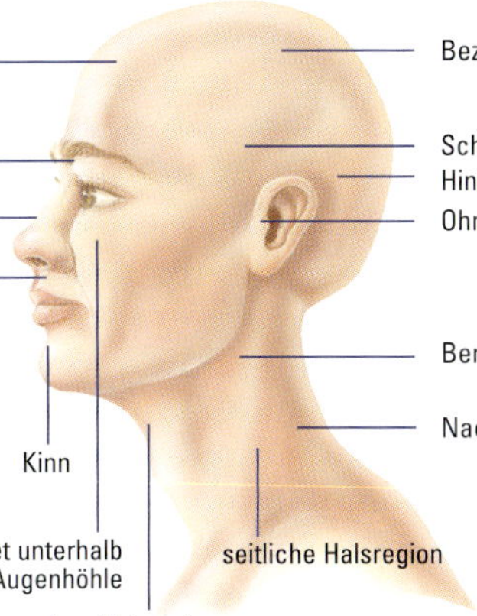

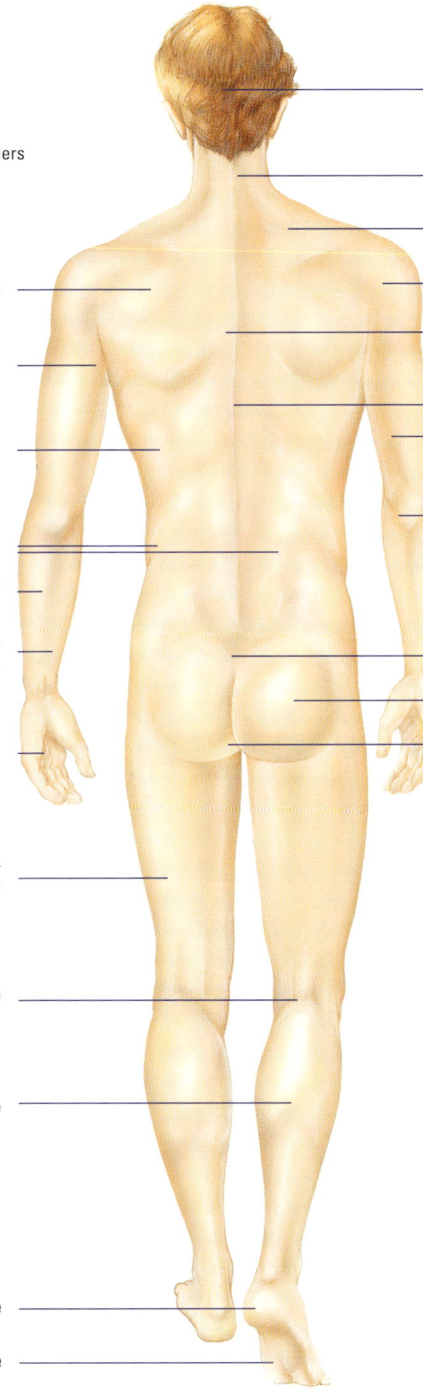

Der menschliche Körper wird in spezifische Regionen unterteilt. Man unterscheidet zunächst die vier wesentlichen Körperregionen Kopf, Thorax (Oberkörper), Abdomen (Unterleib) und die Extremitäten (Gliedmaßen).

Innerhalb der vier Hauptregionen des menschlichen Körpers wird weiter differenziert. So befindet sich am Kopf das Gesicht bzw. Gesichtsfeld, das sich wiederum in Stirn bzw. Stirnregion *(Regio frontalis)*, Nase bzw. Nasenregion *(Regio nasalis)* usw. unterteilen läßt *(siehe Abb. oben)*.

Die Zelle

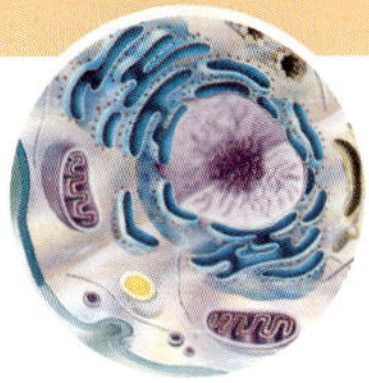

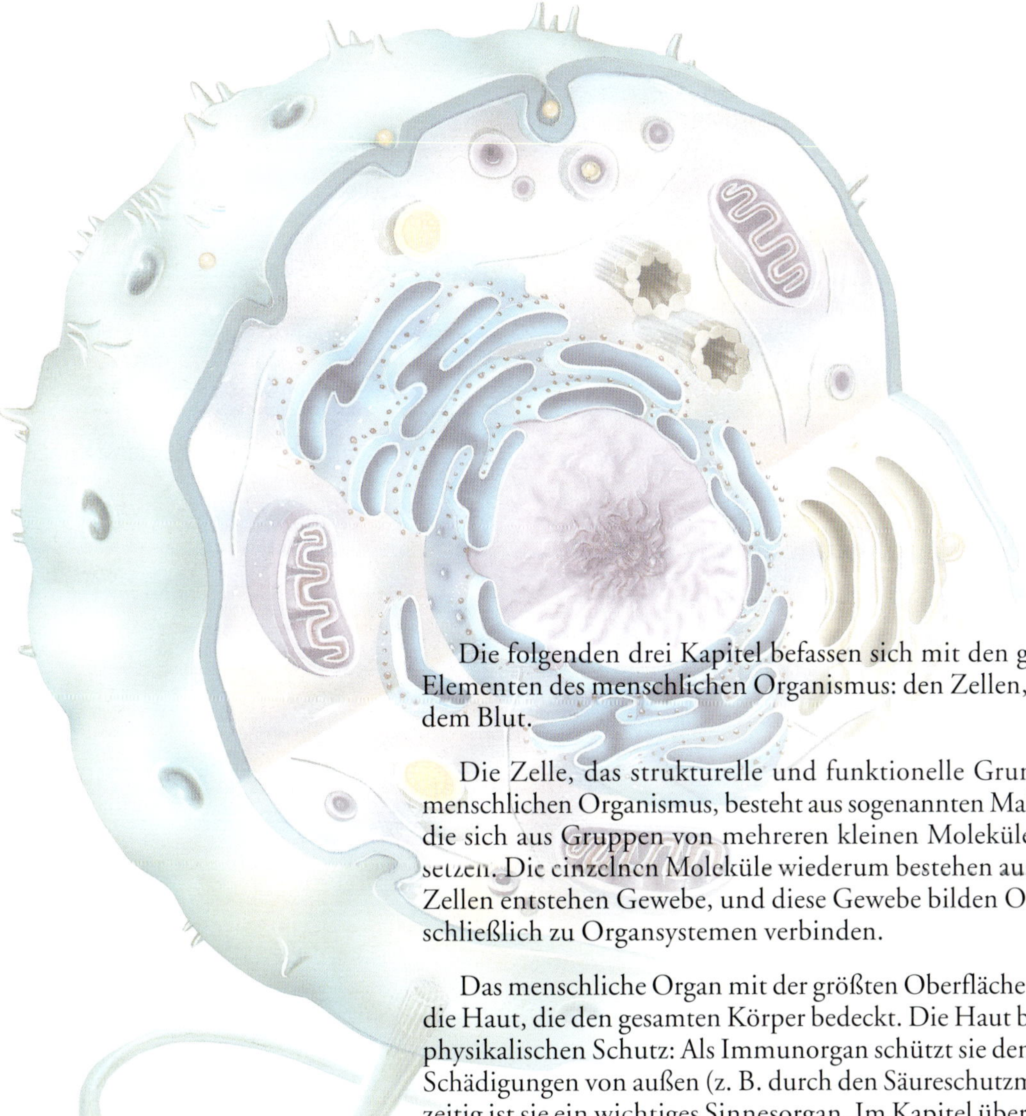

Die folgenden drei Kapitel befassen sich mit den grundlegenden Elementen des menschlichen Organismus: den Zellen, der Haut und dem Blut.

Die Zelle, das strukturelle und funktionelle Grundelement des menschlichen Organismus, besteht aus sogenannten Makromolekülen, die sich aus Gruppen von mehreren kleinen Molekülen zusammensetzen. Die einzelnen Moleküle wiederum bestehen aus Atomen. Aus Zellen entstehen Gewebe, und diese Gewebe bilden Organe, die sich schließlich zu Organsystemen verbinden.

Das menschliche Organ mit der größten Oberfläche (ca. 1,6 m^2) ist die Haut, die den gesamten Körper bedeckt. Die Haut bietet nicht nur physikalischen Schutz: Als Immunorgan schützt sie den Körper gegen Schädigungen von außen (z. B. durch den Säureschutzmantel), gleichzeitig ist sie ein wichtiges Sinnesorgan. Im Kapitel über die Haut werden sowohl ihre äußeren anatomischen Merkmale als auch ihre inneren mikroskopischen Strukturen behandelt.

Schließlich folgt eine Beschreibung der Blutgefäße und des Blutes. Neben der Darstellung der Aufgaben des Blutes wird auch der Prozeß der Blutbildung in den sogenannten hämatopoetischen oder blutbildenden Organen erläutert.

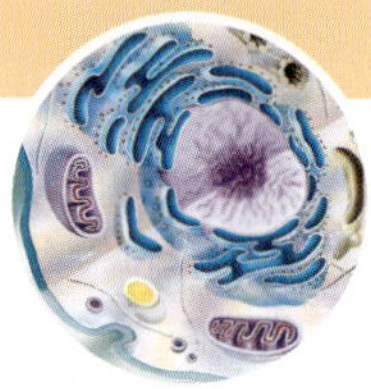

Die Zelle

Grundeinheit aller Lebewesen

Die Grundelemente der Materie sind die Atome. Sie finden sich gruppenweise zu Elementen zusammen (Kohlenstoff, Sauerstoff, Wasserstoff usw.), die sich wiederum zu Molekülen verbinden, wie etwa Wasser, das 60 Prozent des menschlichen Körpers ausmacht. Der Rest besteht aus organischen Verbindungen, z. B. Kohlenhydraten, Proteinen, strukturellen Elementen und Enzymkomponenten sowie den Lipiden oder Fetten, die strukturell und als Reserveenergiequelle verwendet werden. Nukleinsäuren, Desoxyribonukleinsäure (DNS) und Ribonukleinsäure (RNS), steuern die Fortpflanzung.

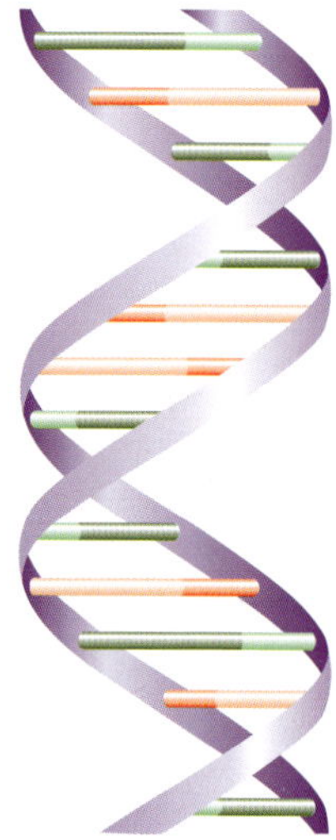

Doppelhelixgestalt der DNS mit Nukleotiden-Sequenz

Vom Atom zum Ion

Die Atome (in diesem Fall Natrium und Chlor) halten das Gleichgewicht zwischen den Elektronen und den Protonen aufrecht, die sich im Atomkern befinden. Wenn ein Atom ein Elektron verliert und ein anderes Atom es aufnimmt, wird dieses Gleichgewicht gestört, und die Atome werden zu Ionen mit einer positiven oder negativen elektrischen Ladung.

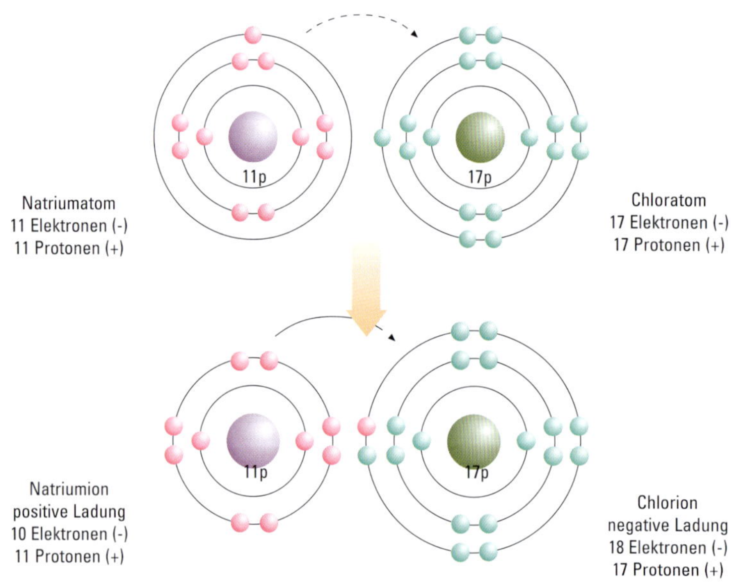

Schematische Darstellung einer Zelle mit ihren wichtigsten Elementen

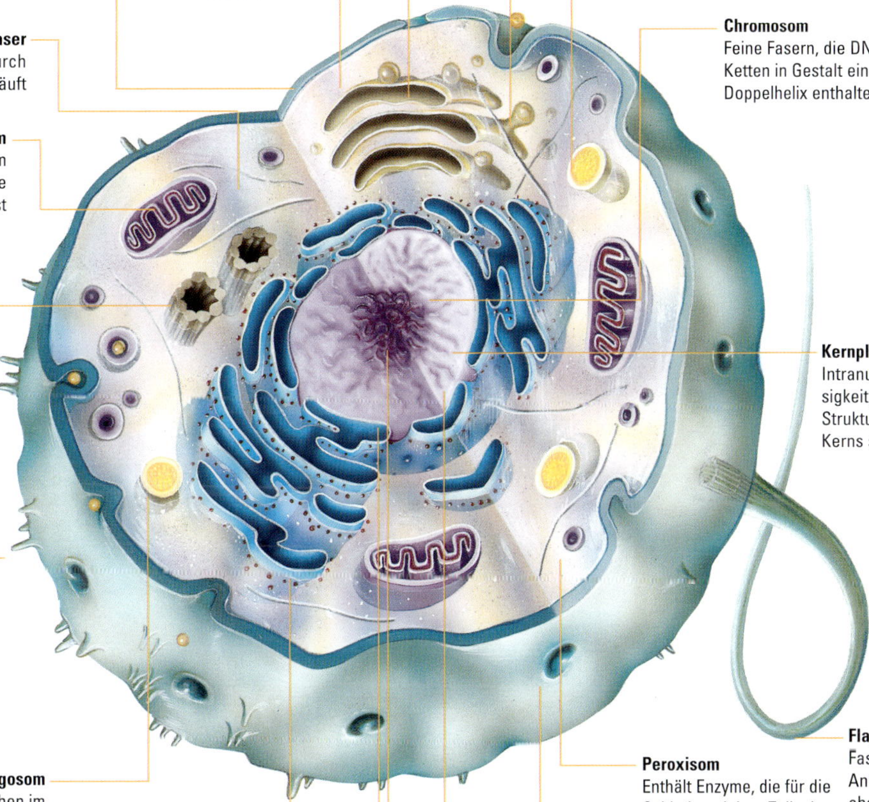

Die Zelle

Zellfunktionen

Die kleinste, über einen eigenen Energie- und Stoffwechsel verfügende Grundeinheit des menschlichen Organismus ist die Zelle. Umgeben von der Hülle, der Zellmembran, sind die Zellflüssigkeit, das Zytoplasma, welches verschiedene Organellen enthält, und der Zellkern, der ebenfalls von einer Membran umhüllt ist. Er ist Sitz der zur Zellreproduktion notwendigen Chromosomen.

Zur Hauptaufgabe der Zelle gehört die Produktion von Energie. Dazu nimmt sie Sauerstoff auf und gibt Kohlendioxid (CO_2) ab, welches durch die Photosynthese der Pflanzen wieder zu Sauerstoff verarbeitet und erneut an die Atmosphäre abgegeben wird. Diese sogenannte Pinozytose geschieht als Diffusion durch die Zellmembran, wodurch gelöste Stoffe aufgenommen werden. Die Zelle enthält außerdem Kohlenhydrate, Fette und Eiweiß.

Eine weitere wichtige Zellfunktion ist die Reproduktion bzw. Zellteilung. Dieser Prozeß, der Mitose genannt wird, beginnt im Zellkern und verläuft in mehreren Phasen *(siehe S. 17)*.

Pinozytose

Aufnahme gelöster Stoffe ins Zellinnere

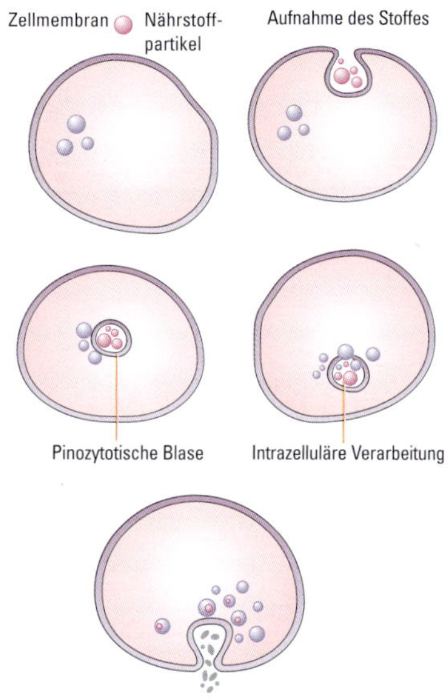

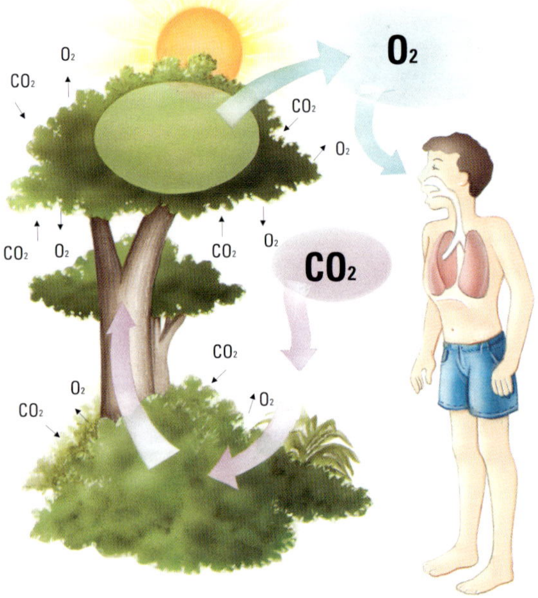

Photosynthese: Pflanzen produzieren Sauerstoff (O_2) aus Kohlendioxid (CO_2).

Die Reproduktion der Zelle (Mitose)

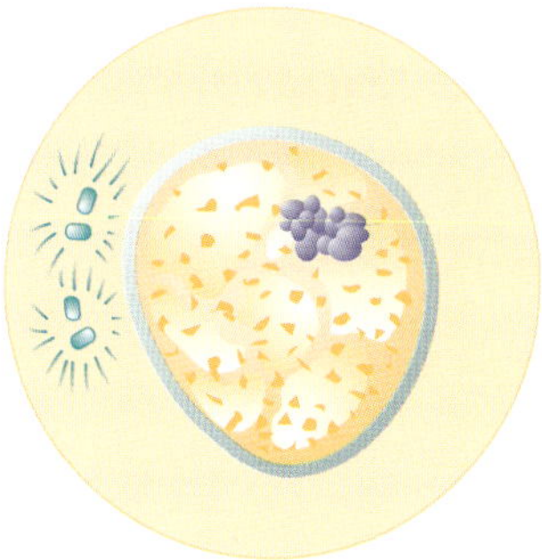

INTERPHASE
Zeitspanne ohne Mitose. Die Zelle wächst und erfüllt ihre normalen Stoffwechselfunktionen.

BEGINN DER PROPHASE
Erste und längste Phase der Mitose. Die Chromatinfäden werden kondensiert, und es kommt zur Bildung von Chromosomen, wobei jedes Chromosom aus zwei identischen Chromatinfäden besteht.

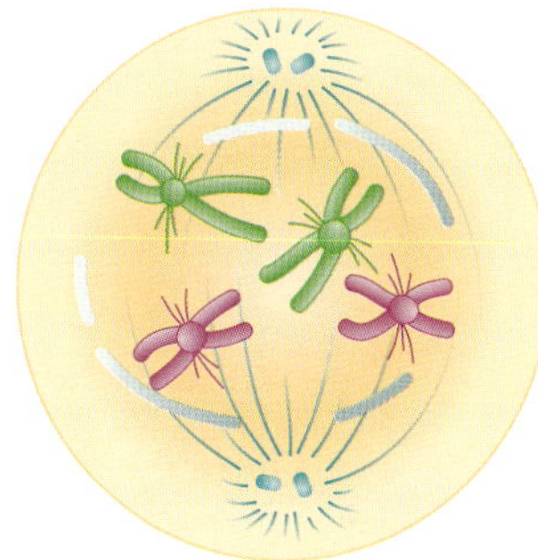

ENDE DER PROPHASE
Die Zellmembran bricht und der Zellkern löst sich auf. Die Zentriolen wandern zu den Polen der sich verlängernden Spindelkörper.

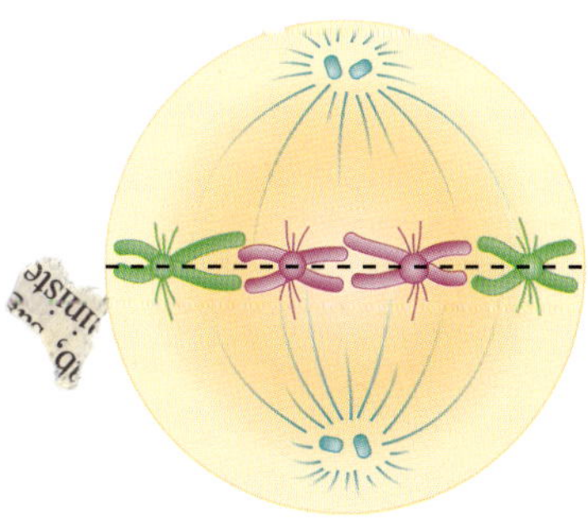

METAPHASE
In dieser zweiten Phase der Mitose ordnen sich die verdoppelten Chromosomen in das Zentrum der Spindelkörper, bzw. auf der Äquatorialebene an – in gleichen Abständen zu den Polen. Diese Formation wird Äquatorialplatte genannt. Die Zentriolen befinden sich in den Polen.

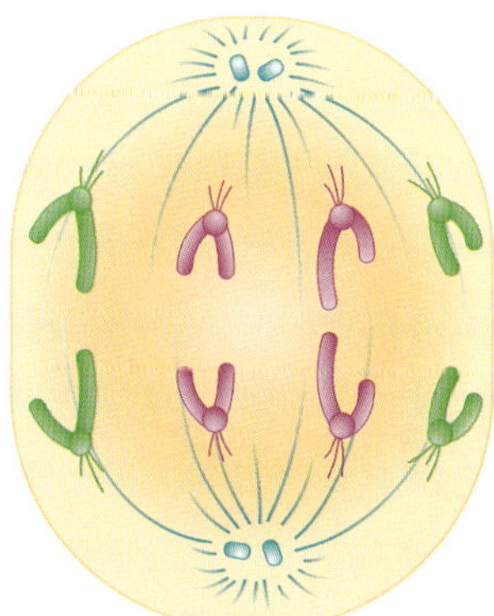

ANAPHASE
Die verdoppelten Chromosomen teilen sich abrupt und bilden zwei selbständige Systeme, die sich zu den Zentriolen hin bewegen.

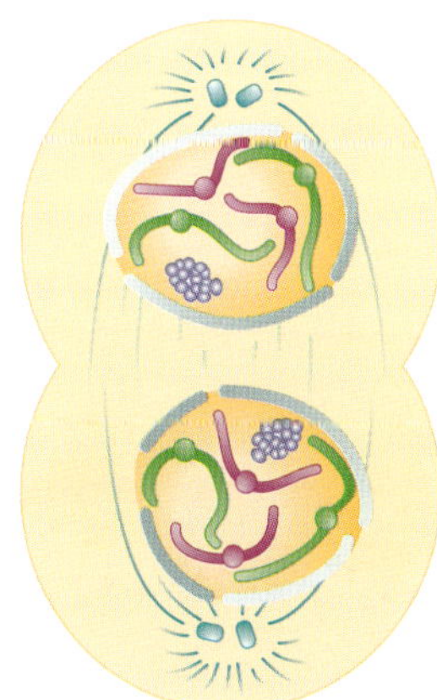

TELOPHASE
Wenn die Chromosomen zum Stillstand kommen, entwickeln sie sich wieder zu diffusen Chromatinfäden. Dann bildet sich eine neue Zellkernmembran, die jeden Chromosomensatz umgibt. Die Zellkerne erscheinen wieder und der trennende Spindelkörper löst sich auf.

Die Zelle

Zellgewebe

Die Zellen sind Struktureinheiten des menschlichen Körpers und bilden unterschiedliche Gewebe.

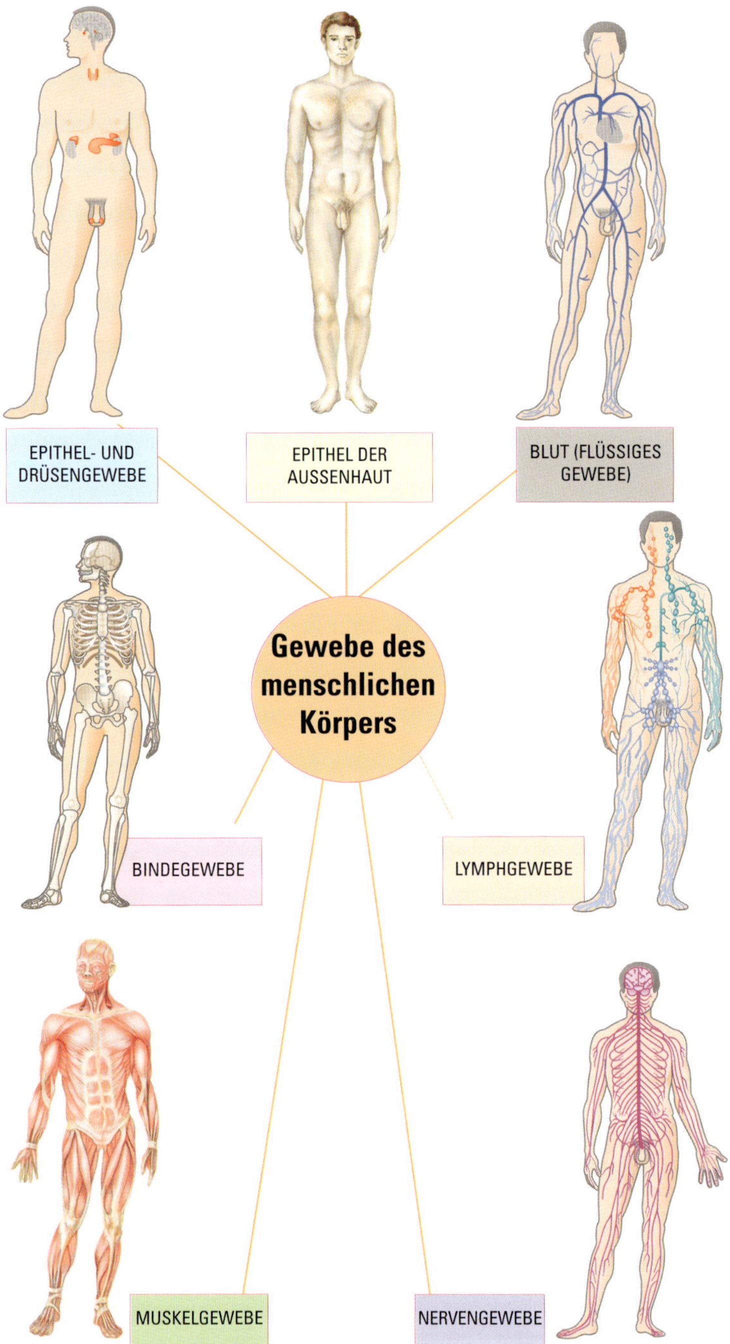

Gewebe des menschlichen Körpers

ART	FUNKTION	LAGE	GRAPHISCHES BEISPIEL
Epithel der Außenhaut	Schutz und äußere Begrenzung	Haut Schleimhäute	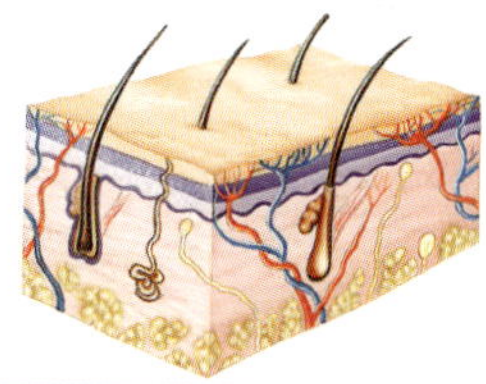
Drüsengewebe	Abgabe von Sekreten nach außen Abgabe von Sekreten in das Blut	Exokrine Drüsen Endokrine Drüsen	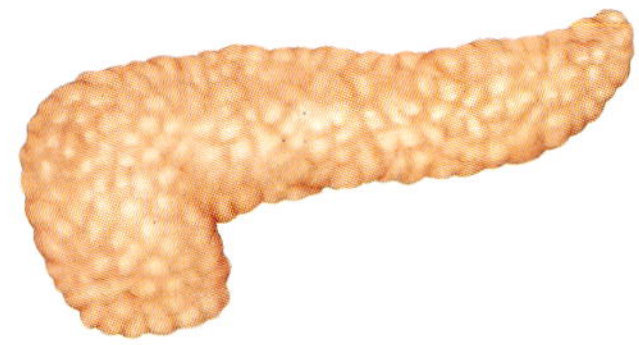
Bindegewebe	Halt und Befestigung Umhüllung der Organe Energetische Reserve und Einbettung	Knochen Knorpel Sehnen Membranen Fett	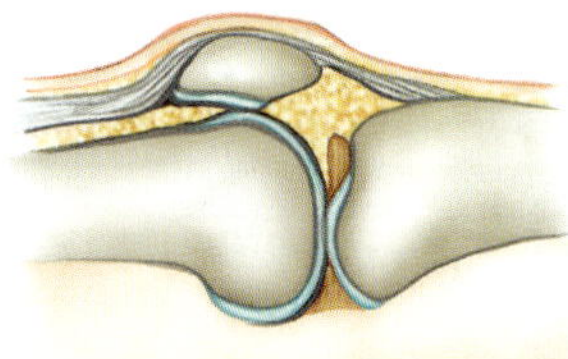
Muskelgewebe	mechanische Zugkräfte, Mobilisierung	quergestreifte Muskulatur glatte Muskulatur	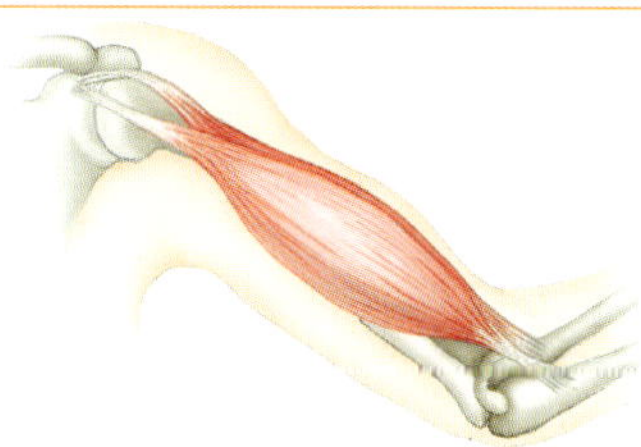
Nervengewebe	Übertragung elektro- chemischer Impulse	Neuronen	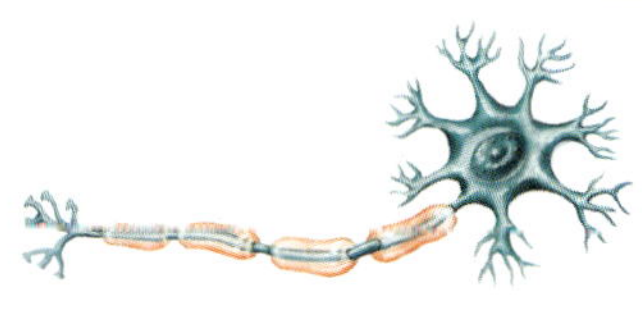
Lymphgewebe	Abwehr von Schadstoffen, die von außen eindringen	Knochenmark Lymphknoten Rachenmandeln Thymusdrüse	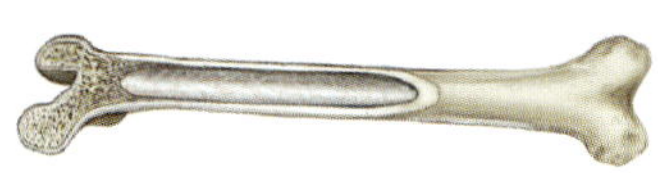
Blutzellen	Transport von Nährstoffen, Hormonen usw.	Blut	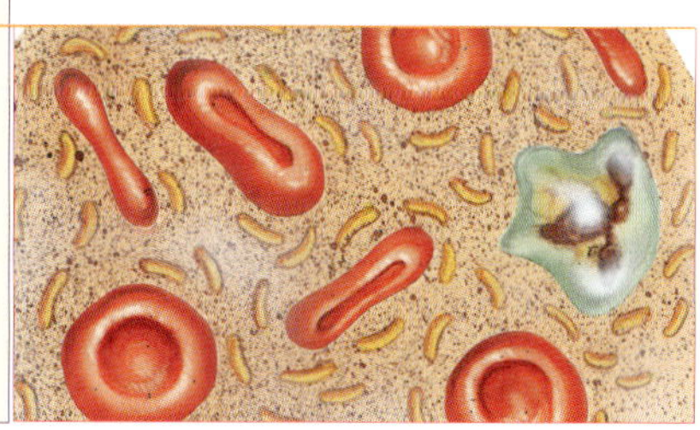

Die Zelle

Zellgewebe

Epithelgewebe der inneren und äußeren Körperoberflächen – Bedeckt den Körper und die innere Organe (Haut und Schleimhäute).

Drüsenepithelgewebe – Dient der Produktion von Sekreten.

Bindegewebe – Gibt dem Körper in Form von Knochen, Knorpel, Sehnen usw. Halt und erfüllt strukturbildende Funktionen. Das Fettgewebe ist eine spezielle Form des Bindegewebes und stellt die Fettenergiereserve des gesamten Organismus dar.

Muskelgewebe – Bildet und bewegt die Muskeln. Man unterscheidet glattes und quergestreiftes Muskelgewebe. Das Herz besteht hauptsächlich aus einem noch feineren Muskelgewebe.

Nervengewebe – Besteht aus Neuronen (Zellart), die auf die Übertragung von Nervenimpulsen spezialisiert sind.

Lymphgewebe – Kommt vor im Knochenmark, im Appendix, in den Lymphknoten, den Rachen- und Gaumenmandeln, den Seitensträngen, der Milz und in der Thymusdrüse.

Blut (flüssiges Gewebe) – Setzt sich aus dem Blut-Plasma (Blut-Flüssigkeit) und aus den Blut-Körperchen zusammen. Die wichtigste Funktion ist der Transport und Austausch von Stoffen im Organismus.

Die unterschiedlichen Zellgewebe bilden Organe, die ihrerseits Organsysteme mit ganz bestimmten Funktionen bilden.

Organe und Organsysteme

Unterschiedliche Gewebe bilden Organe, die zu Organsystemen mit spezifischen Funktionen gruppiert sind: das Verdauungssystem, die Atemwege, das Herz-Kreislaufsystem und der Blutkreislauf haben überwiegend vegetative Funktion; die Harnwege dienen der Weiterleitung und Ausscheidung des Harns; die Haut ist das wichtigste Organ der Wärmeregulation; das Immunsystem hat hauptsächlich Abwehrfunktionen; der Bewegungs- und Halteapparat sorgt für Standfestigkeit und ermöglicht die Bewegung; das endokrine System wirkt regulierend und steuert andere Systeme; der Fortpflanzungsapparat stellt den Fortbestand der Spezies sicher; zentrales und vegetatives Nervensystem steuern die Aktivitäten des Bewegungsapparates, des Atmungs-, Kreislauf-, Verdauungs- und Urogenitalsystems sowie des Systems der endokrinen Drüsen.

Das Reproduktionssystem stellt den Fortbestand und die Vermehrung der Spezies sicher; das Nervensystem ist der Hauptkoordinator sämtlicher Systeme.

Organsysteme des menschlichen Körpers

ERNÄHRUNG Verdauungsystem Atemwege Herz-Kreislaufsystem Röhrensystem der Blutgefäße	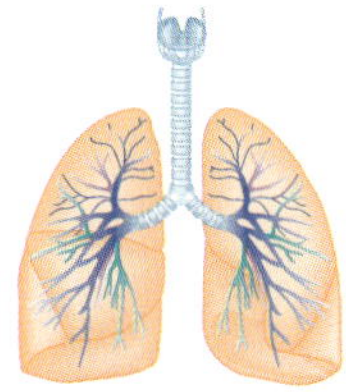
AUSSCHEIDUNG Harnwege	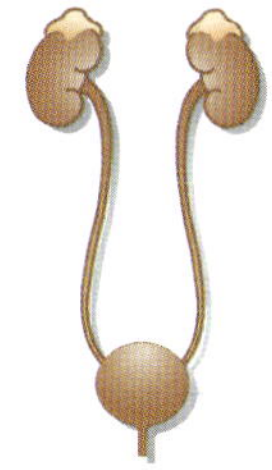
ABWEHR Haut Immunsystem	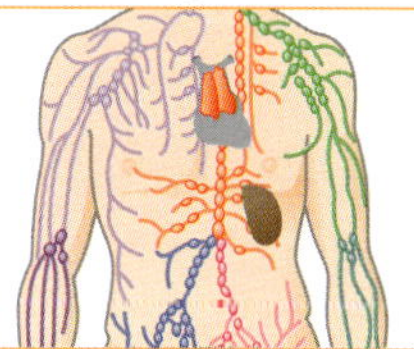
HALT Bewegungs- und Halteapparat	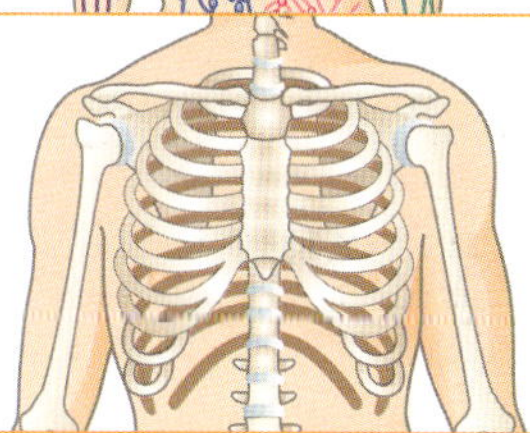
REGULATION Drüsensystem (endokrines System) Haut	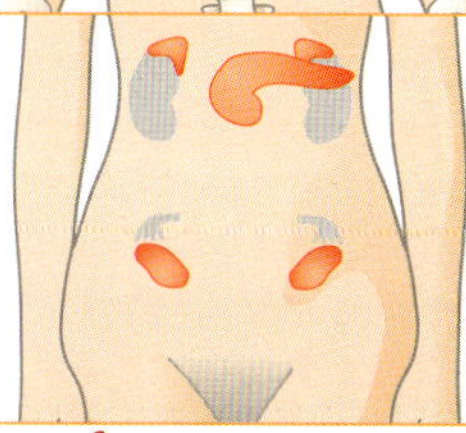
REPRODUKTION Fortpflanzungsapparat	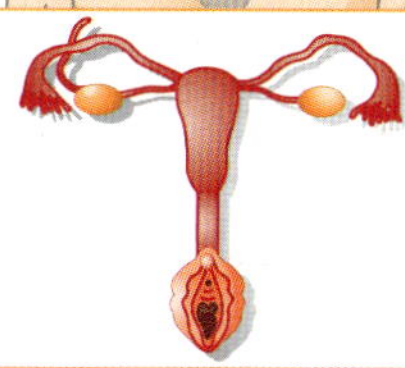
KOORDINATION UND LEITUNG Nervensystem	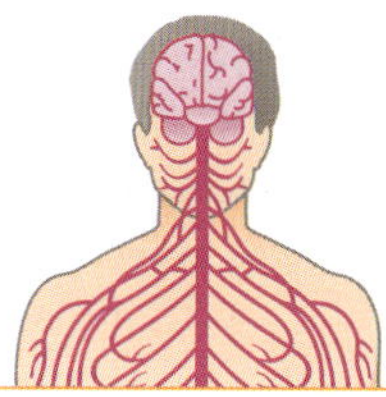

Die Haut

Aufbau und Funktionen

Die Haut ist die Hülle des menschlichen Körpers. Sie bildet verschiedene, mit dem bloßen Auge erkennbare Linien und Falten *(siehe Seite 23)*. Sie ist das Organ mit der größten Oberfläche und dient dem physikalischen, chemischen und immunologischen Schutz. Viele Krankheitssymptome manifestieren sich an der Haut, wobei manche Ausdruck spezifischer Hautkrankheiten sind, andere jedoch innere Erkrankungen anzeigen. Die Hauptfunktionen der Haut sind:

Schutz – Die Haut verhindert das Eindringen schädlicher Substanzen und Mikroorganismen in den Körper und schützt das darunterliegende Gewebe vor Verletzungen.

Wärmeregulation – Die Haut sorgt dafür, daß die Körpertemperatur bei etwa 37 °C konstant bleibt. Der wichtigste Mechanismus zum Ausgleich von Temperaturschwankungen besteht darin, die Blutzufuhr in die Haut zu erhöhen (periphere Vasodilatation) oder zu verringern (periphere Vasokonstriktion). Dieser Effekt ist bei erhöhter Durchblutung als Hautrötung und und bei verminderter Blutzufuhr als Blässe zu beobachten. Ein anderer Regulierungsmechanismus, das Schwitzen, schützt vor Überhitzung. Der auf der Hautoberfläche liegende Schweiß verdunstet, entzieht dem Körper dabei Wärme und sorgt so für Abkühlung.

Aufnahme von Sinnesreizen – Die Haut beherbergt Nervenfasern, die sich in verschiedene Rezeptoren und freie Nervenendigungen verzweigen. Diese nehmen die auf sie einwirkenden Reize auf und geben sie über das Nervensystem an das Gehirn weiter, das auf die Eindrücke von Schmerz, Druck, Wärme und Kälte usw. entsprechende Reaktionen auslöst. So kommt es z. B. bei einem Stich zu reflexartigen Muskelkontraktionen, die eine Fluchtreaktion einleiten.

Sekretion – Die Haut verfügt über verschiedene Sekretionsmechanismen: die Schweißdrüsen sondern zur Wärmeregulierung Schweiß ab, die Talgdrüsen ein antibakterielles, schützendes Hautfett, das die Haut geschmeidig hält. Ferner wird das für die Hautfarbe verantwortliche Melanin produziert und schließlich Keratin, ein schwefelhaltiges Eiweiß. Es läßt die Zellen der obersten Hautschicht verhornen und absterben, wodurch ein robuster Schutzmantel gegen Bakterien und Pilzsporen entsteht.

Um Temperaturschwankungen auszugleichen, wird bei Wärme die Blutzufuhr in die Haut erhöht (Vasodilatation) bzw. bei Kälte gedrosselt (Vasokonstriktion).

Bezeichnung wichtiger Hautflächen und -falten

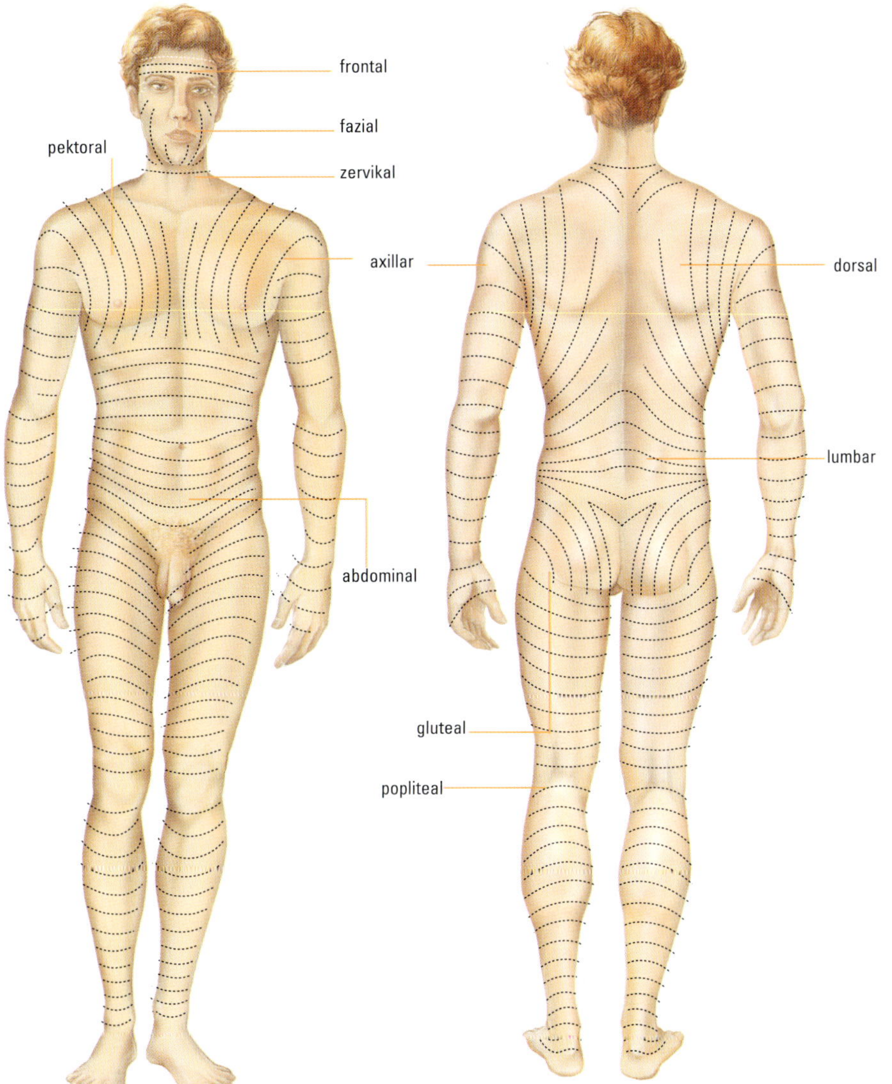

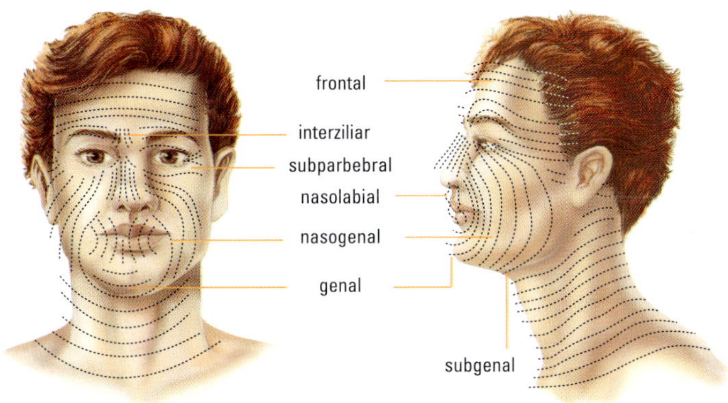

Die Haut

Anatomie der Haut

Unter dem Mikroskop kann man drei übereinanderliegende Hautschichten erkennen. Es sind von außen nach innen:

Epidermis (Oberhaut) – Die äußere Schicht der Haut. Sie besteht aus einem dünnen, etwa papierstarken Epithel, das aus einer Reihe von sich ständig erneuernden Zellen zusammengesetzt ist: den Keratinozyten. Dazwischen eingestreut befinden sich die melaninerzeugenden Melanozyten und die Langerhans-Zellen, die Abwehrfunktionen erfüllen. Je nach Keratingehalt der Zellen unterscheidet man vier verschiedene Schichten: Basalzellschicht oder Keimschicht, Stachelzellschicht, Körnerzellenschicht und Hornschicht.

In der Epidermis findet sich eine große Anzahl der sogenannten freien Nervenenden, jedoch keinerlei Blut- und Lymphgefäße.

Dermis (Lederhaut) – Diese Hautschicht ist reich an Blut- und Lymphgefäßen. Des weiteren befinden sich hier spezialisierte Rezeptoren wie etwa die Meissner-Tastkörperchen, die Pacini-Lamellenkörperchen (Tastsinn) oder die Kraus-Endkolben (Kälteempfindung).

In der Dermis befinden sich auch die Schweiß- und Talgdrüsen sowie die Haarwurzeln. Sie enthält viele Immunzellen, wie Mastozyten und Histiozyten, Strukturzellen, wie die Fibroblasten, sowie Kollagenfasern und elastische Fasern, die der Haut Elastizität und Flexibilität verleihen.

Hypodermis (Unterhaut) – Sie ist die unterste Schicht der Haut. Dieser Bereich besteht vor allem aus Fettgewebe, das den darunterliegenden Organen (z. B. Blutgefäßen) als Polster dient. Unter der Hypodermis befindet sich das Unterhautzellgewebe als interne Abgrenzung zwischen Haut und Muskelgewebe.

An den natürlichen Körperöffnungen (z. B. Mund, Nasenlöcher) ändert die Haut ihre Struktur und wird zur Schleimhaut. Im Gegensatz zur normalen Haut bilden sich an den Schleimhäuten normalerweise keine Hornschichten. Die Schleimhäute sind feucht und damit sehr elastisch und flexibel. Sie enthalten, je nach Lage, auf bestimmte Aufgaben spezialisierte Drüsen und Zellen, so hat etwa die Mundschleimhaut Speicheldrüsen, die Nasenschleimhaut Haarwurzeln, Schleimdrüsen und Geruchsrezeptoren, und die Zunge verfügt über Geschmackspapillen.

Die Schleimhäute an den natürlichen Körperöffnungen wie z. B. dem Mund und den Nasenlöchern haben eine besondere Struktur.

Schema der Haut und ihrer Keratinisierung

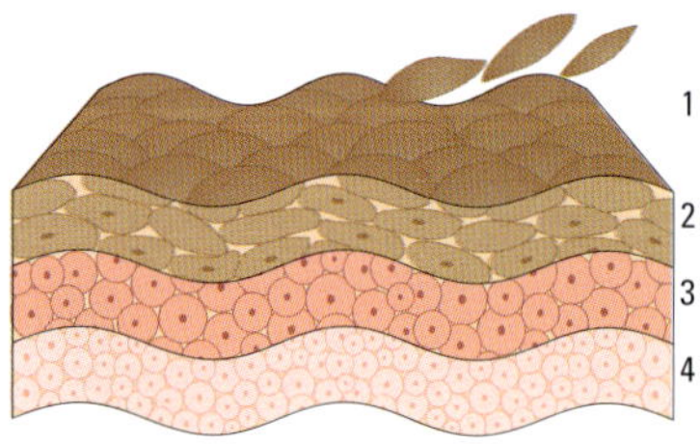

*1. **Hornschicht:** Die abgestorbenen Keratozyten bilden die Oberhaut, schilfern ab und werden durch neue Zellen ersetzt.*

*2. **Körnerzellenschicht:** Die Keratozyten vermehren sich nicht mehr, verlieren ihren Kern und altern.*

*3. **Stachelzellschicht:** normale Reproduktion der Keratozyten.*

*4. **Basalzellschicht:** sehr starke Reproduktion der Keratozyten.*

Anatomie

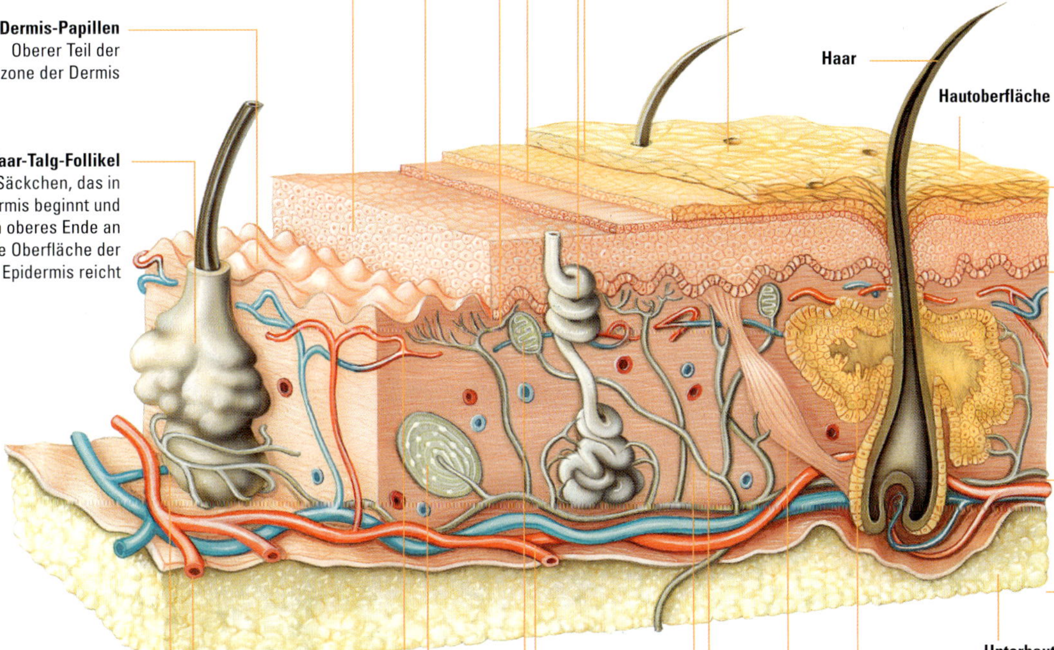

1. Epidermis: besteht aus sehr dichtem Epithel und weist verschiedene Schichten auf

2. Dermis: zweite Hautschicht; besteht aus dickem, festem und dehnbarem Bindegewebe

3. Hypodermis: tiefste Schicht der Haut; reich an Fettgewebe zum Schutz der darunterliegenden Organe

Die Haut

Hautnahe Organe

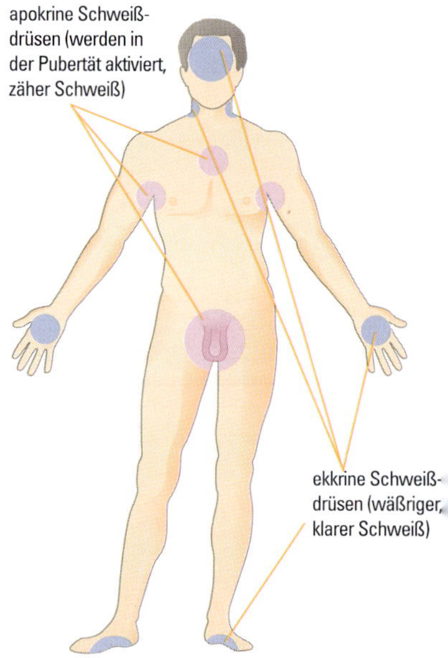

Verteilung der Schweißdrüsen

In der Haut befinden sich eine Reihe weiterer wichtiger Organe: Haarfollikel, Nägel, Schweiß- und Talgdrüsen.

Haare – Das einzelne Haar besteht aus Keratin, hat eine längliche Form und besteht aus zwei Abschnitten: dem aus der Haut ragenden Haarschaft und der Haarwurzel, die in der Haut liegt und den Haar-Talgfollikel (Haarzwiebel) bildet. Dieser ist röhrenförmig (tubulär) und von einer aus derbem Bindegewebe bestehenden (fibrösen) Hülle umgeben, die bis in die Unterhautschicht reicht. Die Talgdrüsen entleeren sich ins Innere des Haarfollikels. Neben jedem Follikel befindet sich ein Haarmuskel, der das Haar bei Kälte oder Angst aufrichtet und dadurch die sprichwörtliche „Gänsehaut“ erzeugt.

Das Haar besteht aus einer Markzone, einer melaninreichen Schicht, welche die Farbe bestimmt, und einer äußeren Schicht oder Kutikula.

Nägel – Fuß- und Fingernägel bestehen aus verhornten Zellen, die gewölbte Hornplatten an Fingern und Zehen bilden. Der von der Haut bedeckte Teil heißt Nagelwurzel, der sichtbare Teil Nagelplatte. An ihrem unteren Ende befindet sich ein heller Halbkreis, der Nagelmond. Die Hautunterlage der Nägel wird Nagelbett genannt.

Talgdrüsen – Neben jedem einzelnen Haar befindet sich eine Talgdrüse. An dichtbehaarten Körperzonen sind sie folglich besonders zahlreich (Kopfhaut, Achseln, Genitalbereich usw.) Die Talgdrüse bildet einen säckchenförmigen Hohlraum, der von fettabsondernden Zellen umhüllt ist. Der Haartalg entleert sich in die Haarzwiebel und gelangt durch diese an die Hautoberfläche.

Schweißdrüsen – Die Schweißdrüsen sind in der Unterhaut liegende, röhrenförmige, knäuelartige Gebilde (Knäueldrüsen). Man unterscheidet zwei Arten: die großen Schweißdrüsen (apokrine Sekretion), die dickflüssigen Schweiß absondern, und die kleinen Schweißdrüsen (ekkrine Sekretion), die klaren, wäßrigen Schweiß absondern.

Schweiß besteht überwiegend aus Wasser, enthält aber auch andere Stubstanzen, wie Harnstoff, Salze, Fette usw. Der Schweiß selbst ist geruchlos, bestimmte Hautbakterien zersetzen ihn jedoch und verursachen dadurch den charakteristischen scharfen Geruch. Die Absonderung von Schweiß dient der Regelung der Körpertemperatur im menschlichen Organismus.

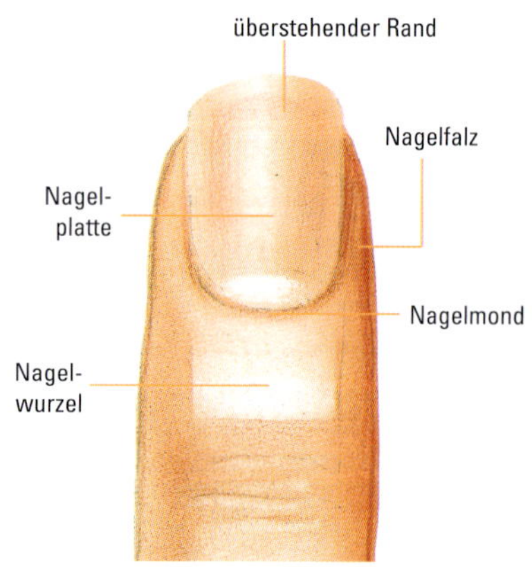

Ansicht eines Fingers mit Nagelaufbau

Aufbau eines Haares

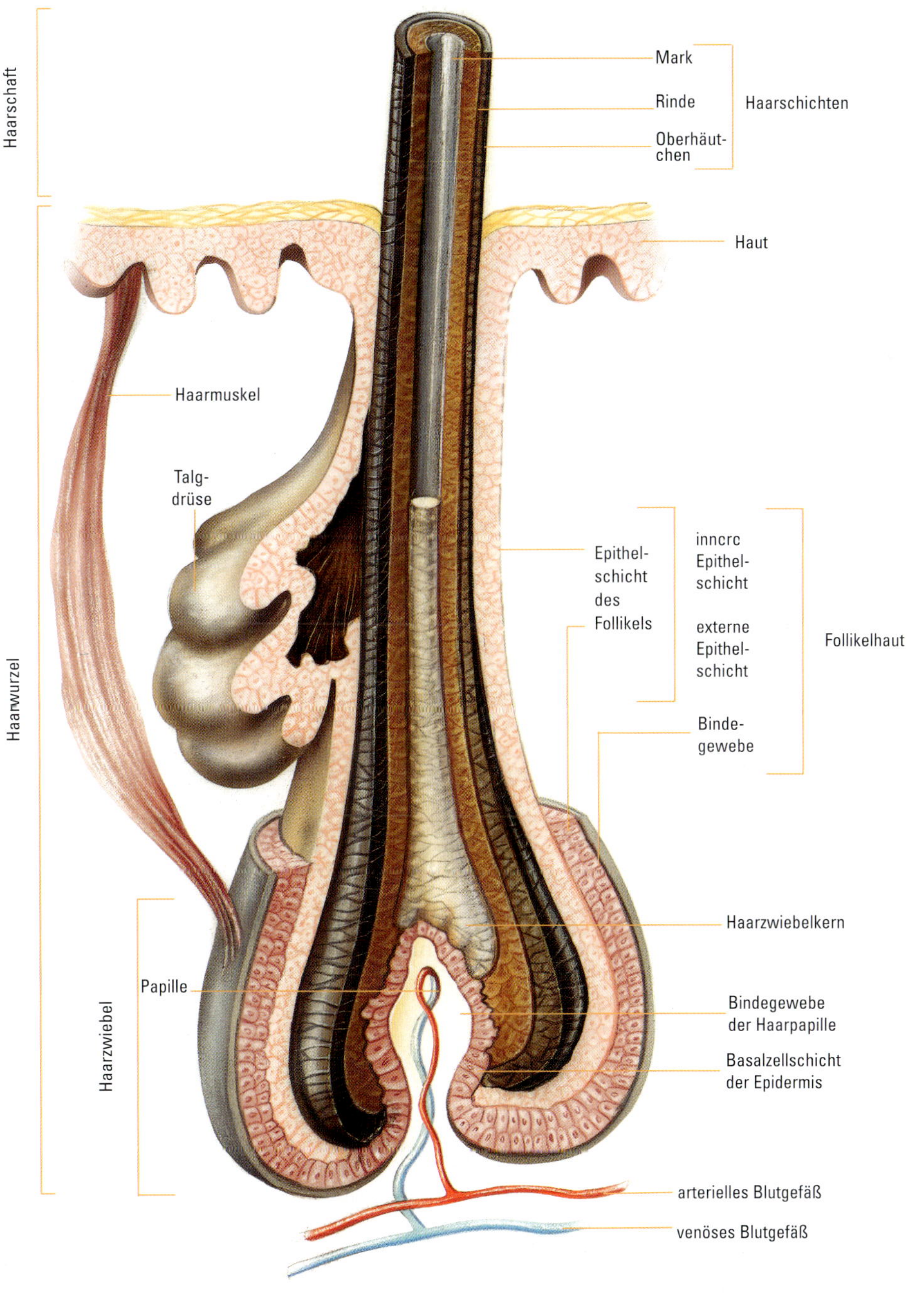

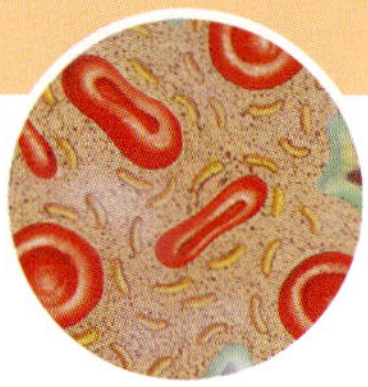

Das Blut

Blut ist eine zähe, rote Flüssigkeit, die durch die Blutgefäße und das Herz fließt. Seine Hauptaufgabe ist der Transport von Sauerstoff und verschiedenen Nährstoffen in alle Körperregionen.

Das Blut besteht aus einem dickflüssigen Anteil, dem Plasma, und einem zellulären Anteil aus roten Blutkörperchen (Erythrozyten), weißen Blutkörperchen (Leukozyten) und Blutplättchen (Thrombozyten). Die Zellen werden fortlaufend neu gebildet und zwar hauptsächlich im Knochenmark. Dieser Prozeß wird Hämatopoese genannt.

Das Blut besteht aus einem flüssigen Teil, dem Plasma, und einem zellulären Teil: roten Blutkörperchen (Erythrozyten), weißen Blutkörperchen (Leukozyten) und Blutplättchen (Thrombozyten).

Aufgaben des Blutes

Die wichtigsten Funktionen sind:

Sauerstofftransport – Der Sauerstoff wird vom Hämoglobin, einem Bestandteil der roten Blutkörperchen, transportiert.

Transport von Nähr- und Regulierungsstoffen – Im Plasma aufgelöst, transportiert das Blut Nährstoffe, wie Glukose und Vitamine sowie Regulierungsstoffe, z. B. Hormone.

Abtransport von Schlackenstoffen – Diese Produkte entstehen durch den Zellstoffwechsel und werden vom Blut zu den Ausscheidungsorganen getragen: Kohlendioxid (CO_2) zu den Lungen, harnpflichtige Substanzen zu den Nieren.

Immunabwehr – Weiße Blutkörperchen dienen der Abwehr von Krankheitserregern und körperfremden Stoffen. Diese Aufgaben verrichten sie zum größten Teil außerhalb der Blutgefäße im Bindegewebe. Das Blut ist also hierbei nur das Transportmittel von den Bildungsstätten (Knochenmark) zu ihren Wirkorten.

Blutgerinnung – Die Blutgerinnung ist ein in Phasen ablaufender Prozeß und dient der Blutstillung. Dies geschieht durch die Blutplättchen und eine Reihe von Gerinnungsfaktoren, die im Plasma enthalten sind. Der Gerinnungsmechanismus verhindert z. B. den Blutverlust durch eine Wunde.

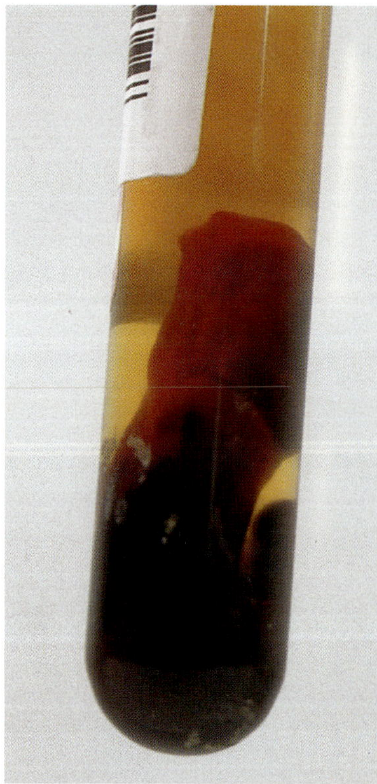

Koaguliertes Blut mit Gerinnselbildung

Aufgaben des Blutes

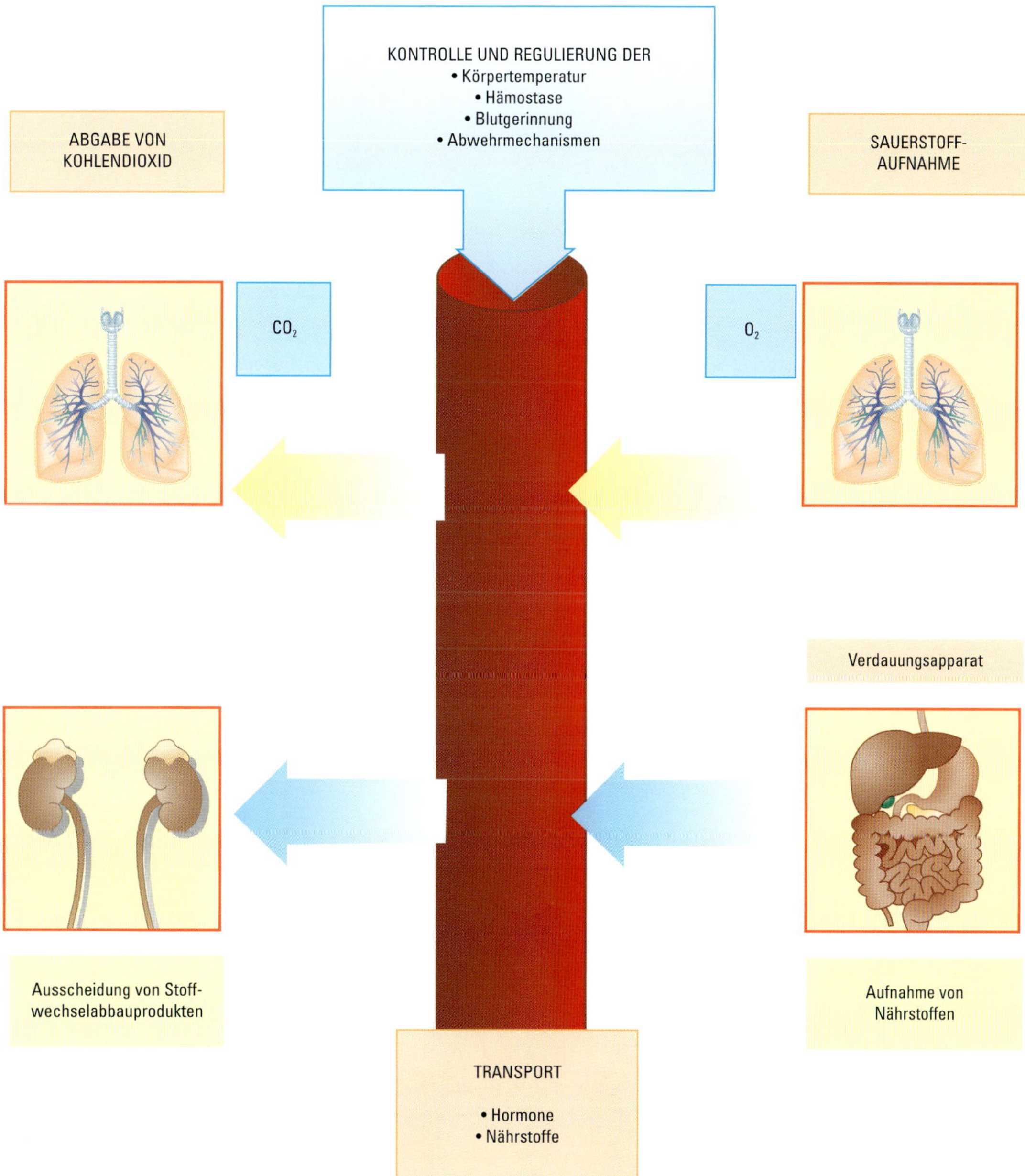

Das Blut

Regulierung der Körpertemperatur – Bei einer Temperatur von etwa 37 °C arbeitet der menschliche Körper am besten. Um ihn bei hohen Außentemperaturen vor Überhitzung zu schützen, erweitern sich die dicht unter der Haut liegenden Blutgefäße, um so mehr Wärme abgeben zu können. In einer kalten Umgebung ziehen sich diese Blutgefäße zusammen, es gelangt weniger Blut in diese Bereiche, und der Wärmeverlust wird gebremst.

Zusammensetzung des Blutes

Das Blut besteht aus zwei Elementen: dem Plasma und den festen Bestandteilen bzw. Blutzellen.

DAS PLASMA

Das Plasma ist der flüssige Anteil und Trägerstoff des Blutes. In einer Zentrifuge kann man nach kurzer Zeit beobachten, daß sich die festen Bestandteile unten absetzen, während oben eine gelbliche Flüssigkeit übrigbleibt: das Plasma.

In einer Zentrifuge kann man das Plasma, eine gelbliche Trägerflüssigkeit, von den Blutzellen trennen.

Der Hauptbestandteil des Plasmas ist Wasser, in dem verschiedene Stoffe gelöst sind, z. B. Ionen, Glukose, Proteine, Vitamine und viele andere Substanzen. Es gibt drei Arten von Proteinen im Plasma:

Albumin – Es macht den größten Anteil aus und verhindert, daß das Wasser die Wände der Blutgefäße durchdringt, indem es den osmotischen Druck aufrechterhält.

Globuline – Diese Proteine werden in drei Gruppen unterteilt: Alpha-, Beta- und Gammaglobuline. Das Alphaglobulin dient als Trägerstoff für weitere Substanzen, die anderen erfüllen wichtige Immunfunktionen. Bei den Gammaglobulinen unterscheidet man wiederum zwischen mehreren Arten (G, M, A, D, E), die alle spezielle Aufgaben im Immunsystem haben.

Fibrinogen – Es wird bei der Blutgerinnung in das unlösliche Fibrin umgewandelt. Die Blutgerinnung ist ein sehr komplexer, in mehreren Phasen ablaufender Vorgang, an dem viele Stoffe beteiligt sind. Durch das Zusammenspiel dieser Stoffe entsteht das Fibrin, wodurch das Blut zähflüssig wird und schließlich erstarrt.

Bestandteile des Blutgefäßsystems

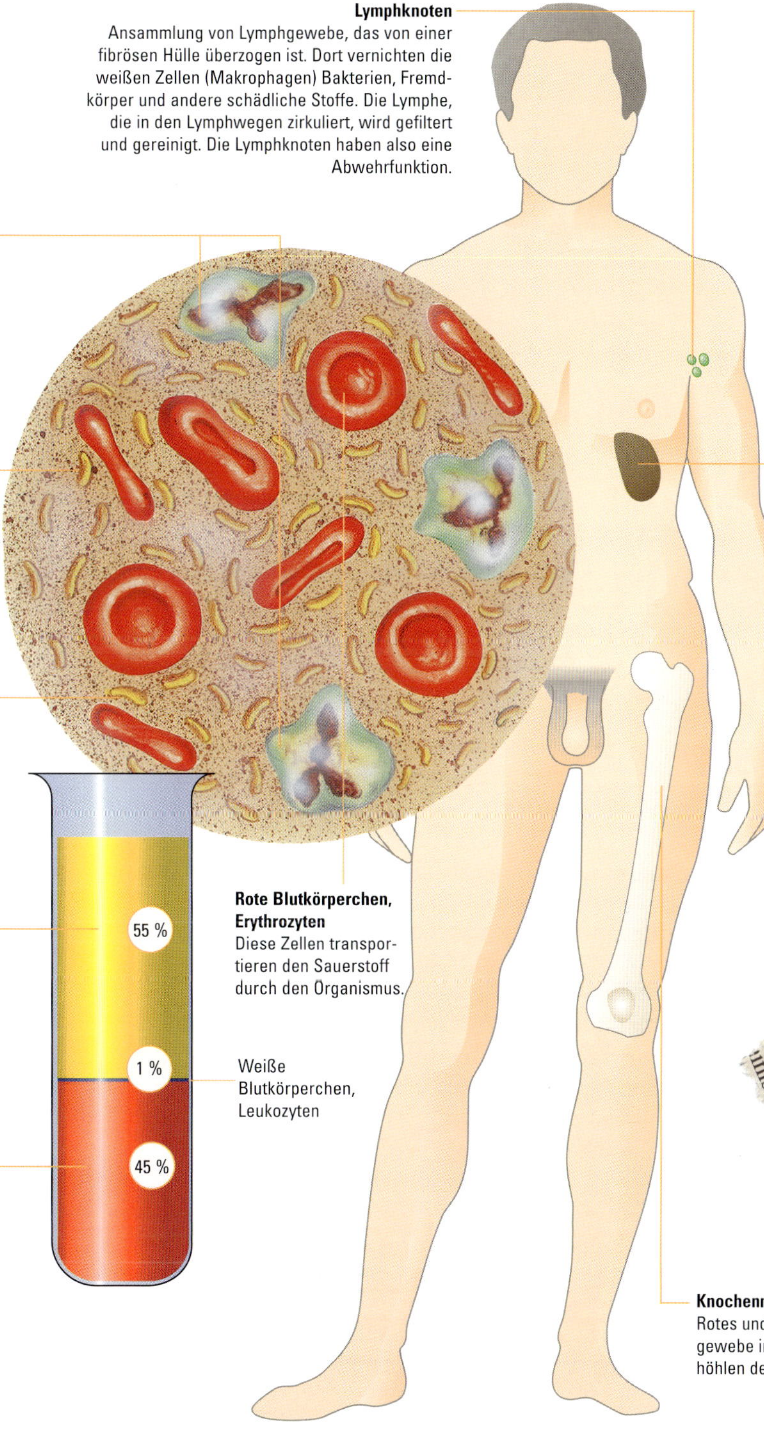

Lymphknoten
Ansammlung von Lymphgewebe, das von einer fibrösen Hülle überzogen ist. Dort vernichten die weißen Zellen (Makrophagen) Bakterien, Fremdkörper und andere schädliche Stoffe. Die Lymphe, die in den Lymphwegen zirkuliert, wird gefiltert und gereinigt. Die Lymphknoten haben also eine Abwehrfunktion.

Weiße Blutkörperchen, Leukozyten und Lymphozyten
Bilden einen der wichtigsten Abwehrmechanismen des Körpers gegen Infektionen

Blutplättchen
Spielen eine große Rolle bei der Blutgerinnung und entstehen aus Megakaryozyten (Knochenmarkriesenzellen), die sich aus Blutstammzellen entwickeln

Blutplasma
Golblioho Flüccigkoit, die übrigbleibt, wenn die festen Bestandteile entfernt sind. Besteht zu 90 Prozent aus Wasser, in dem über 100 andere Substanzen gelöst sind: Nährstoffe, Hormone, Proteine (Albumine, Globuline, Fibrinogene), verschiedene Abbauprodukte der Zellaktivität usw.

55 %

1 %

Weiße Blutkörperchen, Leukozyten

45 %

Rote Blutkörperchen

Rote Blutkörperchen, Erythrozyten
Diese Zellen transportieren den Sauerstoff durch den Organismus.

Milz
In der linken Seite der Bauchhöhle liegendes Organ des Lymphsystems

Knochenmark
Rotes und gelbes Fettgewebe in den Markhöhlen der Knochen

Das Blut

DIE FESTEN BESTANDTEILE DES BLUTES

Das Blut enthält drei verschiedene Zellarten: rote Blutkörperchen, weiße Blutkörperchen und Blutplättchen. Sie stellen zusammen etwa 40 Prozent des Blutvolumens und werden Hämatokrit genannt. Alle Blutzellen werden beim Erwachsenen z. B. im Knochenmark der langen Röhrenknochen, der Wirbelkörper und in den Lymphgeweben (Lymphknoten, Mandeln und Milz) produziert.

Rote Blutkörperchen (Erythrozyten) – Dies sind scheibenförmige, bikonkave, kernlose Zellen von etwa 0,008 mm Durchmesser. Ein Kubikmillimeter Blut enthält 4,5–5,5 Millionen Erythrozyten. Im Inneren der roten Blutkörperchen befindet sich das Hämoglobin, das ihnen die rote Farbe verleiht und die Fähigkeit hat, Sauerstoff zu binden und zu transportieren. 100 ml Blut eines erwachsenen Menschen enthalten 12–15 g Hämoglobin.

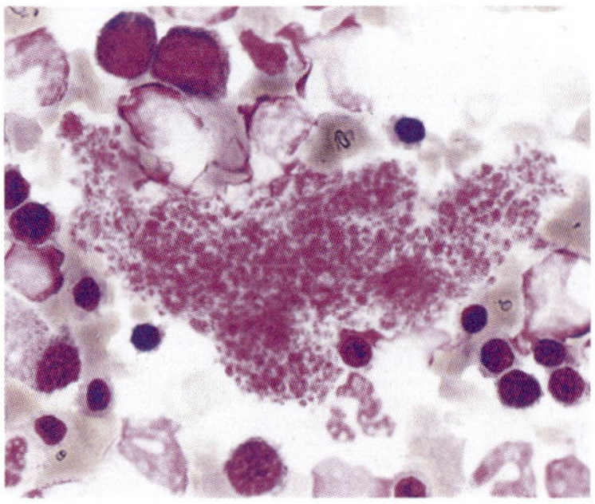

Blutplättchen (Thrombozyten). Sie sind die kleinsten Zellen im Blut und sichern die Blutgerinnung.

Weiße Blutkörperchen (Leukozyten) – Sie besitzen einen Kern und erfüllen überwiegend Abwehrfunktionen. Ein Kubikmillimeter Blut enthält zwischen 4000 und 11 000 Leukozyten.

Innerhalb der Leukozyten unterscheidet man weiter: Granulozyten, Lymphozyten und Monozyten.

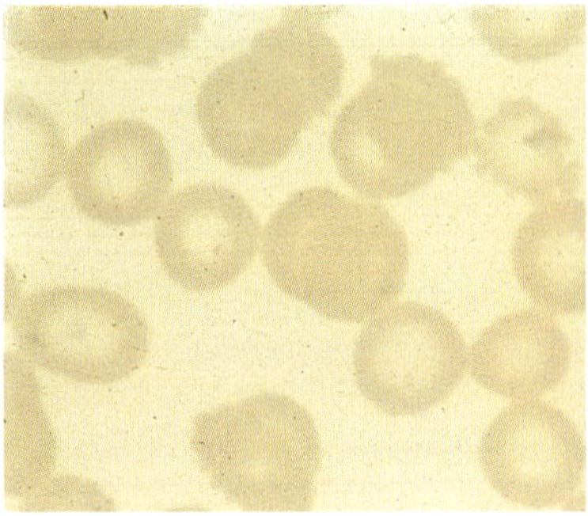

Rote Blutkörperchen (Erythrozyten)

Granulozyten – Sie sind 10–14 Tausendstelmillimeter groß und werden nach ihrer Anfärbbarkeit unterschieden. Basophile Granulozyten lassen sich mit basischen Farbstoffen anfärben, eosinophile reagieren auf saure, neutrophile Zellen auf basische, saure und neutrale Farbstoffe. Die neutrophilen Granulozyten werden weiterhin nach der Art ihres Zellkerns unterteilt: in stabkernige mit einem U- oder S-förmigen, und segmentkernige mit einem 2–3 Teile aufweisenden Kern. Die segmentkernigen Granulozyten machen etwa 70 Prozent dieser Gruppe aus.

Lymphozyten – Diese 7–20 Tausendstelmillimeter großen Zellen werden aus Lymphoblasten gebildet. Man unterscheidet zwei Typen: T-Lymphozyten, sie können den Körper vor entarteten Zellen schützen, und B-Lymphozyten, sie produzieren Antikörper (Immunglobuline).

Monozyten – Dies sind die größten im Blut vorhandenen Zellen. Sie haben einen Durchmesser von 16–24 Tausendstelmillimetern und sind an der spezifischen sowie unspezifischen Immunabwehr beteiligt.

Blutplättchen (Thrombozyten) – Sie entstehen aus Knochenmarkriesenzellen (Megakariozyten) und haben einen Durchmesser von nur 3–4 Tausendstelmillimetern. Zusammen mit dem Fibrinogen spielen sie eine wichtige Rolle bei der Blutgerinnung. Ein Kubikmillimeter Blut enthält zwischen 140 000 und 450 000 Blutplättchen.

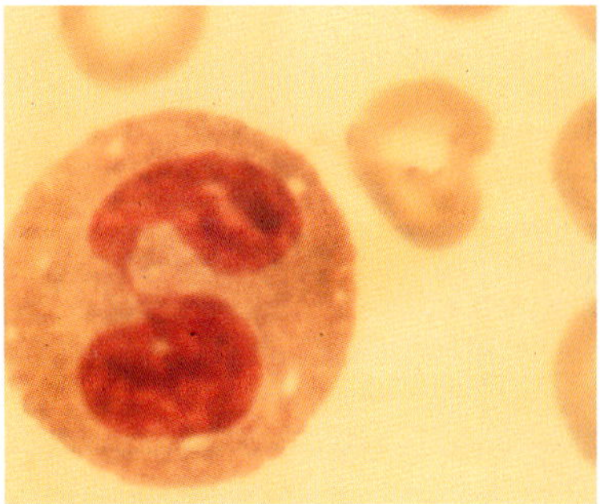

Eosinophiler Granulozyt. Weißes Blutkörperchen, das sich mit sauren Farbstoffen anfärben läßt.

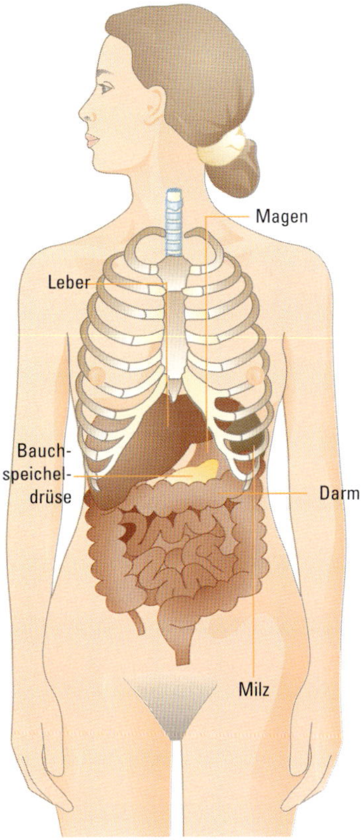

Schematische Darstellung der Lage der Milz in der Bauchhöhle

Die Milz

Die Milz ist ein Organ im linken oberen Teil der Bauchhöhle und gehört zum Lymphsystem. Sie hat eine nach außen gewölbte Ober- und eine flache Unterseite, ist von einer glatten Bauchfellkapsel umgeben und durch Bänder an den sie umgebenden Organen fixiert. Die Milz eines erwachsenen Menschen wiegt etwa 200 g.

Die Milz besteht aus einem Milzpulpa genannten Gewebe, das man in rote und weiße Pulpa unterteilen kann. In der weißen Pulpa, die vor allem aus lymphatischem Gewebe besteht, werden Lymphozyten und Antikörper produziert. Die rote Pulpa enthält sehr viele rote Blutkörperchen *(Erythrozyten)*. Hier wird das Blut von Zellabfall, Krankheitserregern und Fremdstoffen gereinigt. Die aus dem Organ herausführende Milzvene läuft durch den sogenannten Milzsinus – poröse Kapillargefäße, deren Wände nur für intakte Erythrozyten durchlässig sind. Deformierte und alte Erythrozyten können die Milz so nicht verlassen und werden von Makrophagen abgebaut. Die Gefäßwände des Milzsinus können sich auch weiten und verengen, um den Blutstrom je nach Bedarf zu verlangsamen, zu beschleunigen oder gar ganz zu stoppen.

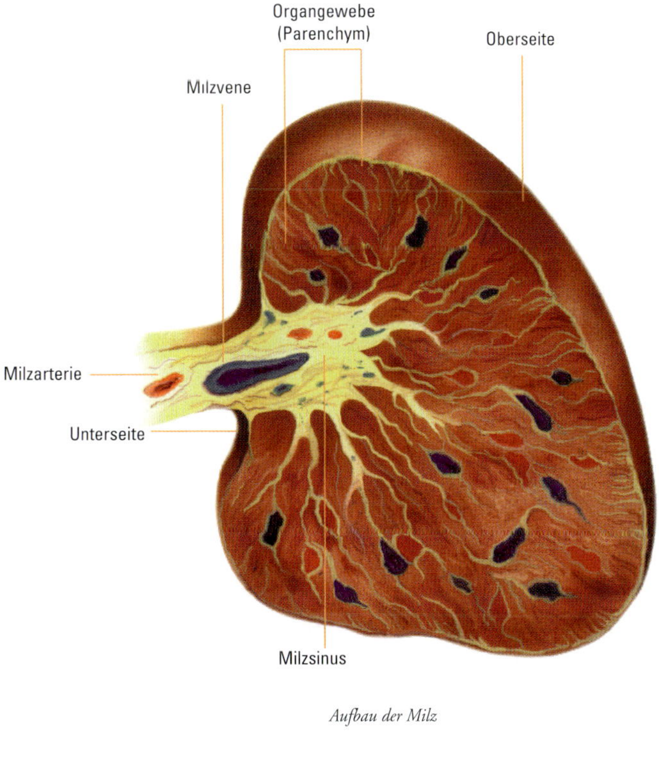

Aufbau der Milz

Das Blut

Das Lymphsystem

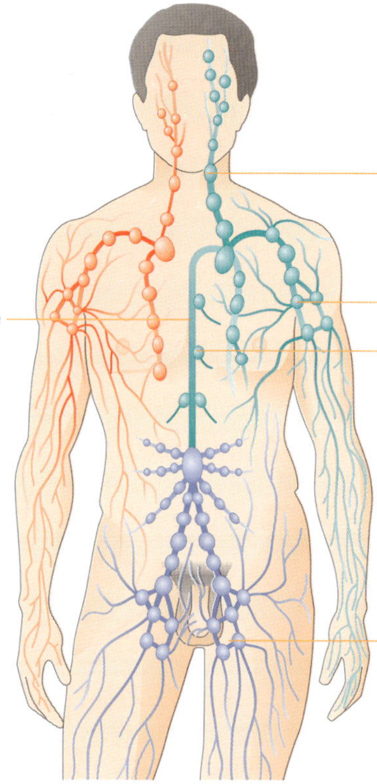

Die wichtigsten Lymphknotengruppen

Die Lymphdrüsen sind Gewebeknoten, die über das gesamte Lymphgefäßsystem verteilt sind. Sie liegen sowohl nahe der Oberfläche als auch im Inneren des Körpers und sind in Gruppen angeordnet: am Hals, in den Achselhöhlen, in den Leisten, an der Brustarterie usw.

Die Lymphknoten werden von der Lymphflüssigkeit (Lymphe) durchspült und bestehen aus einem faserigen Gewebe und lymphozytenreichem Mark. Die Lymphe transportiert Krankheitserreger in die Knoten, wo sie die Immunreaktion der Lymphozyten auslösen.

Das Knochenmark

Im Innern bestimmter Knochen befindet sich das Knochenmark, insbesondere im Schädeldach, dem Rückgrat, dem Brustkorb, in den Schulterblättern und den Hand- und Fußwurzelknochen. Es befindet sich dort zwischen den feinen Bälkchen der Knochenstruktur und spielt zwar eine bedeutende Rolle bei der Entstehung des Knochengewebes, wird aber wegen seiner blutbildenden Funktion, der sogenannten Hämatopoese, in diesem Kapitel dargestellt. Man unterscheidet zwischen Fettmark *(Medulla ossium flava)* und rotem Knochenmark *(Medulla ossium rubra)*. Im roten Knochenmark wird neues Blut gebildet, es besteht hauptsächlich aus Bindegewebe, feinen Kapillaren, Blutstammzellen und reifen und unreifen Formen der verschiedenen Blutkörperchen. Die Produktivität des Knochenmarks paßt sich den Bedürfnissen des Körpers an.

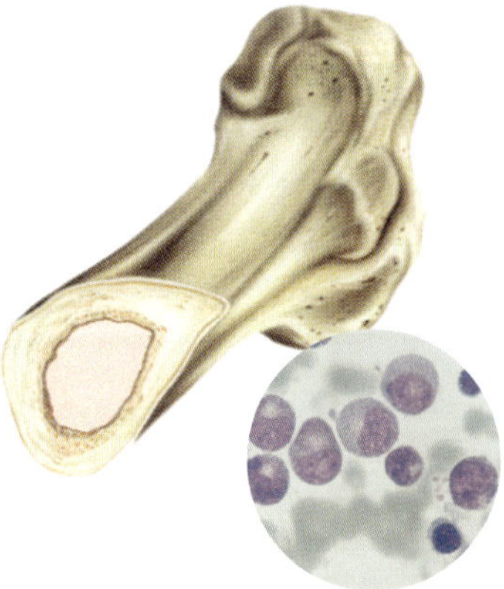

Knochenmark

Lebenszyklus der roten Blutkörperchen

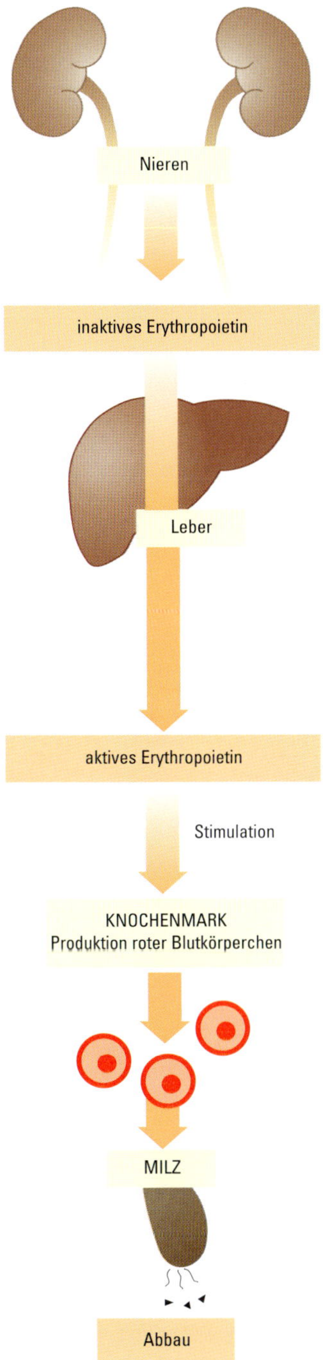

Die Blutbildung

HÄMATOPOESE

Die im Blut vorhandenen Zellen haben eine begrenzte Lebensdauer. Nach einer gewissen Zeitspanne lösen sie sich auf und werden durch neue Zellen ersetzt. Neue Blutkörperchen entstehen im Knochenmark. Dieser Prozeß heißt Hämatopoese und läuft bei jeder Zellart anders ab. Der Abbauvorgang findet überwiegend in der Milz und auch in der Leber statt.

Im Knochenmark befinden sich noch nicht festgelegte Blutstammzellen, aus denen dann die unterschiedlichen Blutzellinien hervorgehen. Die Produktion der verschiedenen Zellen richtet sich nach dem aktuellen Bedarf des Körpers.

Die Bildung der Blutzellen ist den Zelltypen entsprechend benannt: rote Blutkörperchen *(Erythrozyten)* entstehen bei der Erythropoese, weiße Zellen *(Leukozyten)* bei der Leukopozytoese und die Blutplättchen *(Thrombozyten)* bei der Thrombozytopoese.

ERYTHROPOESE

Die Bildung der roten Blutkörperchen heißt Erythropoese und findet im Knochenmark statt. Die Neuproduktion richtet sich nach dem Abbau dieser Zellen und wird durch das von den Nieren ausgeschüttete Erythropoietin geregelt. Bei einem Mangel an roten Blutkörperchen stimuliert erhöhter Erythropoietinausstoß die Erythropoese.

Aus den nicht determinierten Stammzellen bilden sich die Proerythroblasten aus. Das sind große Zellen mit deutlichem Kern, aus denen sich nach und nach basophile und polychromatische (vielfarbige) Erythroblasten entwickeln, die sich wiederum zu polychromatischen und orthochromatischen (eigenfarbigen) Normoblasten ausbilden. Dabei wird der Kern dieser Zellen abgebaut, bis er vollständig verschwunden ist. Die so entstandenen Retikulozyten gelangen in die Blutbahn, wo sie schließlich zu Erythrozyten heranreifen (siehe Schema S. 37). Bei diesem Vorgang spielen bestimmte Substanzen, die mit der täglichen Nahrung aufgenommen werden, wie Vitamin B12, Eisen und Folsäure, eine bedeutende Rolle.

Die in der Blutbahn zirkulierenden roten Blutkörperchen haben eine durchschnittliche Lebensdauer von 120 Tagen, danach sterben sie ab und werden in der Milz abgebaut.

Das Blut

LEUKOPOESE

Aus der undifferenzierten Stammzelle entstehen eine große Zelle und ein zentraler Kern, der Myeloblast, der sich teilt und zum Promyelozyten und Myelozyten wird, der in drei verschiedenen Formen vorkommt, nämlich als neutrophiler, basophiler und eosinophiler Myeloblast. Davon ausgehend, bilden sich in verschiedenen Reifephasen neutrophile, basophile und eosinophile Metamyelozyten, danach unsegmentierte Granulozyten und schließlich die reifen, polynukleären Formen der Granulozyten (neutrophile, basophile oder eosinophile) mit ihren segmentierten Kernen.

Die Lymphozyten entstehen ursprünglich im Knochenmark, können dann aber eine Reifungsphase in der Thymusdrüse durchlaufen und sich in T-Lymphozyten verwandeln oder, nach einem Reifungsprozeß im Knochenmark selbst, in Form von B-Lymphozyten ins Blut eintreten.

Auch die Monozyten werden im Knochenmark gebildet. Die undifferenzierten Stammzellen werden zu Promonozyten, aus denen dann Monozyten werden, die in die Gewebe eindringen und auch Makrophagen oder Histiozyten genannt werden.

THROMBOPOESE

Die Thrombopoese ist der Prozeß der Neubildung der Blutplättchen oder Thrombozyten im Knochenmark. Die Neubildung von Thrombozyten richtet sich nach dem Rhythmus des Absterbens der bereits im Blut zirkulierenden Thrombozyten. Dieser Prozeß von Zerstörung und Neubildung wird von Thrombopoietin gesteuert.

Aus einer Stammzelle bilden sich die Megakarioblasten, aus diesen wiederum die Promegakarioblasten und daraus die Megakariozyten, die schließlich in einzelne Teile zerfallen und als Blutplättchen in den Blutkreislauf gelangen. Dort werden sie zur Blutgerinnung bei einer blutenden Verletzung eingesetzt, oder sie beenden ihren Lebenszyklus nach acht bis zehn Tagen und werden in der Milz abgebaut.

Allgemeines Schema der Hämatopoese

Aus der undifferenzierten, polyvalenten Stammzelle entstehen lymphoide Vorformen, die je nach ihrem Reifungsort T- oder B-Lymphozyten genannt werden, und myeloische Vorformen, aus denen Proerytroblasten werden (Beginn der Linie, aus der die roten Blutkörperchen hervorgehen) sowie Promyelozyten (aus welchen die verschiedenen Arten von weißen Blutkörperchen entstehen), Megakariozyten (Blutplättchen) und Monoblasten (aus denen schließlich die Monozyten werden).

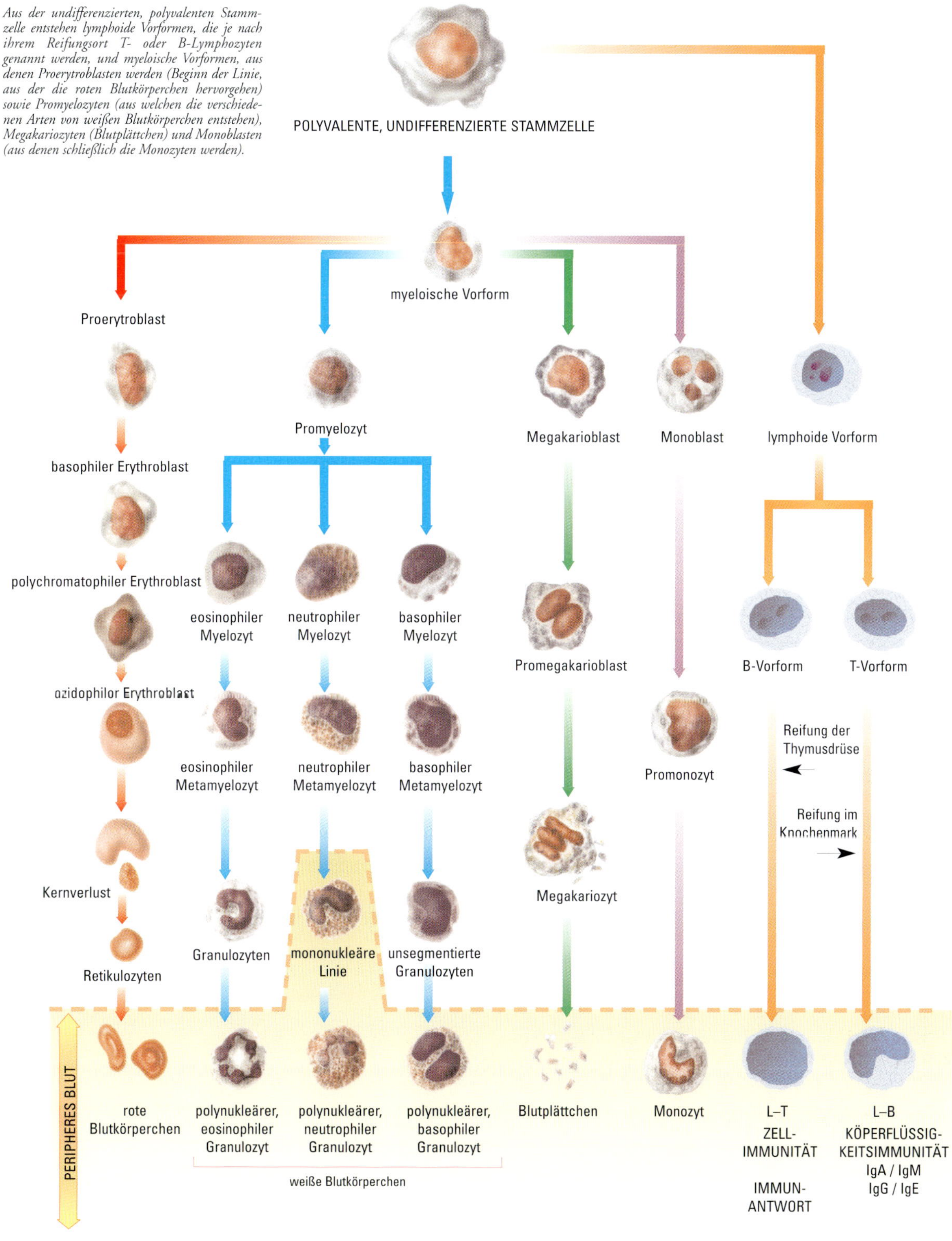

Das Blut

Die Blutgruppen

Bei den ersten Bluttransfusionen von einem Menschen zum anderen traten starke Reaktionen auf, die oft sogar zum Tode des Empfängers führten. Heute ist bekannt, daß diese Reaktionen darauf zurückzuführen sind, daß sich in der Membran der roten Blutkörperchen besondere Stoffe befinden, die sogenannten Blutgruppenantigene. Sie dienen zur Identifikation der Erythrozyten. Rote Blutkörperchen, die nicht die gleichen Antigene besitzen, werden als fremd erkannt und von Antikörpern vernichtet.

Da es verschiedene Typen von Blutgruppenantigenen gibt (hauptsächlich A und B), kann man verschiedene Blutgruppen unterscheiden: A, B, AB und 0 (Null). Die Antikörper eines Menschen reagieren auf die nicht in seinem Blut vorhandenen Antigene, daher kann man bestimmte Blutgruppen miteinander vermischen, andere hingegen nicht.

Verträglichkeit der verschiedenen Blutgruppen

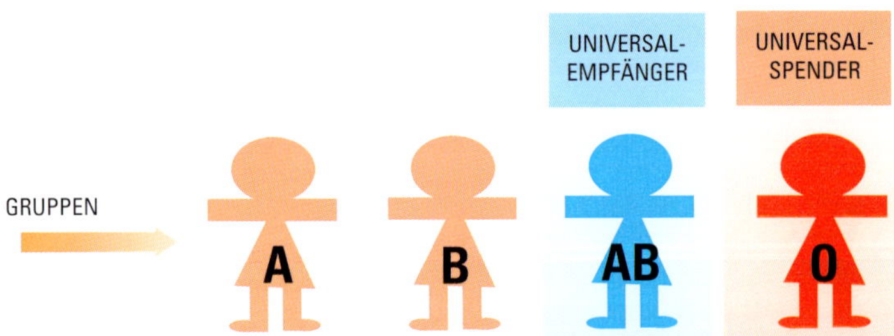

	A	B	AB	0
vorhandene Antikörper	Anti-B	Anti-A	keine	Anti-A Anti-B
Empfang dieser Blutgruppen möglich	A 0	B 0	A, B, AB, 0	0

Das AB0-System – Man kann jedem Menschen eine der vier folgenden Blutgruppen zuordnen:

Gruppe A – Menschen, in deren Blut ausschließlich Antigene von Typ A zu finden sind.

Gruppe B – Menschen, deren Blut Antigene von Typ B aufweist und kein anderes.

Gruppe AB – Menschen, die sowohl Antigene von Typ A als auch von Typ B besitzen.

Gruppe 0 – Menschen, deren rote Blutkörperchen weder Antikörper von Typ A noch von Typ B aufweisen.

So kann also ein Mensch Blut von einem anderen der gleichen Blutgruppe oder der Gruppe Null empfangen und einem Menschen seiner Blutgruppe oder der Gruppe AB Blut spenden.

Das Rhesussystem – Ein weiteres Antigen (D) bestimmt die Zugehörigkeit innerhalb des Rhesussystems. Menschen mit Antigen D werden der Gruppe RH (D) + (positiv) zugerechnet, die ohne bezeichnet man als RH (D) - (negativ).

Das AB0-System der Blutgruppen

***Bestimmung der verschiedenen Blutgruppen im AB0-System** – Die Blutgruppenbestimmung erfolgt mit Antikörper enthaltenden Blutseren. Reagiert eine Blutprobe mit den Seren Anti-A und Anti-AB, gehört sie zur Blutgruppe A. Bei einer Reaktion mit Anti-B und Anti-AB ist sie von Blutgruppe B. Die Reaktion auf alle Seren (Anti-A, Anti-B und Anti-AB) weist auf Blutgruppe AB, und bleibt jede Reaktion aus, gehört die Probe zu Gruppe 0. Die Reaktion von Blutprobe und Serum besteht in einer Verklumpung (Agglutination).*

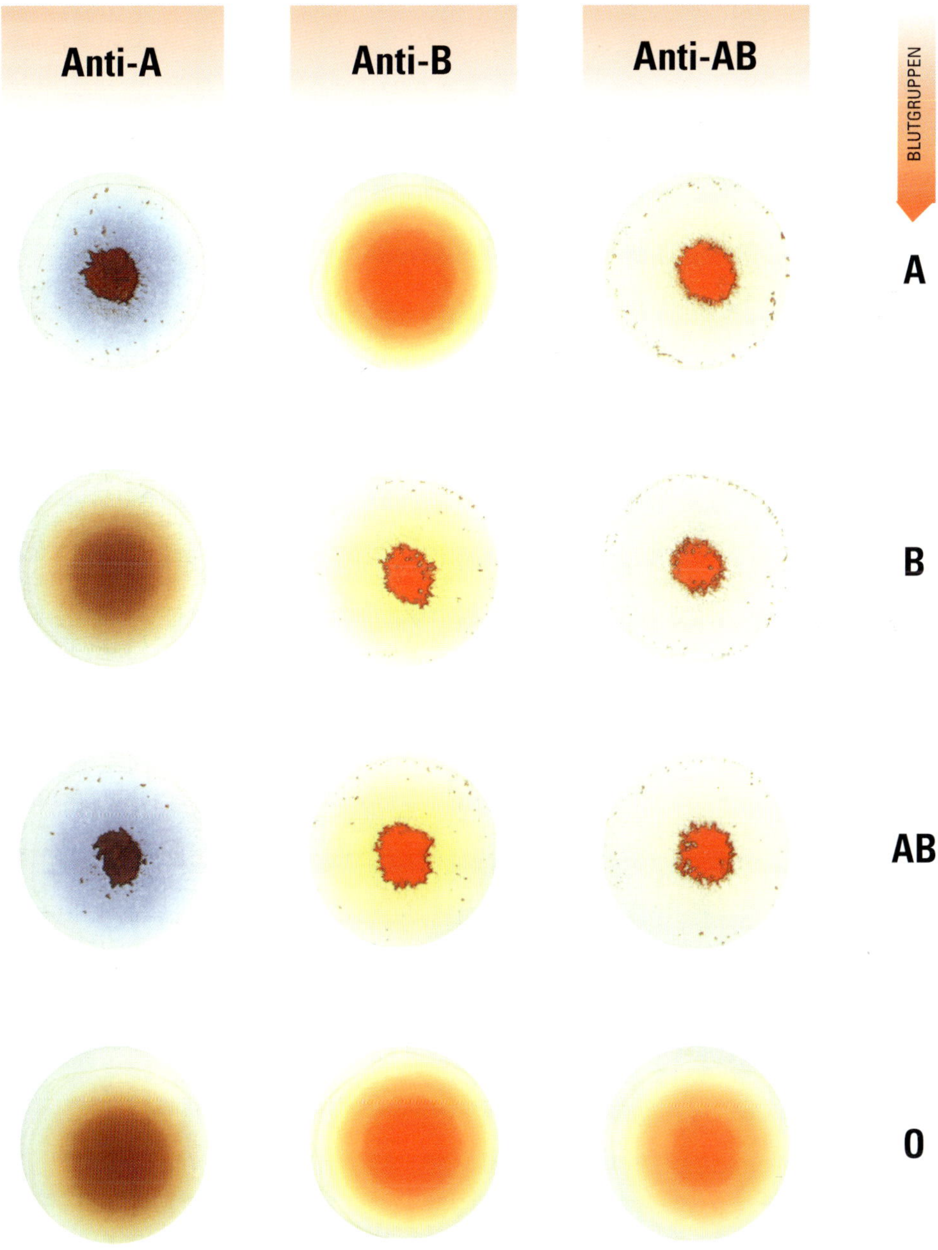

Die Organsysteme

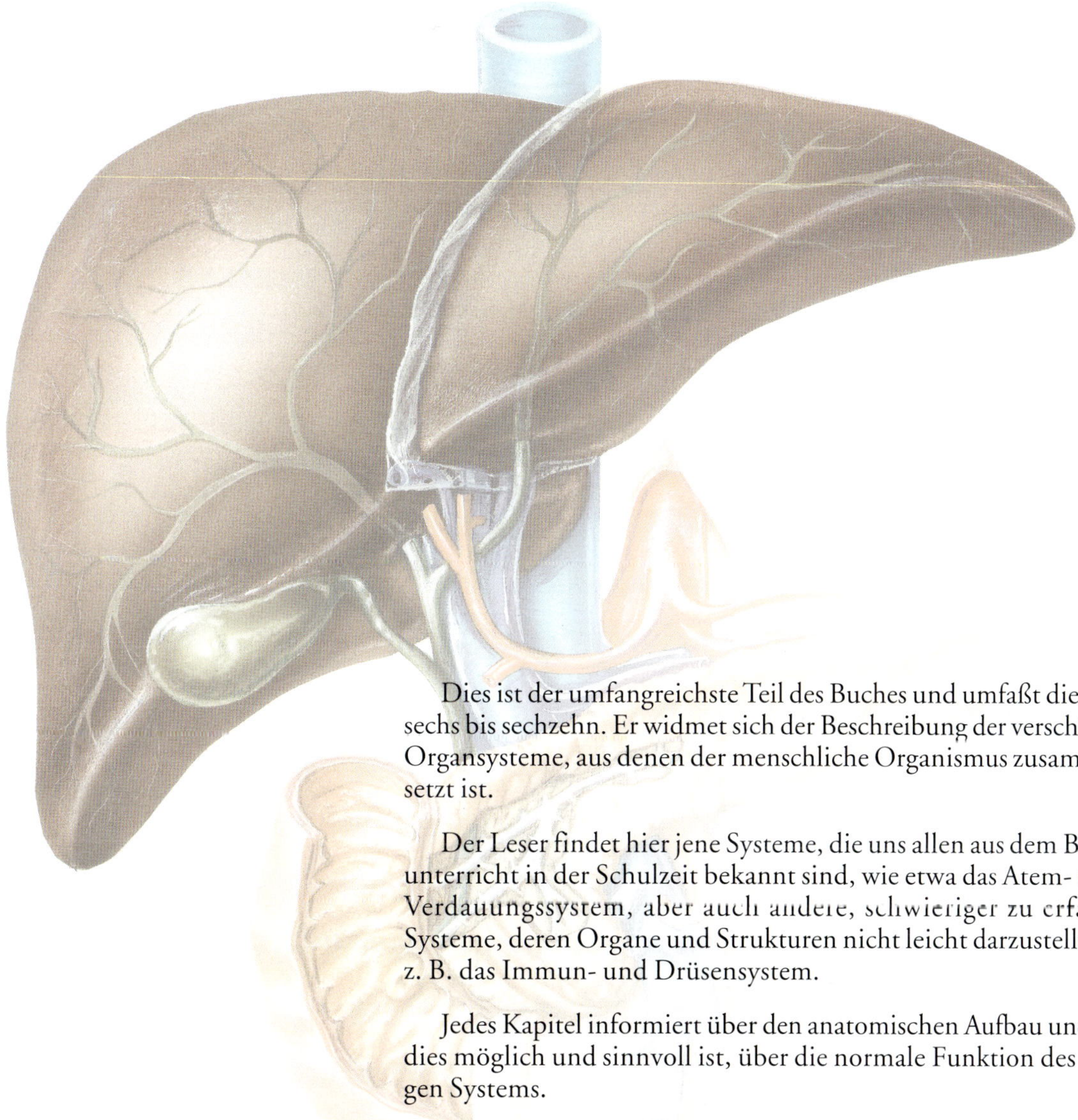

Dies ist der umfangreichste Teil des Buches und umfaßt die Kapitel sechs bis sechzehn. Er widmet sich der Beschreibung der verschiedenen Organsysteme, aus denen der menschliche Organismus zusammengesetzt ist.

Der Leser findet hier jene Systeme, die uns allen aus dem Biologieunterricht in der Schulzeit bekannt sind, wie etwa das Atem- und das Verdauungssystem, aber auch andere, schwieriger zu erfassende Systeme, deren Organe und Strukturen nicht leicht darzustellen sind, z. B. das Immun- und Drüsensystem.

Jedes Kapitel informiert über den anatomischen Aufbau und, wenn dies möglich und sinnvoll ist, über die normale Funktion des jeweiligen Systems.

Dieses Werk bietet keine ausführliche Darstellung der Systeme, wie sie von einem Fachbuch erwartet werden können. Es verfolgt vielmehr die Absicht, einem breiten Publikum in klarer und objektiver Form ein bestimmtes Grundwissen über den menschlichen Körper zugänglich zu machen und dabei die wichtigsten Merkmale hervorzuheben.

Verdauungsapparat

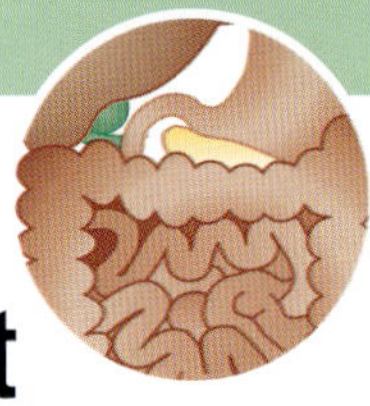

Beschreibung der Anatomie

Der Verdauungsapparat besteht aus folgenden Teilen: Mundhöhle, Rachen, Speiseröhre, Magen, Dünndarm, Dickdarm und Enddarm. Der Dünndarm hat die Abschnitte Zwölffingerdarm *(Duodenum)*, Leerdarm *(Jejunum)* und Krummdarm *(Ileum)*; im Dickdarm folgen Blinddarm *(Caecum)*, der zweiteilige Grimmdarm *(Colon ascendens* und *Colon transversum)*, der absteigende Dickdarm *(Colon descendens)* und schließlich der Mastdarm *(Rektum)*. Dazu gehören ferner die Leber und die Bauchspeicheldrüse *(Pankreas)*, deren Sekrete die richtige Verdauung der aufgenommenen Nahrung gewährleisten.

Der Körper muß fortlaufend seinen Energiebedarf decken. Dazu entzieht der Verdauungsapparat der aufgenommenen Nahrung Nährstoffe und stellt sie dem Körper zur Verfügung.

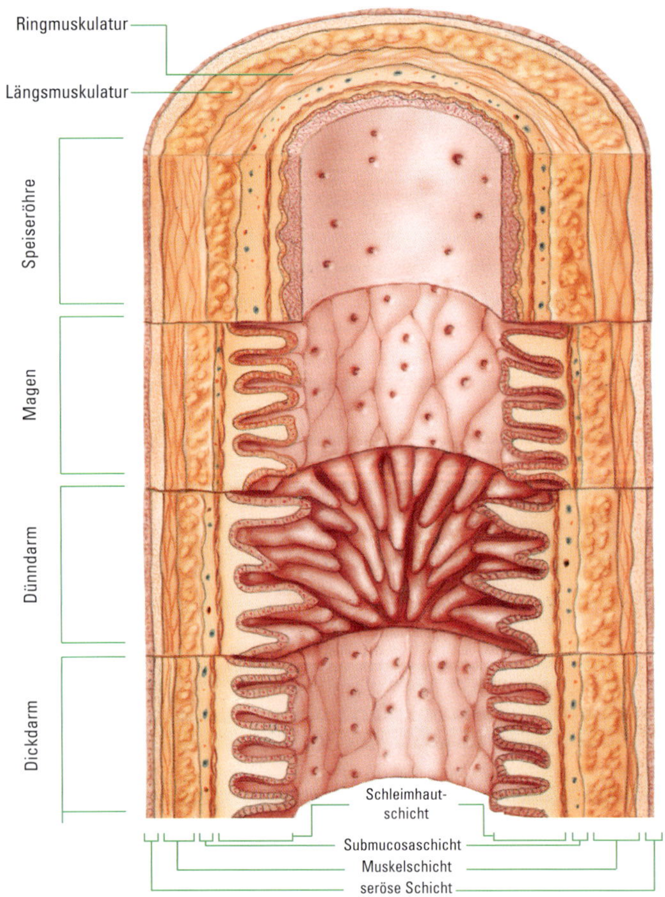

Grundstruktur der Innenwand des Verdauungskanals in seinen verschiedenen Abschnitten

Allgemeine Darstellung des Verdauungsapparates

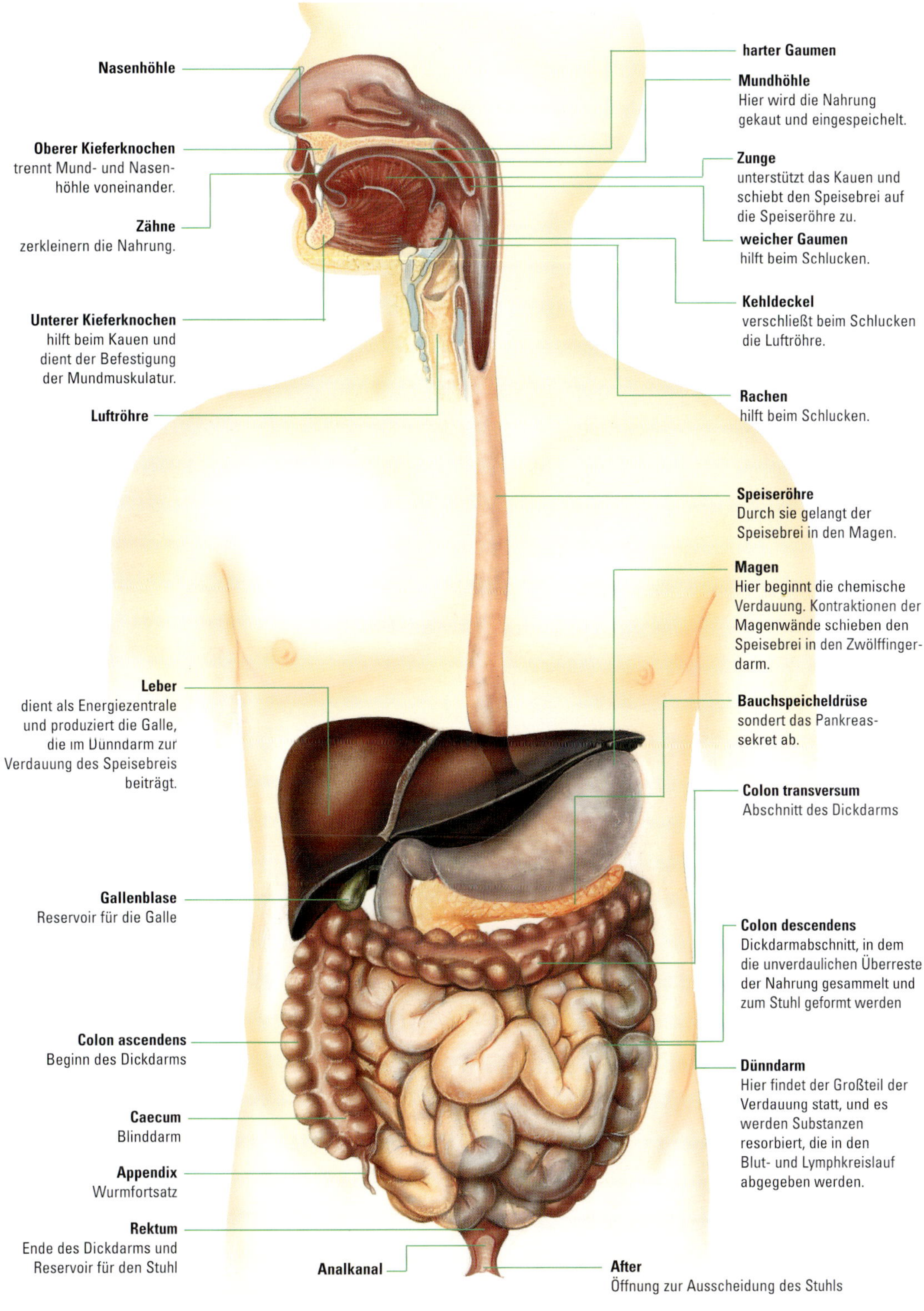

Die Mundhöhle

Die Mundhöhle ist der erste Abschnitt des Verdauungsapparates. Hier beginnt die mechanische Verdauung, indem die aufgenommene Nahrung zerkleinert und eingespeichelt wird. Der Gaumen trennt die Mundhöhle von den Nasenhöhlen. Die vorderen zwei Drittel des Gaumens sind verknöchert (Gaumenbogen oder harter Gaumen), der übrige Bereich besteht aus einer Muskelmembran (Gaumensegel oder weicher Gaumen). Verschiedene, am Unterkierferknochen befestigte Muskelstränge bilden den Mundboden, auf dem sich die Zunge befindet. Sie bewegt die Nahrung beim Kauen und transportiert sie zur Speiseröhre. Die Wangen sind die seitlichen Wände, der hintere Teil ist über die Schlundenge mit dem Schlund verbunden, der die Verlängerung des Gaumensegels, des Zäpfchens und der Rachenmandeln darstellt.

Die Verdauung beginnt bereits in der Mundhöhle, indem die aufgenommene Nahrung zerkleinert und eingespeichelt wird.

Die Anatomie der Mundhöhle

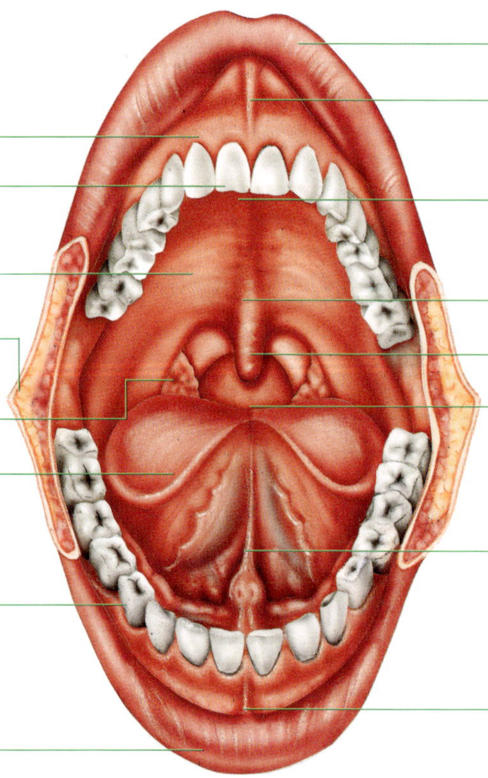

Die Mundschleimhaut

Das Innere der Mundhöhle ist mit einer dünnen Schleimhaut ausgekleidet. Hier wird die Nahrung mit dem Sekret der Speicheldrüsen eingespeichelt. Je nach Lage wird diese Schleimhaut als Lippen-, Gaumen- oder Mandelschleimhaut und Zahnfleisch bezeichnet.

Die Mundspalte

Die Mundspalte öffnet sich im unteren Bereich des Gesichts und ist von Ober- und Unterlippe sowie seitlich von den Mundwinkeln begrenzt. Verschiedene Muskeln sorgen für die große Beweglichkeit und Ausdruckskraft des unteren Gesichtsbereiches.

Die Mundmuskulatur

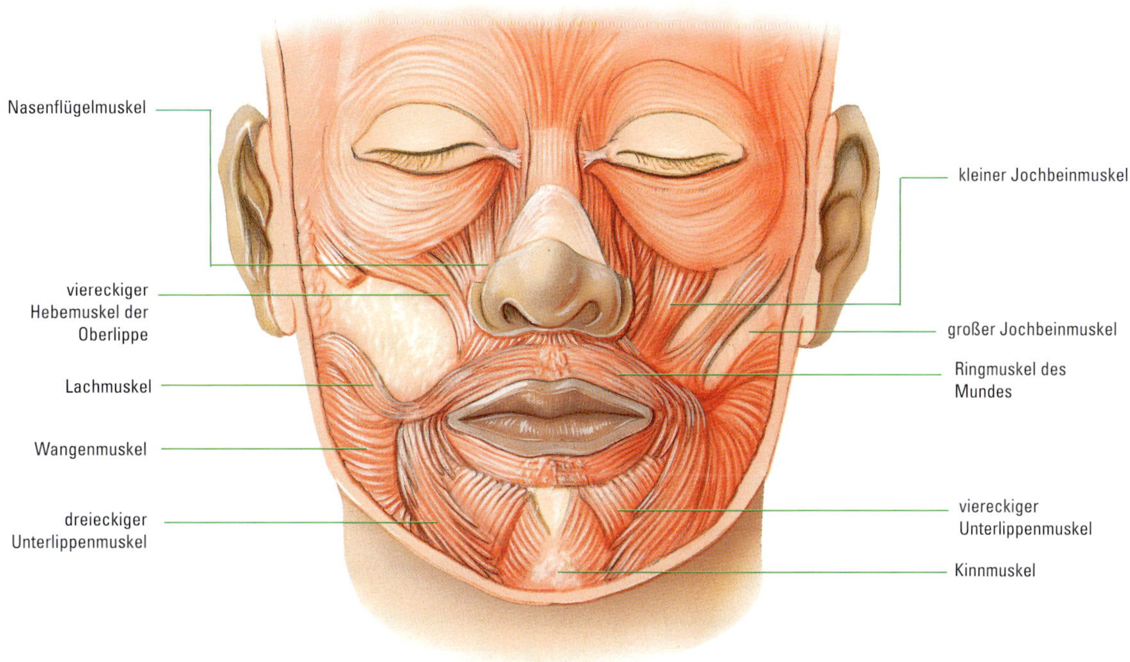

Verdauungsapparat

Zähne und Kiefer

Die Kiefer sind halbkreisförmige, von Schleimhaut überzogene Knochen. In den sogenannten Zahnfächern (Alveolen) sitzen die Zähne. Die erste Zahngeneration mit 20 Zähnen beginnt im Alter von sechs Monaten zu wachsen. Währenddessen bilden sich in den Alveolen bereits die 32 Zähne der zweiten, endgültigen Generation heran, die die Milchzähne ab dem sechsten Lebensjahr nach und nach ersetzen.

Die Zähne und ihre Entwicklung

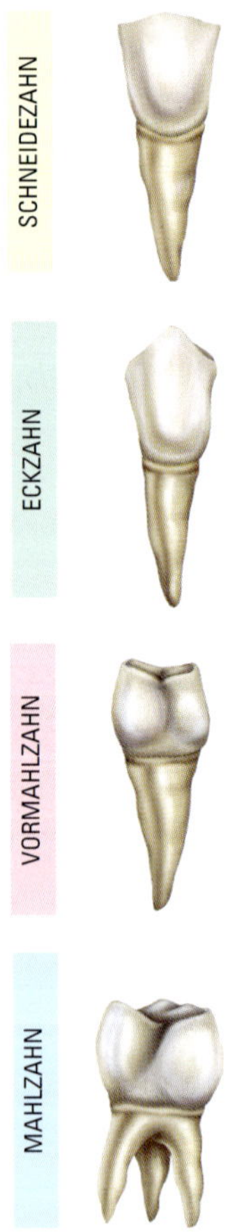

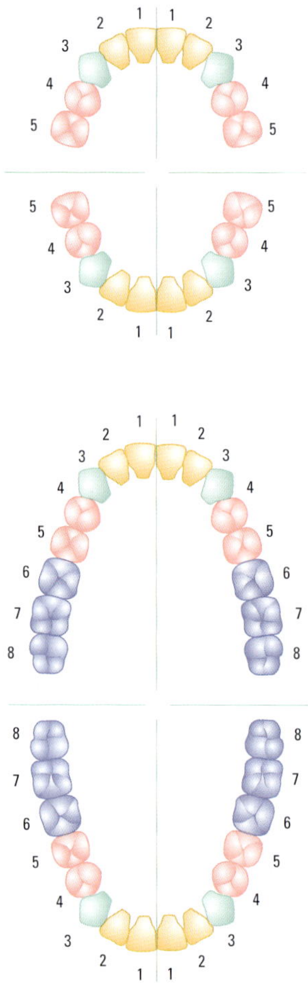

ERSTE ZÄHNE (Milchzähne)

SCHNEIDEZÄHNE
zentrale (1); 6–8 Monate
laterale (2); 8–10 Monate

ECKZÄHNE
(3); 16–20 Monate

MAHLZÄHNE
erste (4); 10–15 Monate
zweite (5); 20–24 Monate

BLEIBENDE ZÄHNE

SCHNEIDEZÄHNE
zentrale (1); 6–8 Jahre
laterale (2); 7–9 Jahre

ECKZÄHNE
(3); 11–13 Jahre

VORMAHLZÄHNE
erste (4); 9–11 Jahre
zweite (5); 10–12 Jahre

MAHLZÄHNE
erste (6); 6–7 Jahre
zweite (7); 12–17 Jahre
Weisheitszähne (8); 18–30 Jahre
(nicht bei allen Menschen)

Die Zähne werden nach ihrer Funktion bezeichnet, das bleibende Gebiß hat acht Schneidezähne, vier Eckzähne und 16 Backenzähne. Die Schneide- und Eckzähne erfassen und zerbeißen die Nahrung, die Backenzähne zermahlen sie zu Speisebrei. Sie werden eingeteilt in Vormahl- und Mahlzähne. Meist kommen noch vier Weisheitszähne hinzu.

Ein Zahn hat drei Abschnitte: die in der Alveole liegende Wurzel, den Hals und die Krone. Die Form der einzelnen Teile ist je nach Art des Zahns verschieden.

Die sehr harte, äußere Schicht der Krone besteht aus weißem Schmelz. Die mit dem Alveolenknochen verbundene Außenschicht der Wurzel heißt Zement. Der eigentliche Zahnkörper besteht aus Zahnbein, dem Dentin. Im Inneren des Zahnes liegt die Pulpa; sie besteht aus einem reich mit Gefäßen und Nerven durchwachsenen Bindegewebe, wodurch der Zahn zu einem lebenden Organ wird.

Längsschnitt durch einen Schneidezahn

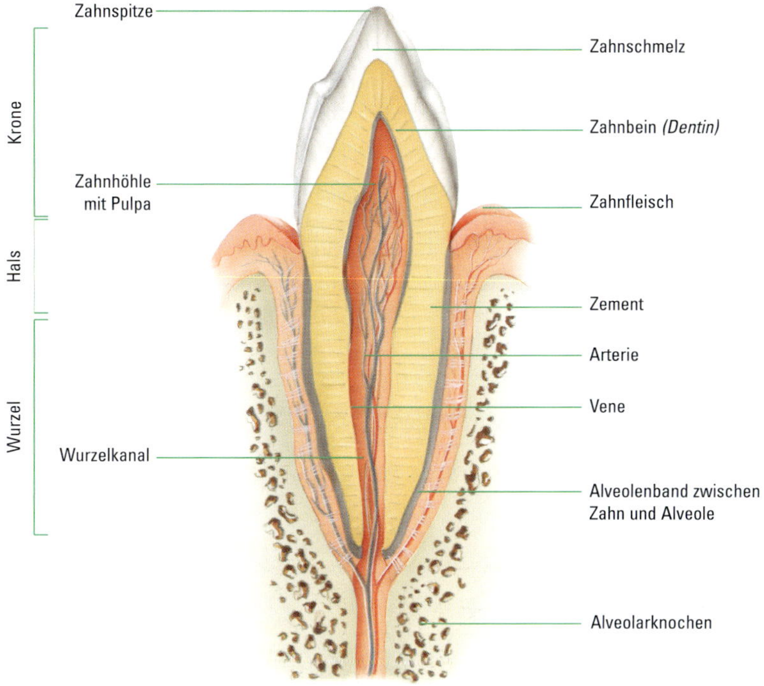

Längsschnitt durch einen Mahlzahn

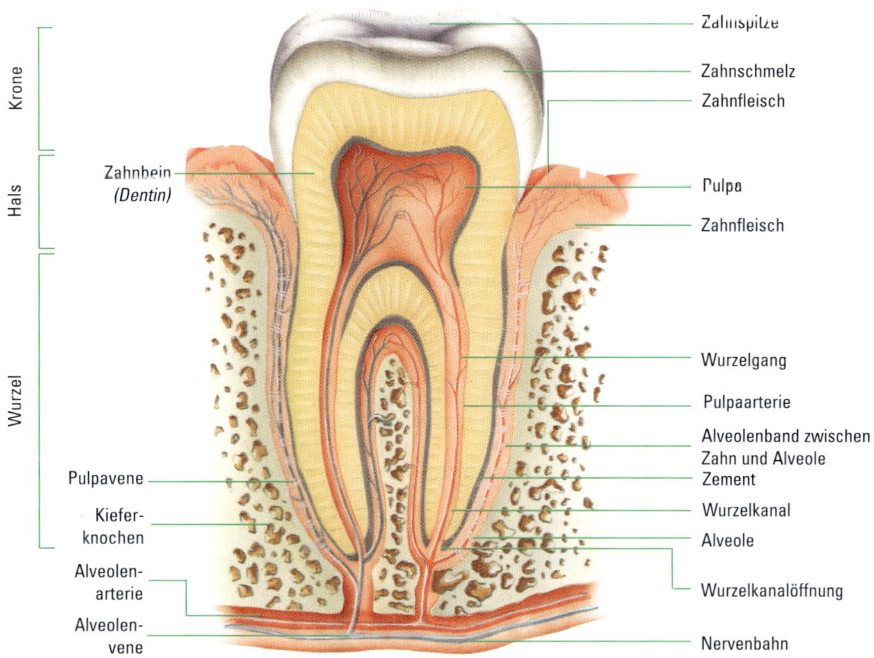

Die Zunge

Auf dem Boden der Mundhöhle liegt die Zunge. Sie ist ein kräftiger Muskelkörper mit frei beweglicher Spitze und an Unterkiefer, Zungenbein und Schädelbasis befestigt. Neben ihrer Funktion beim Schluckvorgang erfüllt sie wichtige Aufgaben bei der Lautbildung und der Geschmackswahrnehmung. Zur Geschmackswahrnehmung ist sie von einer Schleimhaut überzogen, in der zahlreiche erhabene Warzen verteilt sind, die sogenannten Geschmackspapillen. Sie enthalten Geschmackszellen, die die Geschmacksrichtungen wahrnehmen. Für die vier verschiedenen Geschmacksrichtungen, süß, salzig, sauer und bitter, gibt es jeweils spezielle Papillen: faden-, pilz- und kelchförmige. Süßer Geschmack wird an der Zungenspitze empfunden, salziger seitlich und an der Spitze, saurer an den Seiten, bitterer am hinteren Teil der Zunge.

Ansicht des Zungenrückens von vorne

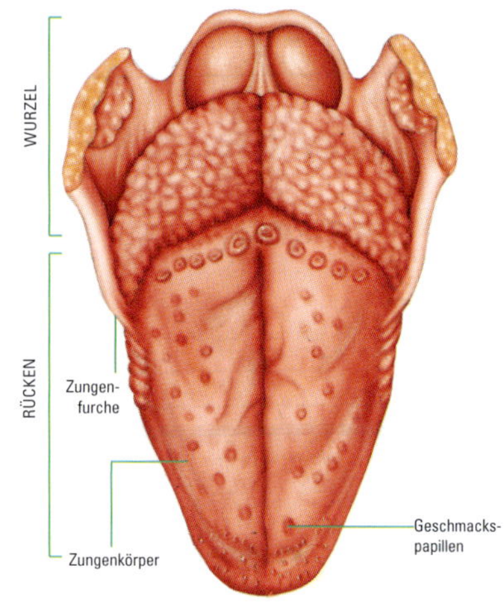

Zunge und Gaumen

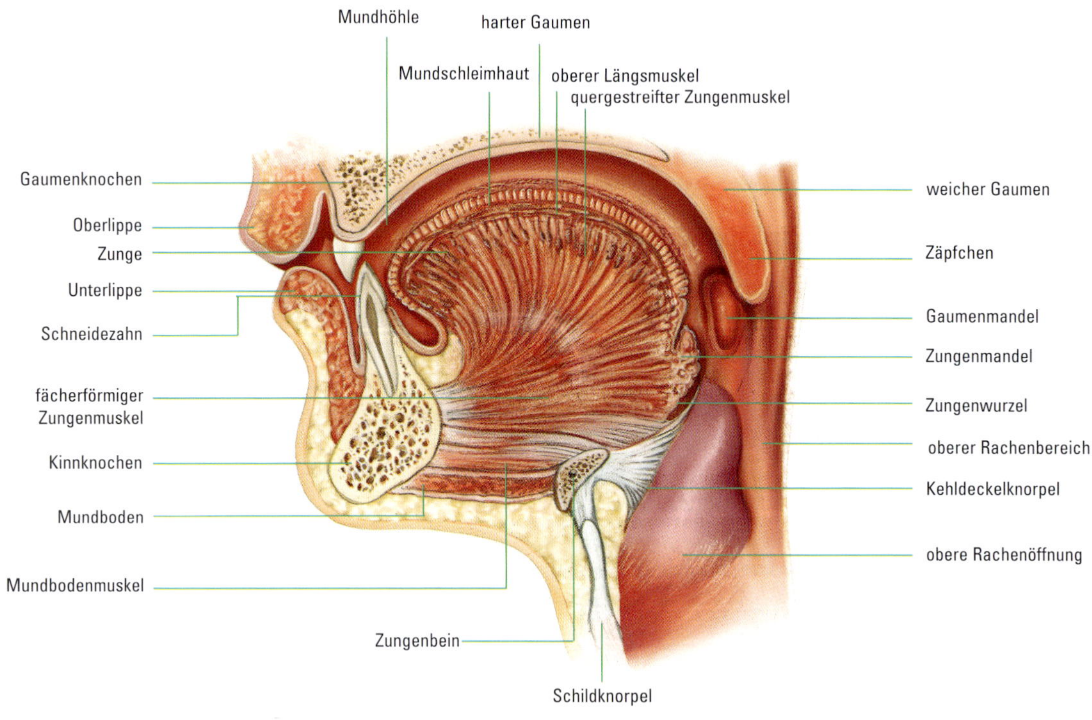

Die Mandeln (Tonsillen)

Die Speicheldrüsen sondern den Speichel ab, der zum Zerkauen und Einspeicheln der Nahrung benötigt wird.

Die Mandeln sind lymphatische Organe im Mund-Rachenraum, ähnlich den Lymphknoten. Wie diese dienen sie hautptsächlich zur Immunabwehr. Man unterscheidet Gaumen-, Zungen- und Rachenmandeln.

Der Rachen (Pharynx)

Der Rachen ist eine muskulöse Röhre am Ende der Mundhöhle. Hier werden der Speisebrei in die Speiseröhre und die eingeatmete Luft in die Luftröhre geleitet. Man unterscheidet drei Abschnitte: Rhinopharynx, Oropharynx und Hypopharynx.

Die Speicheldrüsen

Die Speicheldrüsen sondern den Speichel ab, mit dessen Hilfe die Nahrung im Mund zu Speisebrei verarbeitet wird. Sie sind in drei Zweiergruppen angeordnet:

Die **Ohrspeicheldrüsen** befinden sich auf Wangenhöhe, die **Unterkieferspeicheldrüsen** am seitlichen Mundboden und die **Unterzungenspeicheldrüsen** am mittleren, vorderen Mundboden. Sie geben ihr Sekret durch eigene Kanäle ab; dies sind jeweils: der Stensen-Gang, der Warthin-Gang und der Bartholin-Gang.

Des weiteren sind in der gesamten Munschleimhaut kleine Drüsen verteilt. Sie sorgen für eine allgemeine Befeuchtung der Mundhöhle.

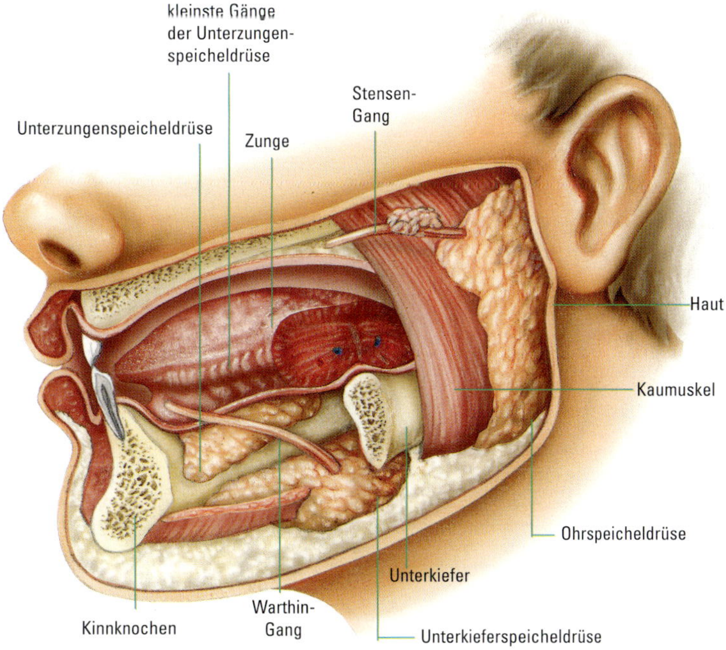

Die Speiseröhre

Die Speiseröhre *(Ösophagus)* ist ein etwa 25 cm langer Schlauch, der den Brustkorb der Länge nach durchzieht, am Rachen beginnt und am Magen endet. Vom Hals ausgehend, führt die Speiseröhre direkt vor der Wirbelsäule durch den hinteren Bereich des mittleren Brustkorbs, tritt durch das Zwerchfell, das den Brust- vom Bauchraum trennt, und geht dort am Mageneingang (die Kardia) in den Magen über. Sie wird in drei Abschnitte unterteilt: den zervikalen, thorakalen (das ist der längste) und den abdominalen Teil.

Der geschluckte Speisebrei wird durch zwei Muskelgruppen zum Magen befördert: Längs- und Ringmuskeln. Beide sind entlang der gesamten Speiseröhre angeordnet und arbeiten so zusammen, daß sich die Röhre vor einem Speisebrocken erweitert und hinter ihm verengt. Dadurch gelangt die Nahrung in jeder Körperlage, auch im Kopfstand, in den Magen.

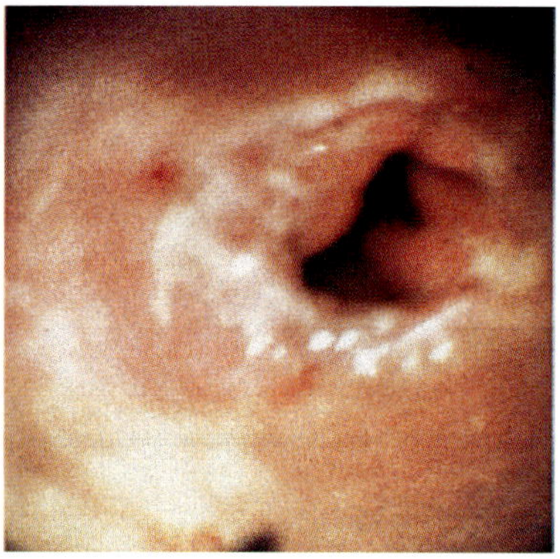

Blick durch ein Endoskop in die Speiseröhre.

Schnitt durch die Speiseröhrenwand

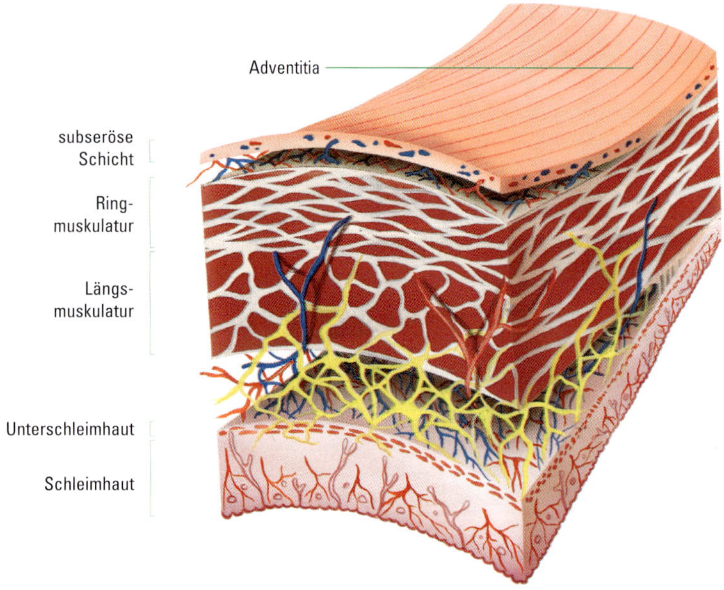

Die Wand der Speiseröhre besteht aus vier Schichten: einer äußeren Bindegewebeschicht, die Adventitia oder Serosa heißt, einer Muskelschicht, einer Unterschleimhaut, der Submukosa, in die viele Sekretionsdrüsen eingebettet sind, und einer inneren Schleimhaut, die die Innenseite des Schlauches überzieht. In Ruhestellung weist sie zahlreiche Längsfalten auf.

Ansichten der Speiseröhre

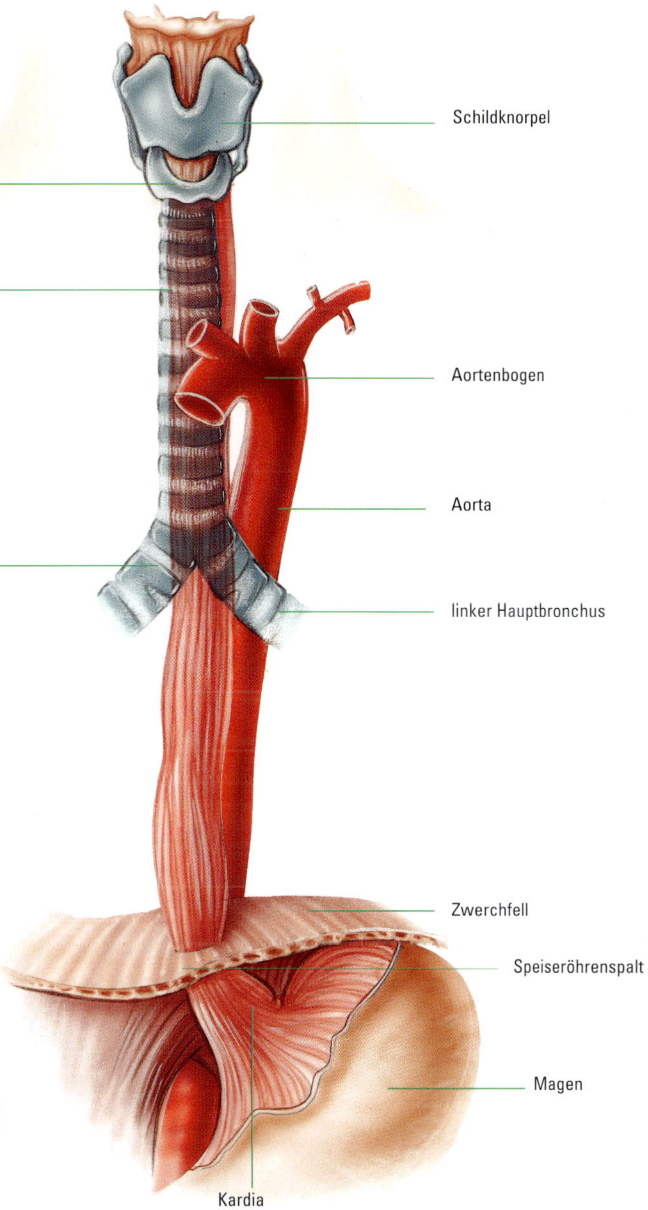

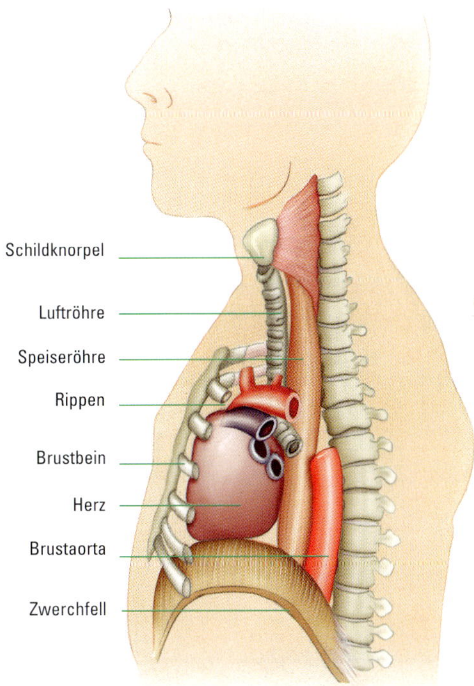

Der Magen

Der Magen ist ein muskulöser, dehnbarer Sack, der durch die Kardia an die Speiseröhre angeschlossen ist. Er liegt unter dem Zwerchfell, im linken, mittleren, oberen Bereich der Bauchhöhle. Hier wird die Nahrung gesammelt und die chemische Verdauung eingeleitet, bevor der Speisebrei in den Dünndarm weitertransportiert wird. Der Ausgang zum Darm heißt Pförtner *(Pylorus)* und wird durch einen Schließmuskel kontrolliert. Die drei Abschnitte des Magens sind der obere Teil mit Kardia, Fundus genannt, der Korpus in der Mitte und das horizontal liegende Antrum, das in den Pförtner mündet.

Betrachtet man den Magen von vorne, sieht man zwei Krümmungen, eine konkave und eine konvexe, jeweils von der Kardia bis zum Pförtner. Die konkave Krümmung ist der linke Magenrand, die große Kurvatur, die konvexe bildet den rechten Magenrand, die kleine Kurvatur.

Die Magenwände besitzen die gleiche Struktur wie die Speiseröhrenwände, mit einer serösen, muskulären, submukösen und mukösen Schicht. Letztere enthält verschiedene Drüsenarten zur Bildung von Verdauungssäften wie Pepsinogen, Salzsäure, Wasser, Bikarbonat und Magenschleim.

DIE ABSCHNITTE DES MAGENS

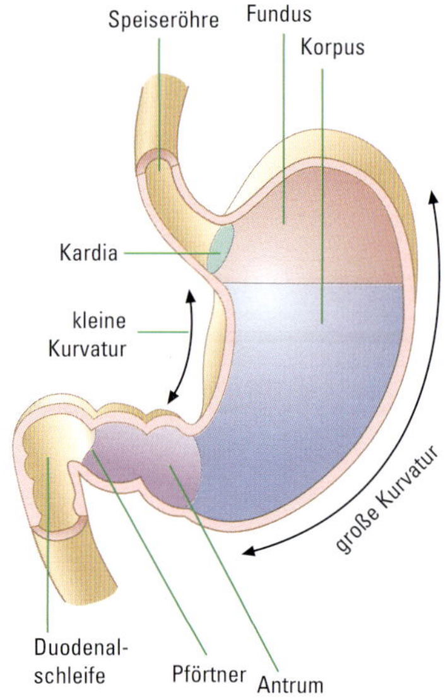

Schnitt durch die Magenwand

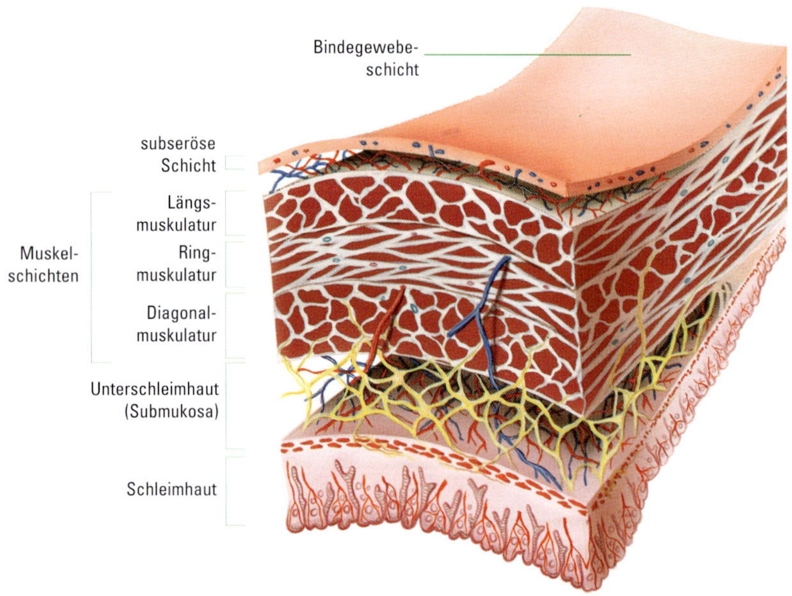

Aufbau des Magens

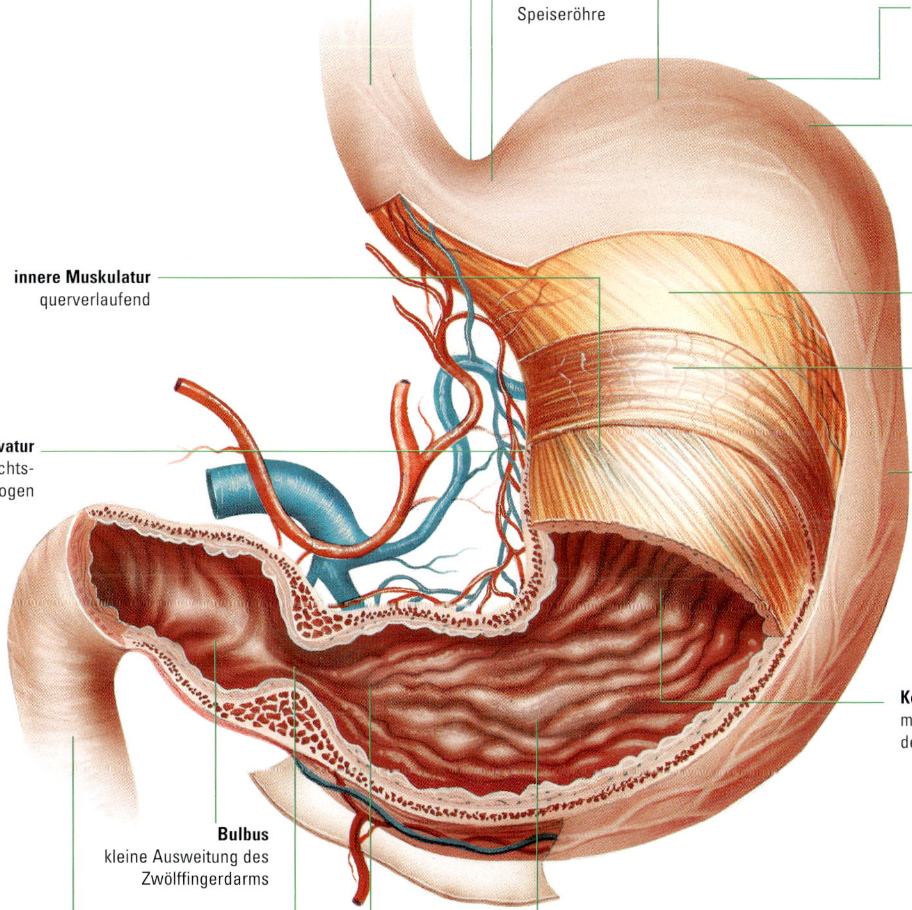

Der Dünndarm

Der Dünndarm beginnt am Ende des Magens hinter dem Pförtner und erstreckt sich bis zur Ileozökalklappe, dort beginnt der Dickdarm. Der insgesamt etwa sieben Meter lange Dünndarm besteht aus drei Abschnitten: Zwölffingerdarm *(Duodenum)*, Leerdarm *(Jejunum)* und Krummdarm *(Ileum)*. Beim Zwölffingerdarm unterscheidet man vier Abschnitte: den Bulbus, den vertikalen und den horizontalen Teil und das Verbindungsstück zwischen Dünndarm und Leerdarm, den Treitz-Winkel. Im inneren Teil des zweiten Abschnitts liegt die Vater-Papille, in welche die von Leber, Pankreas und Galle abführenden Gänge sowie der Wirsung-Gang einmünden.

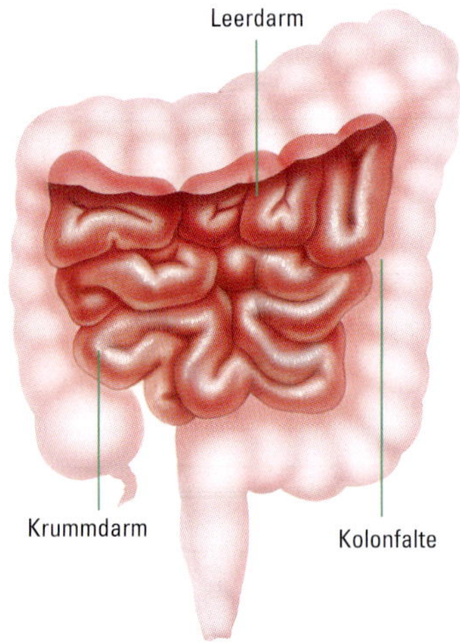

Dünndarm mit Krummdarm und Leerdarm, vom Dickdarm umgeben

Schnitt durch die Dünndarmwand

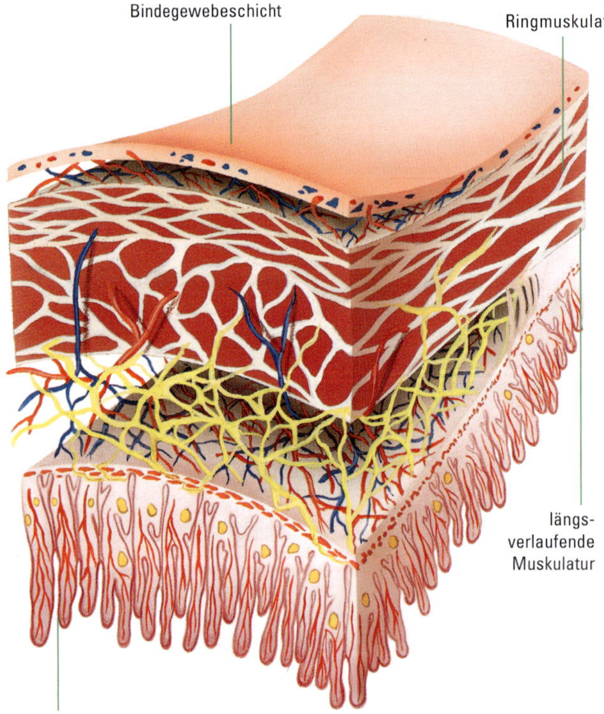

Leer- und Krummdarm – Der Dünndarm setzt sich vom Duodenojejunalwinkel aus fort und bildet in Leer- und Krummdarm zahlreiche Schlingen. Das Ende des Krummdarms ist durch die Ileozökalklappe mit dem Dickdarm verbunden. Um die zur Absorption zur Verfügung stehende Fläche zu vergrößern, ist die Schleimhaut des Dünndarms in viele Falten und Zotten gelegt.

Innenansicht der Darmwände

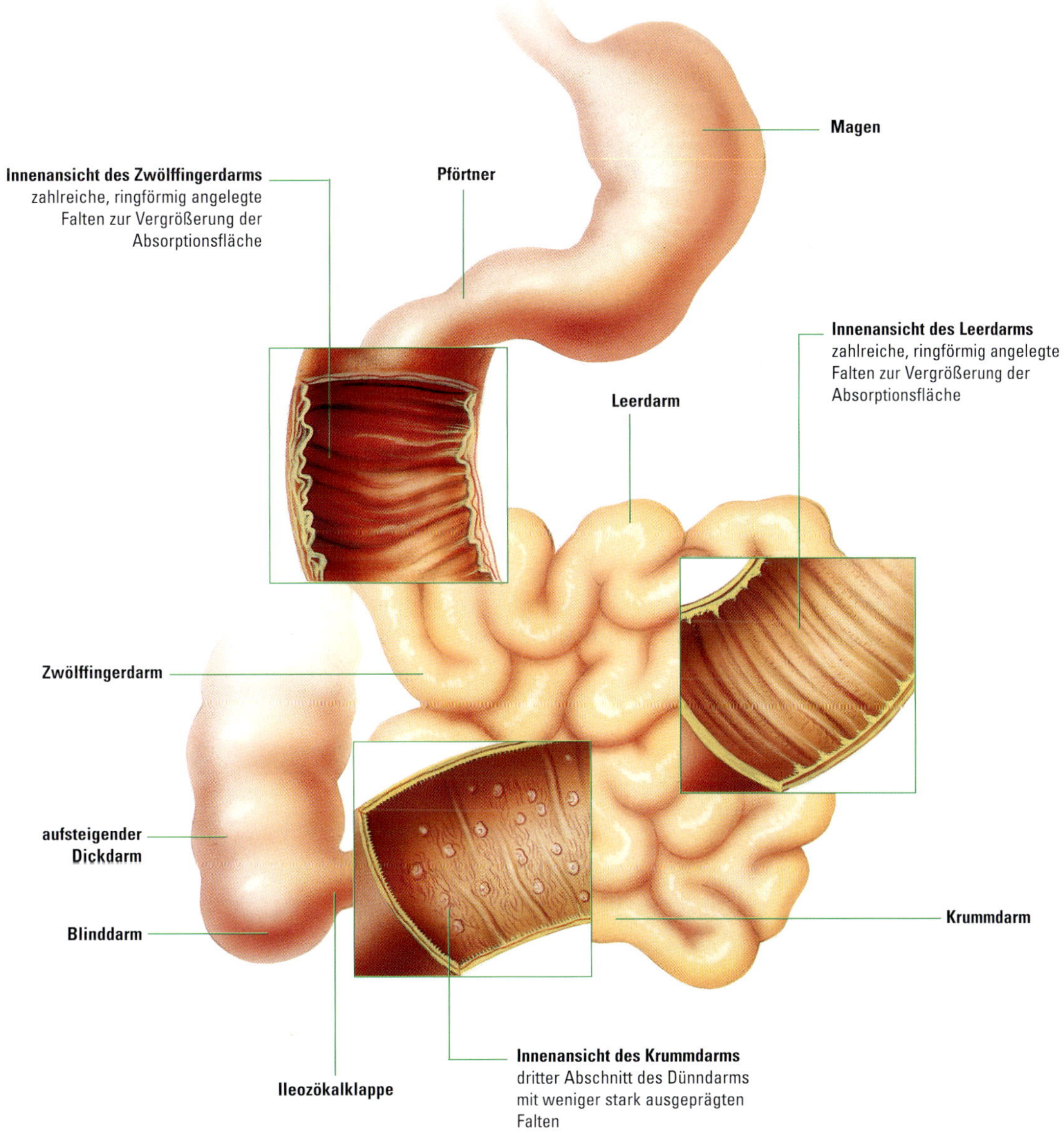

Der Dickdarm

Der Dickdarm bildet das Ende des Verdauungssystems. Er beginnt mit der Ileozökalklappe und endet am After *(Anus)*. Seine Abschnitte heißen Blinddarm, Kolon (bestehend aus aufsteigendem Darm, Querdarm und absteigendem Darm), Rektum und After.

Blinddarm – Er enthält den Wurmfortsatz *(Appendix)*. Seine genaue Funktion ist nicht bekannt.

Kolon – Dieser Abschnitt hat einen aufsteigenden, einen querenden und einen absteigenden Teil und geht hinter dem Sigma in das Rektum über. Das Kolon ist durch Ausbuchtungen gekennzeichnet, die Haustren genannt werden.

Rektum – Der Enddarm mündet am After nach außen.

Anus – Die Darmöffnung ist mit einem ringförmigen Schließmuskel zum Öffnen und Schließen versehen.

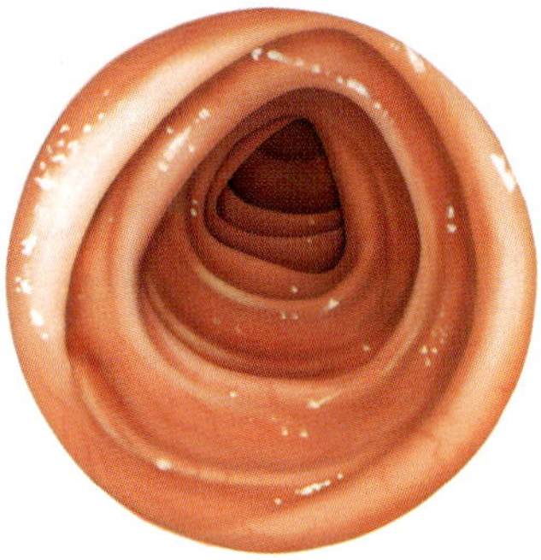

Endoskopische Ansicht des Querdarms

Schnitt durch die Dickdarmwand

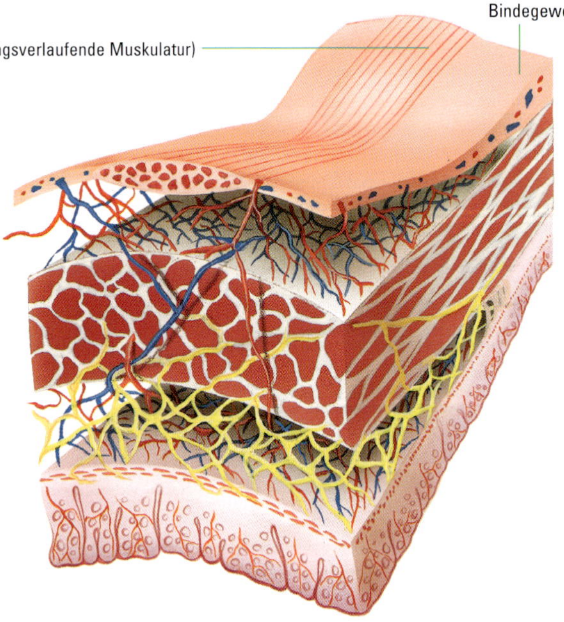

Die Wände des Dickdarms bestehen aus serösem Peritoneum, einer längsverlaufenden und einer Ringmuskulaturschicht, der Submukosa sowie einer Schleimhautschicht, deren zahlreiche Drüsen Schleim produzieren.

Der Dickdarm und seine Abschnitte

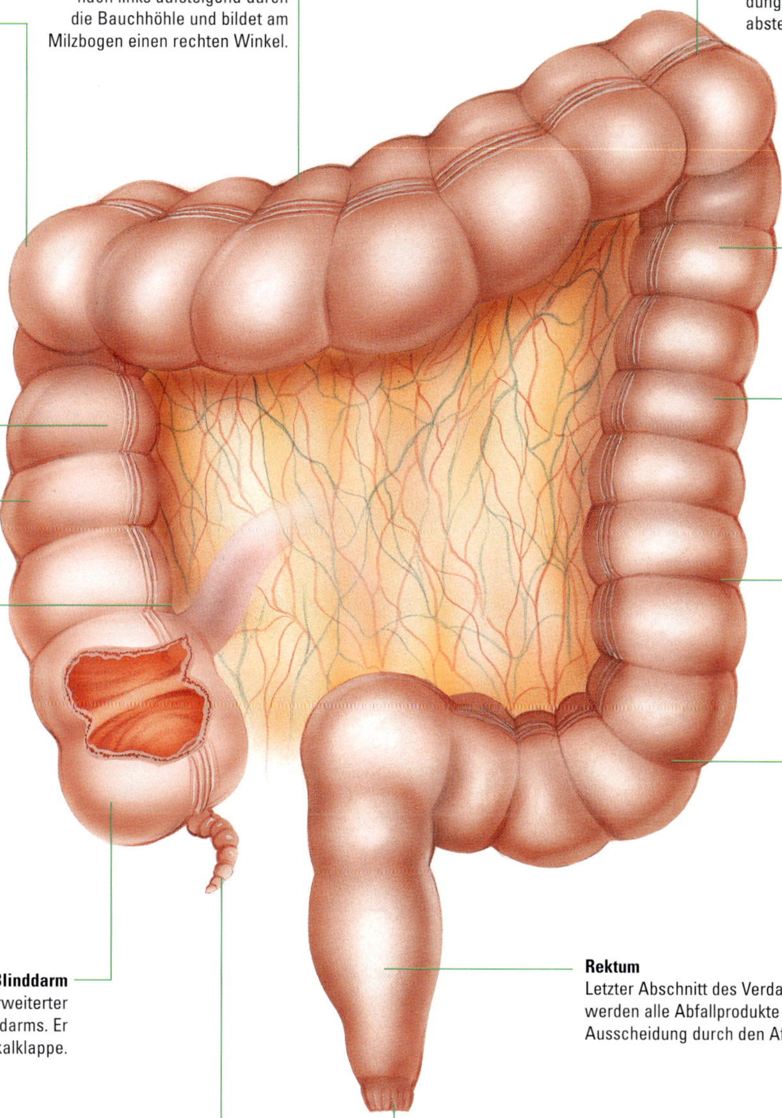

Das Bauchfell

Die Bauchhöhle wird von einer serösen Haut ausgekleidet, die auch die Organe dieser Region umhüllt. Diese Haut nennt man Bauchfell *(Peritoneum)*. Sie besteht aus zwei Schichten: der äußeren, parietalen Schicht – sie überzieht die Wände der Bauch- und Beckenhöhle – und der inneren, viszeralen Schicht, die alle im Bauch liegenden Organe bedeckt. Sie sind durch ein Darmnetz und Gekröse *(Mesenterium)* genanntes Gewebe miteinander verbunden. Die äußere, an der Bauchwand befestigte Schicht bildet in ihrem Inneren eine Höhlung, die Peritonalhöhle genannt wird. Sie enthält unter normalen Bedingungen nur wenig Flüssigkeit, kann bei krankhaften Zuständen jedoch größere Mengen aufnehmen.

Querschnitt durch den Bauch (Abdomen) in der Draufsicht

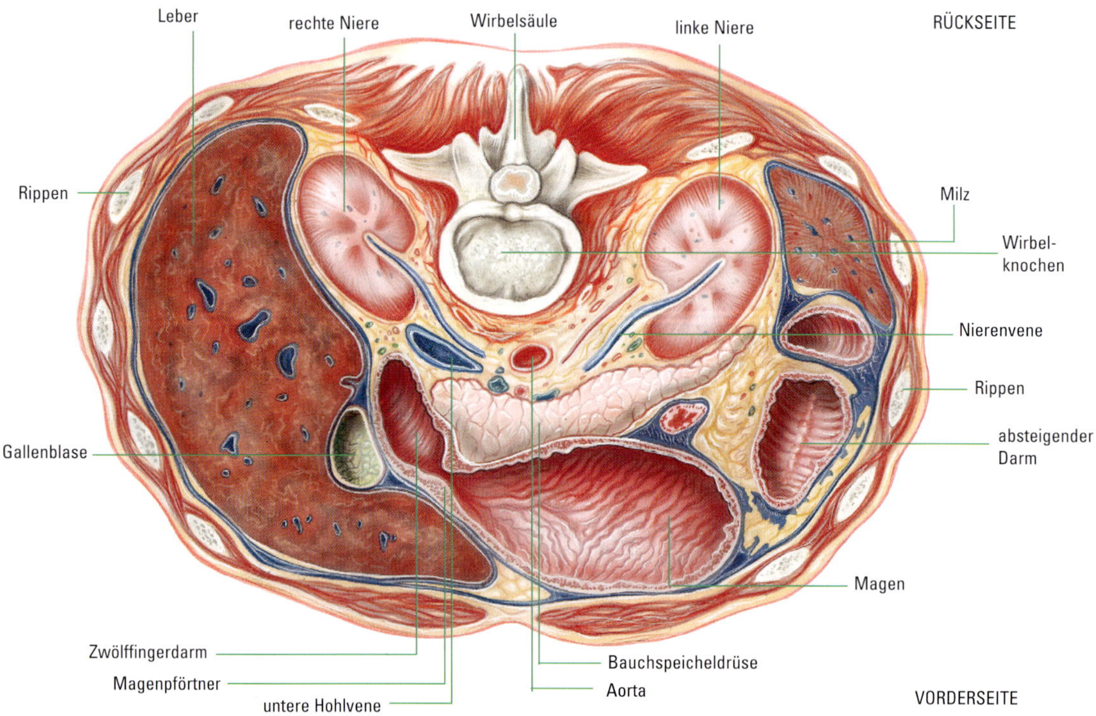

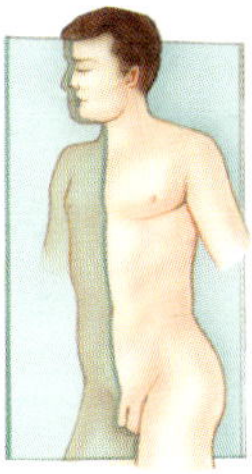

Schematische Darstellung der Bauchhöhle und des Bauchfells (blau), das die Innenwände und die Organe der Bauchhöhle überzieht

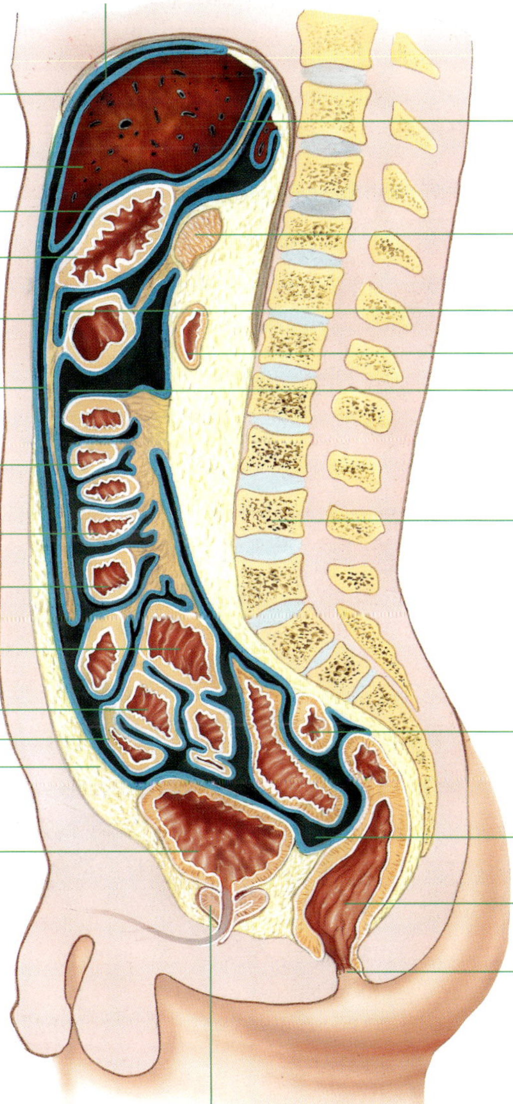

Die Leber

Die Leber ist mit einem Gewicht von 1500–2000 g die größte Drüse des menschlichen Körpers. Sie liegt in der oberen rechten Bauchhöhle, im sogenannten rechten Hypochondrium, mit einem vor dem Magen liegenden Teil. Sie besitzt eine gekörnte, dunkelrote Oberfläche und weist im vorderen Teil zwei deutlich unterscheidbare Segmente auf, den größeren rechten und den sehr viel kleineren linken Leberlappen. Zwischen diesen beiden Teilen liegt ein Gewebeband (ein Ligamentum), mit dem die Leber am Zwerchfell bedeckt ist. Ihre vordere Oberseite ist konvex und mit der Unterseite des Zwerchfells und der inneren Bauchwand verbunden. Die hintere Seite ist ebenfalls konvex und durch das *Ligamentum coronare* am hinteren Rand des Zwerchfells befestigt. Sie liegt über der unteren Hohlvene, in die auch die suprahepatischen Venen münden, die aus der Leber kommendes, gereinigtes Blut führen. Die flache Unterseite liegt zum Teil auf der Gallenblase, dem Querdarm, der rechten Nierenspitze und dem Magen auf. Auch hier wird ihre Position durch mehrere Gewebebänder fixiert.

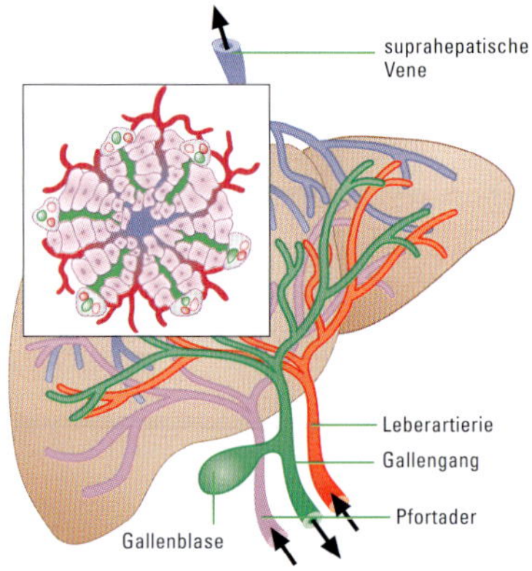

Schema des inneren Aufbaus der Leber und eines Leberläppchens

In der Mitte der Unterseite befindet sich der Leberhilus, wo die Pfortader *(Vena portae)* und die Leberarterie in die Leber führen. Sie bringen das Blut von der Milz, dem Verdauungstrakt und der Aorta. Durch den Leberhilus zieht der Gallengang, der die in der Leber produzierte Galle in den Dünndarm leitet.

Die in der Leber produzierten Gallensäuren werden vorrübergehend in der Gallenblase gespeichert. Sie sorgen für die Emulgierung der über die Nahrung aufgenommenen Fette und somit für deren Verdauung.

Die Oberfläche der Leber ist fast vollständig von Bauchfell bedeckt und liegt in einer Bindegewebskapsel. Diese Hülle wird auch Glisson-Kapsel genannt.

Das Lebergewebe besteht aus kleinen, hexagonalen Läppchen, die sich aus Leberzellen *(Hepatozyten)* zusammensetzen und sich um die zentrale Läppchenvene gruppieren. Zwischen den Leberläppchen bleiben feine Gänge erhalten, die einen Ast der Pfortader, einen Ast der Leberarterie und einen kleinen Gallengang enthalten. Das Blut gelangt über die Verästelungen der Pfortader und der Leberarterie in das Leberläppchen, wird zwischen den Hepatozyten gefiltert und zur Zentralvene des Leberläppchens geführt. Diese münden in die suprahepatischen Venen, die das verbrauchte Blut in die untere Hohlvene ableiten. Aus den im Blut enthaltenen Stoffen stellen die Hepatozyten die Gallenflüssigkeit her, die dann in die Gallengänge ausgeschüttet wird.

Vorderseite der Leber

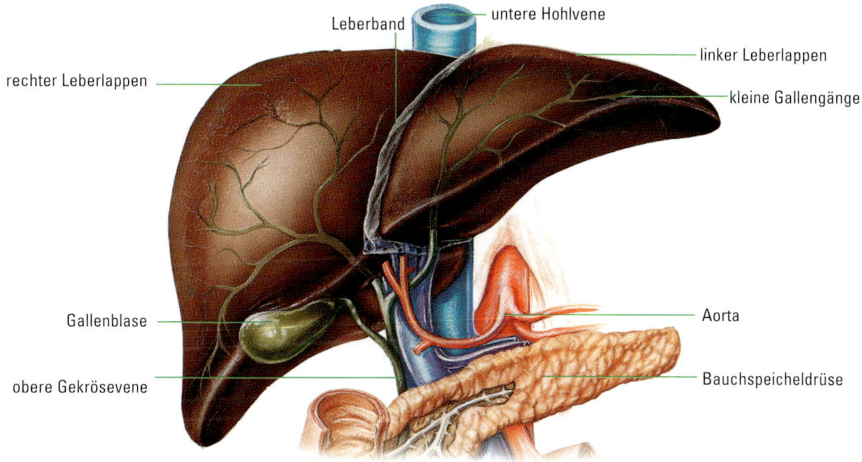

Unterseite der Leber

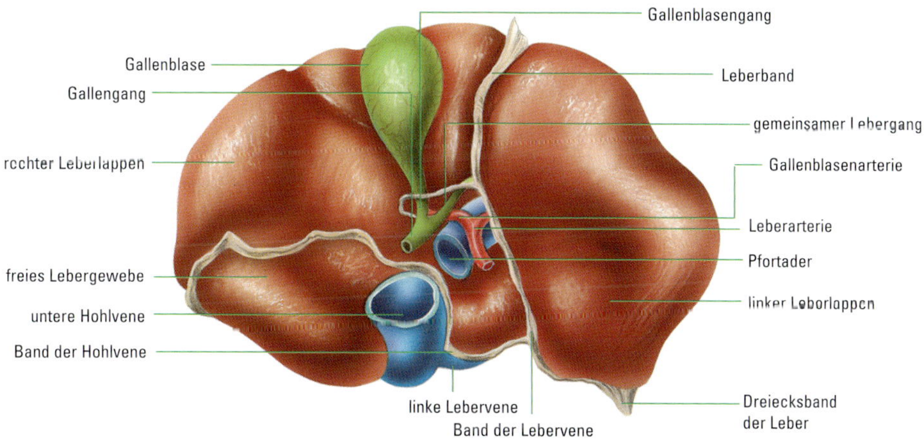

Oberseite der Leber

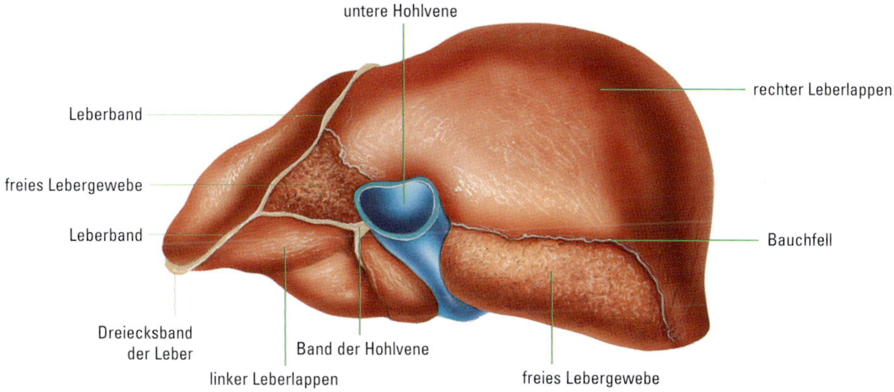

Die Gallengänge

Die Leber produziert die zur vollständigen Verdauung der Nahrung notwendige Galle. Zwischen den Hepatozyten der Leber, wo sie entsteht, und dem Darm existiert ein kompliziertes Netz feiner Kanäle, die Gallengänge. Die kleinen Gallengänge laufen zu immer größeren Gängen zusammen, um schließlich die Leber durch die Leberpforte als rechter und linker Gallengang zu verlassen. Der Lebergang verbindet sich mit dem aus der Gallenblase kommenden Gallenblasengang zum Gallengang *(Ductus choledochus)*. Die Gallenblase ist das Reservoir für die Galle, dort wird sie verdickt, bevor sie in den Darm gelangt. Der Gallengang mündet zusammen mit dem von der Bauchspeicheldrüse kommenden Wirsung-Gang durch die Vater-Papille in den Zwölffingerdarm. Der kleine Schließmuskel hier heißt Oddi-Sphinkter.

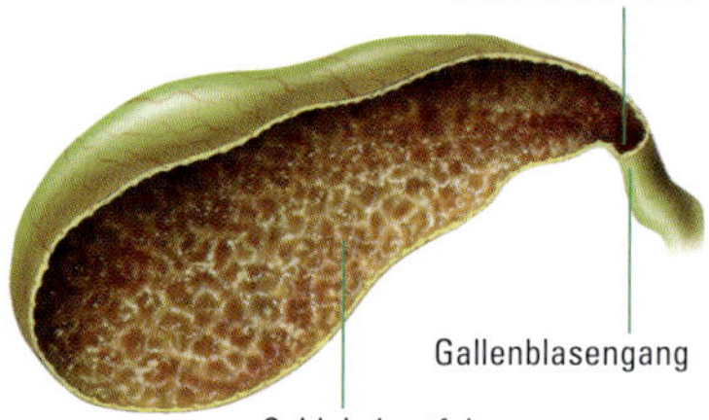

Die Gallenblase

Innenansicht der Gallenblase

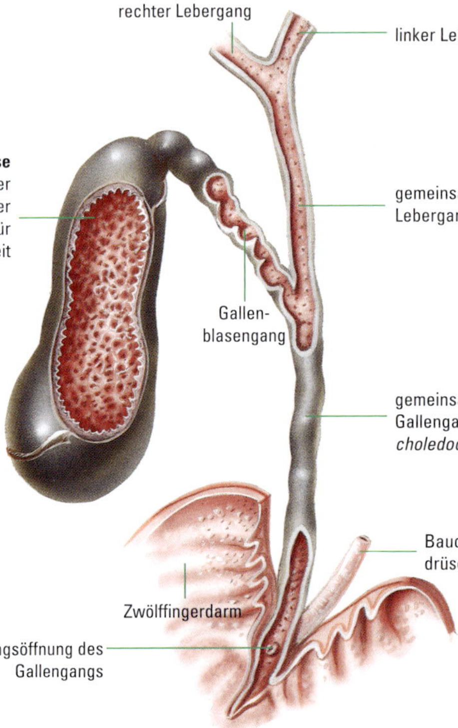

Bauchspeicheldrüse

Die Bauchspeicheldrüse *(Pankreas)* hat eine Doppelfunktion. Einerseits produziert sie den Pankreassaft für die Verdauung, andererseits entstehen in ihrem Inselapparat Glukagon und Insulin, die in den Blutkreislauf abgegeben werden.

Das längliche Organ besteht aus drei Teilen: Kopf, Körper und Schwanz (siehe Darstellung). Der Pankreassaft fließt in kleinen Kanälchen zusammen, die schließlich den Wirsung- und den Santorini-Gang bilden und an der Vater-Papille in den Zwölffingerdarm münden.

Anatomie der Bauchspeicheldrüse

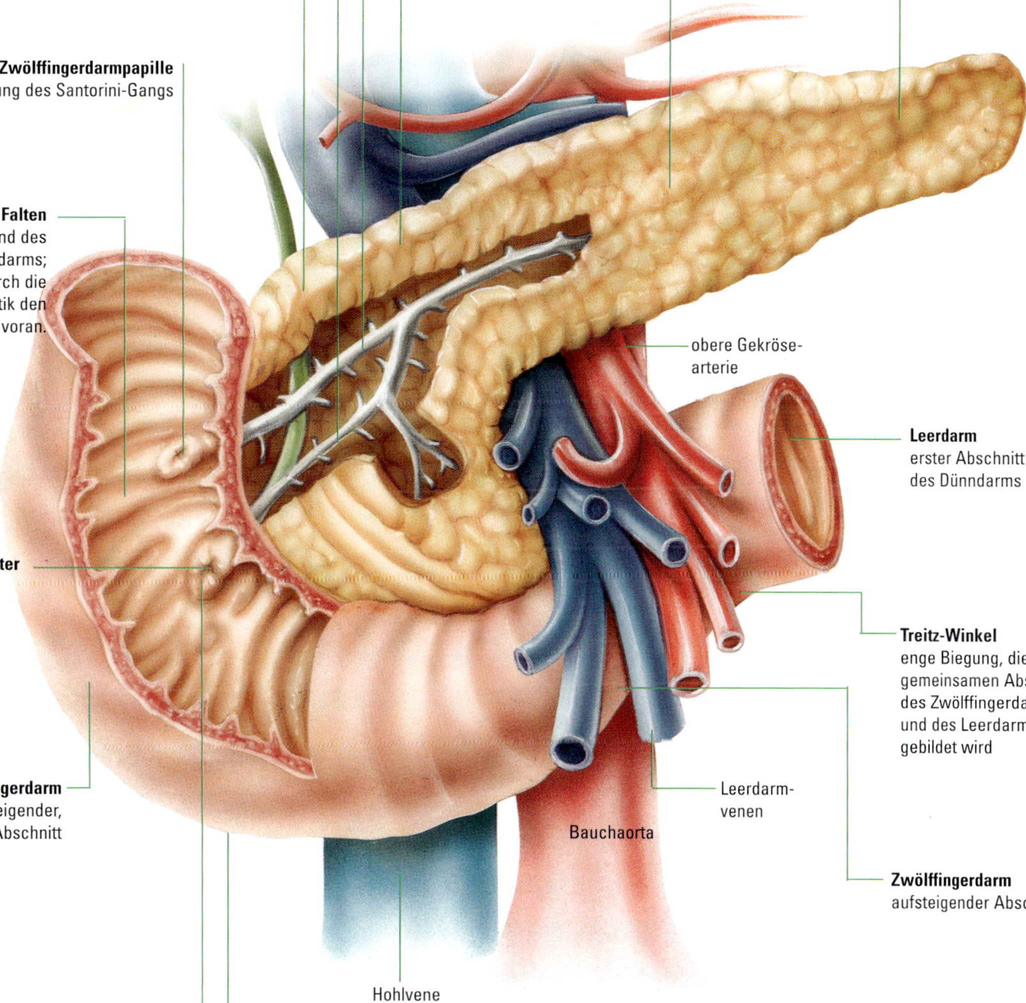

Die Funktion des Verdauungsapparates

Der Verdauungsapparat stellt dem Körper die nötigen Nährstoffe zur Selbsterhaltung und Weiterentwicklung zur Verfügung. Dazu muß die aufgenommene Nahrung mechanisch und chemisch in ihre elementaren Bestandteile aufgespalten werden. Dieser Vorgang heißt Verdauung und hat mehrere Phasen: Die Nahrung wird im Mund zu Speisebrei verarbeitet und durch Schlucken in den Magen befördert. Dort wird der Brei chemisch so aufbereitet, daß die Darmwände die Nährstoffe aufnehmen (resorbieren) können. Die nicht verwertbaren Überreste werden schließlich über Mastdarm und After ausgeschieden.

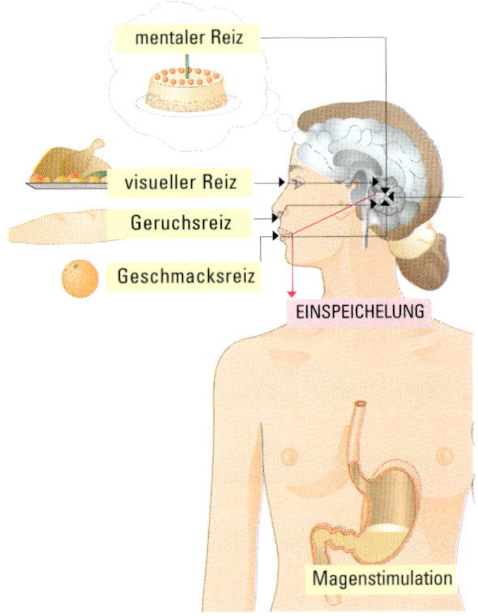

Die Einspeichelung

Der Verdauungsvorgang

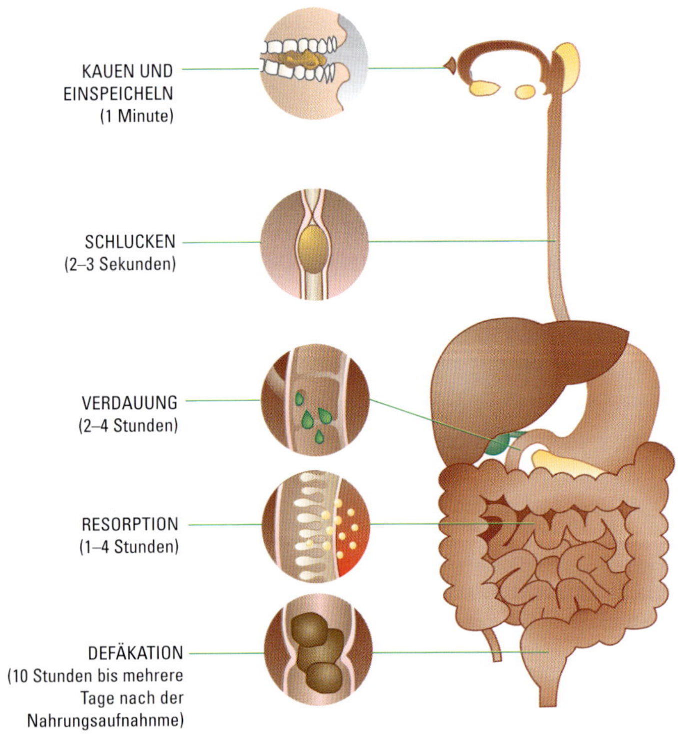

Die Resorption der Nährstoffe findet sowohl im Dünn- als auch im Dickdarm statt. Im Dickdarm werden außerdem die Überreste der Nahrung zu Stuhl geformt und für die Ausscheidung (Defäkation) vorbereitet.

Fast der gesamte Verdauungsvorgang wird vom vegetativen Nervensystem gesteuert, unterliegt also nicht dem Willen. Die einzigen Ausnahmen sind Kauen, Schlucken und die Defäkation.

Der Schluckvorgang

Passage des Speisebreis vom Mund in die Speiseröhre

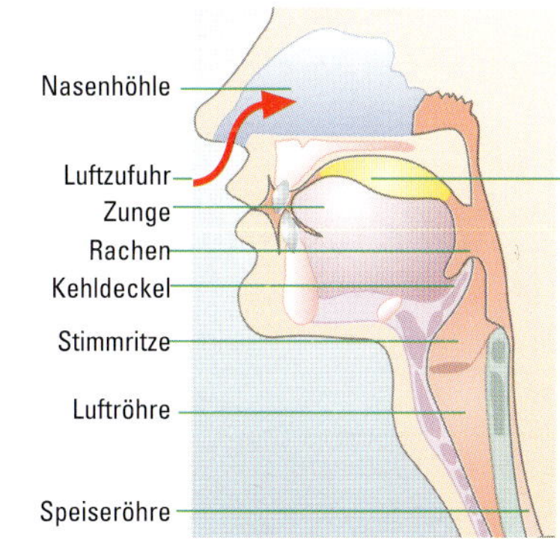

Wenn die Nahrung eine breiförmige Konsistenz angenommen hat, hebt sich die Zunge und preßt sich gegen den harten Gaumen, wodurch der Speisebrei in den Rachen geschoben wird.

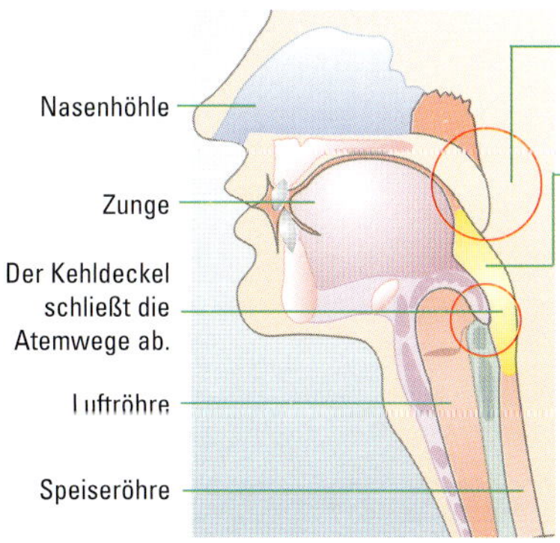

Damit der Speisebrei nicht in die Atemwege gerät, hebt sich das Zäpfchen, der Kehldeckel schließt die Atemwege ab und der obere Ringmuskel der Speiseröhre öffnet sich für den Speisebrei.

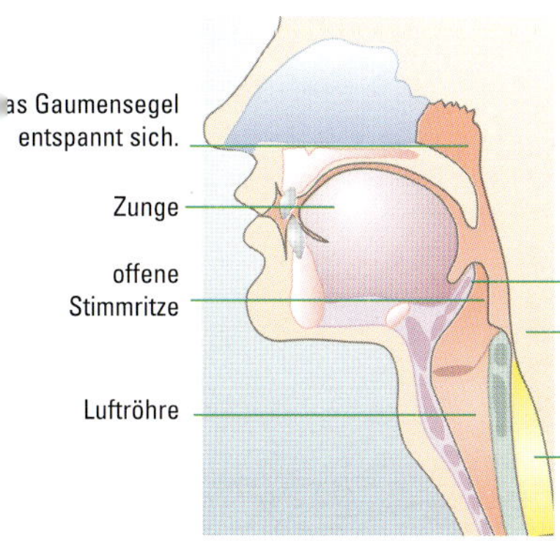

Die Schließmuskeln des Rachens ziehen sich bei Kontakt mit dem Speisebrei zusammen und schieben ihn die Speiseröhre, worauf das Zäpfchen und der Kehldeckel die Luftzufuhr in die Atemorgane wieder freigeben.

Die Magenbewegung

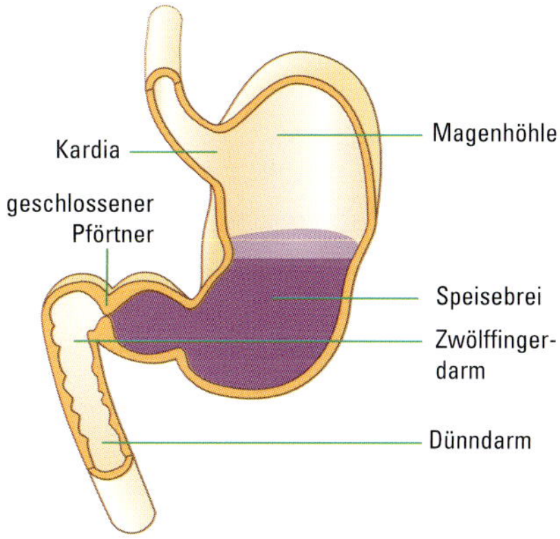

Wenn der Speisebrei in den Magen gelangt, mischt er sich mit dem von den verschiedenen Drüsen abgesonderten Magensaft und wird von den Wellenbewegungen der Magenwand bewegt, bis aus ihm eine dicke, weiche Masse wird. Der Magenpförtner bleibt geschlossen, damit der Speisebrei nicht in den Darm gelangt.

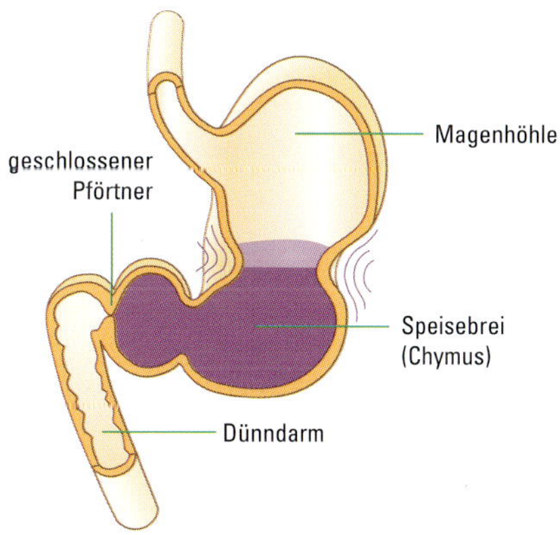

In der unteren Hälfte des Magens sind die Wellenbewegungen (Peristaltik) wesentlich stärker, weshalb sich der Speisebrei im Bereich des geschlossenen Pförtners sammelt.

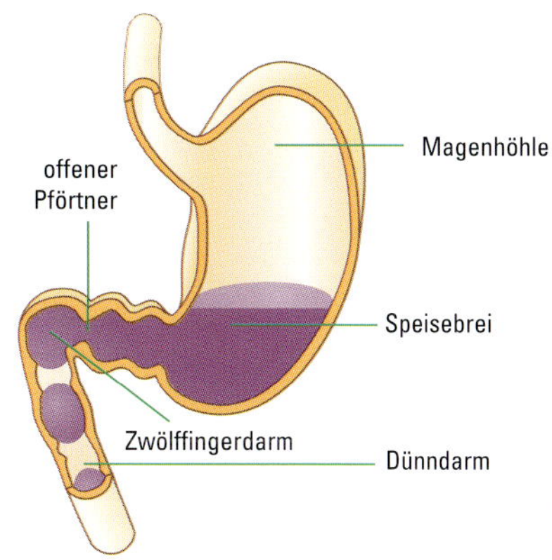

Das untere Ende des Magens (Pylorus) funktioniert wie ein Ventil, das den Speisebrei in kleinen Portionen in den Zwölffingerdarm abgibt. Gleichzeitig wird die Hauptmenge des Breis wieder in den Magen gedrückt, um hier weiterbewegt zu werden.

Ernährung und Stoffwechsel

Nährstoffe und Umwandlungsprozesse

Die Ernährung ist die Gesamtheit der Prozesse, bei denen die vom Körper zur Erhaltung seiner Vitalfunktionen benötigte Energie erzeugt wird. Die Nahrung führt die Nährstoffe zu, die Verdauung macht sie dem Organismus nutzbar. Sämtliche Umwandlungsprozesse, denen die Nahrung bis zu ihrer Nutzung unterliegt, werden als Stoffwechsel bezeichnet. Jene Stoffe, die der Körper nicht selbst produzieren kann und die daher von außen eingebracht werden müssen, heißen essentielle Stoffe: verschiedene Aminosäuren, Fettsäuren, organische Elemente und Vitamine.

Die Grundstoffe

Die in der Nahrung enthaltenen Grundstoffe sind die wesentlichen, zum Leben notwendigen Substanzen. Man unterscheidet drei Grundstoffe: Kohlenhydrate (Energiequelle), Proteine (Gewebebildung) und Lipide (Energiespeicher).

Kohlenhydrate – Die Nahrung enthält Kohlenhydrate als Polysaccharide. Bei der Verdauung werden die Polysaccharide in einfachere Moleküle, die Monosacharide, zerlegt, hauptsächlich in Glukose. Die Leber speichert die Glukose in Form von Glykogen und gibt sie, nach Einwirkung des in der Bauchspeicheldrüse produzierten Glucagons, wieder in Form von Glukose an die Zellen ab. Der Kohlenhydratstoffwechsel setzt Energie frei. Stehen dem Organismus keine Kohlenhydrate zur Verfügung, bezieht er seine Energie aus Proteinen und Fetten.

Proteine – Die Proteine liefern die Stoffe für das Wachstum und die Regeneration der Zellen. Sie befinden sich in den Nahrungsmitteln in Form polypeptischer Ketten, die durch den Stoffwechsel in Aminosäuren umgewandelt, dann von der Leber aufgenommen und zur Produktion spezifischer Proteine verwendet werden. Neben ihrer Aufbaufunktion können Proteine auch als alternative Energiequelle dienen und so dem Organismus fehlende Kohlenhydrate ersetzen.

Stoffe und Funktionen

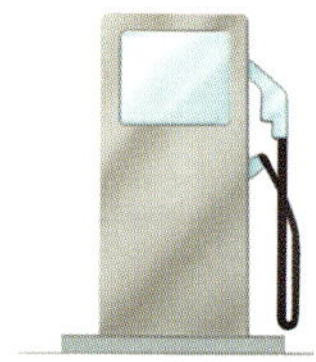

Kohlenhydrate (Zucker)
Energiequelle durch Verbrennung

Proteine (Eiweiße)
Bildung und Erneuerung von Gewebe, alternative Energiequelle

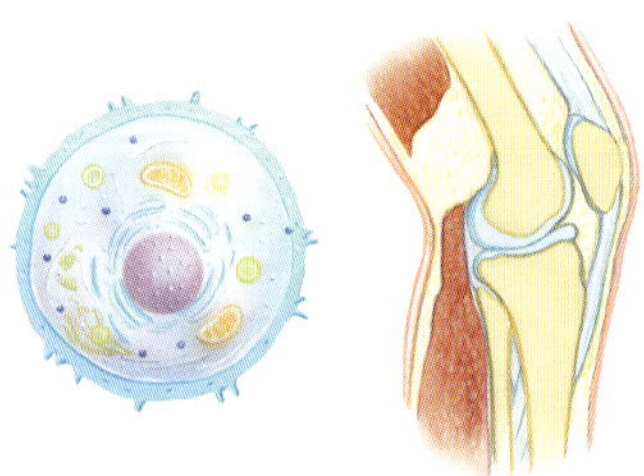

Lipide (Fette)
Bildung bestimmter Zellstrukturen und von Hormonen, alternative Energiereserve, Resorption fettlöslicher Vitamine, Schutzschicht innerer Organe

Proteine

Fette

Kohlenhydrate

Lipide – Die Fette bilden einen Teil der Zellmembranen, tragen zur Synthese verschiedener Hormone bei und sind ebenfalls eine Energiequelle. Sie lagern in dem Fettgewebe, das verschiedene Organe umgibt und schützt, und tragen im Darm zur Resorption bestimmter fettlöslicher Vitamine bei.

Das Cholesterin

Das Cholesterin ist eine besondere Art Fett. Es wird durch tierische Fette mit der Nahrung aufgenommen, ebenso wie die Triglyzeride. Es zirkuliert an Transportmoleküle (Lipoproteine) gebunden im Blut. Man unterscheidet dichte (HDL) und weniger dichte Lipoproteine (LDL und VLDL). Cholesterin wird überwiegend in Form von HDL an den Verwertungsort transportiert. Ist die Zelle gesättigt, nimmt sie kein Cholesterin mehr auf, wodurch der Cholesterinspiegel im Blut steigt. Es sammelt sich in den Arterien und kann Arteriosklerose verursachen. In Form von HDL wird Cholesterin zur Leber transportiert, wo es von der Galle eliminiert wird.

Bei den Fettsäuren unterscheidet man je nach Art ihrer Moleküle gesättigte und ungesättigte Formen. Gesättigte Fettsäuren finden sich in tierischen, die ungesättigten in pflanzlichen Fetten. Es gibt zwei essentielle Fettsäuren, die mit der Nahrung zugeführt werden müssen: Linolsäure und Linolensäure, die besonders in bestimmten Pflanzenölen, Trockenfrüchten und Frischfischen vorhanden sind.

Der Cholesterinstoffwechsel

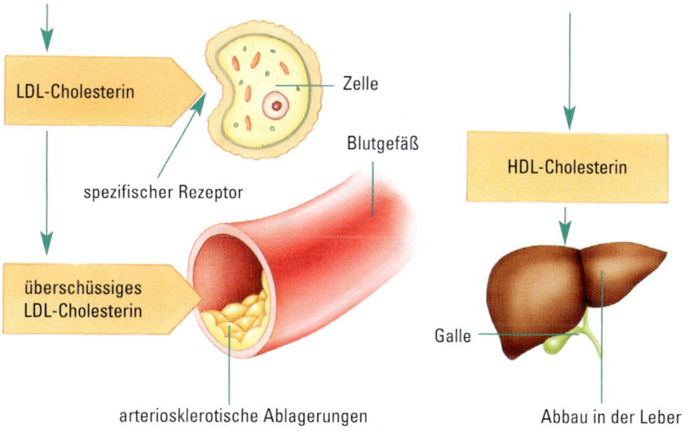

Ernährung und Stoffwechsel

Vitamine

Vitamine sind Nahrungsbestandteile, die vom Organismus für lebenswichtige Funktionen benötigt werden (z. B. zum Wachstum, für das Immunsystem, verschiedene Blutfunktionen, Drüsenfunktionen usw.). Die Vitamine werden in zwei große Gruppen eingeteilt:

- Fettlösliche Vitamine, die sich in Fetten auflösen und durch sie aufgenommen werden.
- Wasserlösliche Vitamine, die durch Wasser absorbiert werden.

Die Vitamine A, D, E und K sind fettlöslich, Vitamin C und der Vitamin-B-Komplex sind wasserlöslich.

Der Saft von Zitrusfrüchten enthält reichlich Vitamin C.

Fettlösliche Vitamine

Vitamin A

Das Vitamin A (Retinol) ist am Sehvorgang beteiligt und wird für die Haut und zum Schutz vor Infektionen benötigt. Es kommt in den Nahrungsmitteln als Vitamin A vor, insbesondere im Fisch, in einigen tierischen Fetten, im Eiweiß und in der Milch, aber auch in Form des Karotin genannten Provitamins, das in größeren Mengen in Karotten, Spinat und Kohl sowie in Aprikosen und Orangen enthalten ist.

Vitamin D

Das Vitamin D ist für den Stoffwechsel der Knochen unerläßlich. Es ist an Wachstum und Kalzifizierung der Knochen beteiligt und reguliert die Resorption von Kalzium im Darm. Diese Funktionen sind in Zeiten verstärkten Wachstums, in der Kindheit also, besonders wichtig. Vitamin D kann tierischer oder pflanzlicher Herkunft sein, es wird aber auch durch Sonnenlicht in der Haut synthetisiert. Vitamin D muß mit Hilfe von Leber und Nieren aktiviert werden. Eier, die Leber bestimmter Tiere und Frischfisch sind reich an Provitamin D.

Pflanzliche Öle sind die Hauptlieferanten für Vitamin E.

Vitamin E

Vitamin E (Tocopherol) hilft beim Erhalt der Zellmembranen und bei der Blutbildung. Es findet sich vor allem in Mais, Weizen und Sojabohnen, wird aber auch aus bestimmten Fetten aufgenommen.

Vitamin K

Das Vitamin K spielt bei der Herstellung bestimmter, zur Blutgerinnung notwendiger und gerinnungsregulierender Stoffe in der

Leber eine wichtige Rolle. Es ist in einigen Gemüsesorten enthalten, wie Spinat und Mangold, wird aber überwiegend durch die ortständigen Bakterien im Darm synthetisiert.

Wasserlösliche Vitamine

Vitamin C

Vitamin C (Ascorbinsäure) ist ein wasserlösliches Vitamin, das an der Bildung von Kollagen beteiligt ist. Kollagen ist der Grundstoff von Bindegewebe, spielt bei der Wundheilung eine wichtige Rolle und fördert die Resorption von Eisen. Die Hauptlieferanten von Vitamin C sind Zitrusfrüchte, wie etwa Orangen und Zitronen, aber auch sämtliche anderen Früchte und einige Gemüsesorten. Es wird abgebaut, wenn es erhitzt wird und wenn es der Luft ausgesetzt ist.

Vitamin B

Der Vitamin-B-Komplex besteht aus mehreren Stoffen: Thiamid (B_1), Riboflavin (B_2), Nicotinsäure (B_3), Pyridoxin (B_6), Cobalamin (B_{12}), Folsäure, Biotin und Pantothensäure. Er ist am intrazellulären Stoffwechsel der Kohlenhydrate und an der Blutbildung beteiligt. Diese Vitamine sind wasserlöslich und kommen in ungeschältem Getreide vor, außerdem in verschiedenen Gemüsen, in Leber und in Eiern.

Die wichtigsten Aufgaben der Vitamine und ihr Vorkommen in der Nahrung

Vitamin A

Aufgaben
Unterstützt das Sehen, schützt vor Infektionen

Vorkommen
Karotten, Spinat, Leber

Vitamin D

Aufgaben
Knochenbildung, Resorption von Kalzium und Phosphat

Vorkommen
Eigelb, Leber, Fisch (Provitamin D)

Vitamin E

Aufgaben
Erhalt der Zellmembran, Blutbildung, unterstützt die Fertilisationsprozesse in Eierstocken und Hoden

Vorkommen
Pflanzliche Fette

Vitamin K

Aufgaben
Ermöglicht die Blutgerinnung

Vorkommen
Grünes Gemüse, Produktion durch Darmbakterien

Vitamin C

Aufgaben
Förderung der Wundheilung, Schutz vor Infektionen

Vorkommen
Zitrusfrüchte, Gemüse

Vitamin B

Aufgaben
Blutbildung, ermöglicht den Kohlenhydratstoffwechsel

Vorkommen
Vollkornprodukte, Leber, Eiweiß

Mineralstoffe

Mineralien sind chemische Elemente, die bei der Enzymbildung, dem Körperwachstum und vielen weiteren Vorgängen eine große Rolle spielen. Sie müssen mit der Nahrung aufgenommen werden. Sowohl Überschuß als auch Mangel verursachen verschiedene Störungen. Die wichtigsten Mineralstoffe sind Natrium, Kalium, Phosphor, Magnesium, Eisen, Zink, Chlor, Kupfer, Fluor, Jod, Chrom, Molybdän und Selen.

Natrium – Durch seine wasserbindende Eigenschaft sorgt es für die Aufrechterhaltung des osmotischen Drucks in den Zellen. Es wird zwar auch durch den Schweiß und den Verdauungsapparat ausgeschieden, Hauptregulatoren sind jedoch die Nieren.

Kalium – Ist an den elektrischen Vorgängen in Nerven- und Muskelgewebe beteiligt. Es wird auch für den Erhalt des osmotischen Drucks und beim Eiweiß- und Kohlenhydratstoffwechsel benötigt.

Kalzium – Lagert sich überwiegend im Skelett ab, wo es bei der Mineralversorgung der Knochen eine entscheidende Rolle spielt.

Phosphor – Kommt in Form von Phosphat vor und ist zusammen mit dem Kalzium wichtig für die Knochenbildung.

Magnesium – Wird überwiegend im Skelett abgelagert und regelt und katalysiert viele interzelluläre Reaktionen.

Eisen – Unerläßlich zur Bildung des Hämoglobins der roten Blutkörperchen. Wird im Magen und Dünndarm resorbiert und in den blutbildenden Organen gespeichert.

Zink – Wirkt bei den enzymatischen Reaktionen zur Zellreproduktion mit, was dieses Mineral für Wachstum und Regeneration der Gewebe unverzichtbar macht.

Chlor – Ist in den Körperflüssigkeiten außerhalb der Zellen in großen Mengen enthalten und steht in engem Zusammenhang mit dem Natriumstoffwechsel.

Fluor – Befindet sich im Knochengewebe, insbesondere im Zahnschmelz und ist deshalb ein außerordentlich wichtiges Element für die Erhaltung der Zähne.

Jod – Wird nach seiner Absorption in der Schilddrüse gespeichert und wirkt dort bei der Produktion der Schilddrüsenhormone mit.

Der osmotische Druck

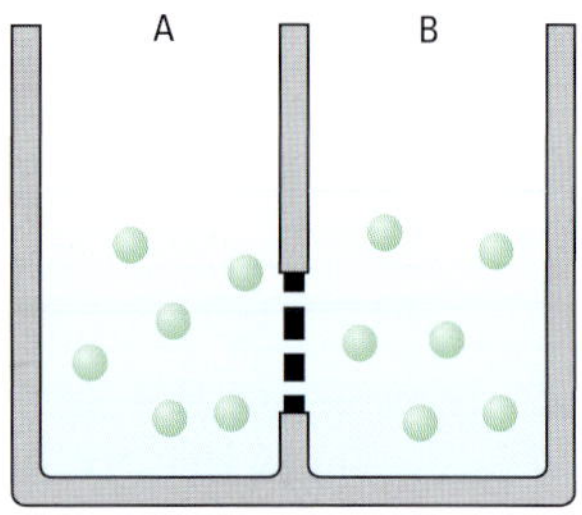

Gleichgewichtszustand. Gleiche Molekülkonzentration in A und B

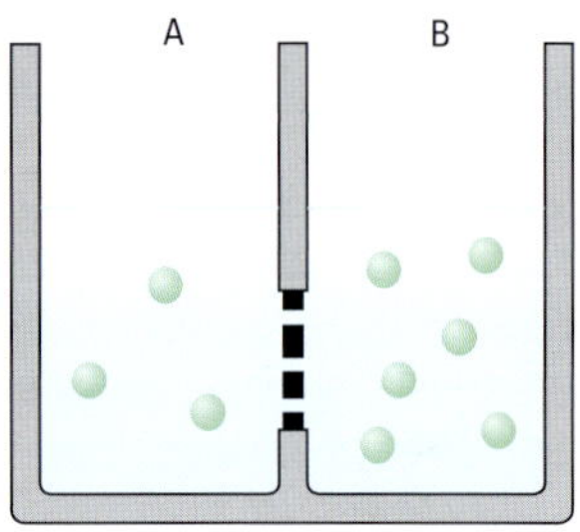

Gleichgewicht verschoben. Lösung A hat Moleküle verloren und weist eine geringere Konzentration auf als Lösung B

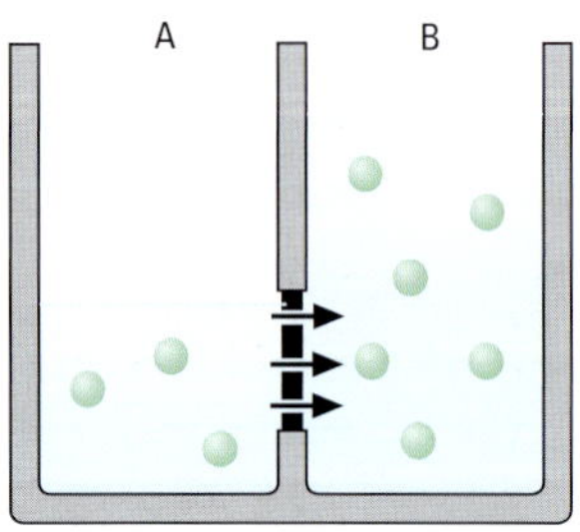

Zur Wiederherstellung des Gleichgewichts drängt Wasser von A nach B. Die Kraft, die das Wasser von einer Abteilung in die andere zieht, heißt osmotischer Druck.

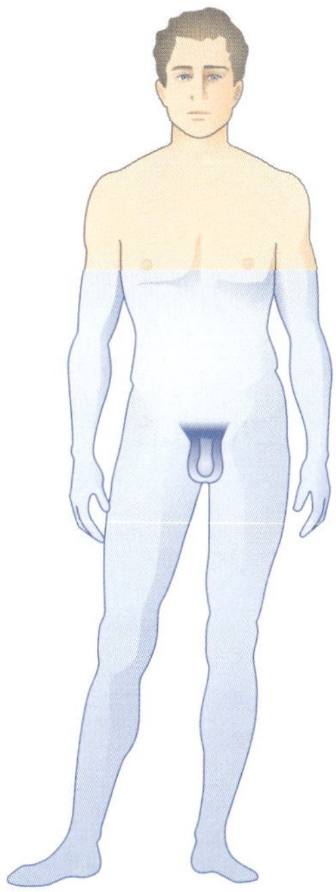

Anteil des Wassers im menschlichen Körper. Beträgt unter normalen Bedingungen 60 Prozent des Körpergewichts

Das Wasser

Der Körper eines Erwachsenen besteht zu etwa 60 Prozent aus Wasser, was bei einem mittleren Gewicht von 70 kg fast 40 Liter ausmacht. Es ist im Organismus auf zwei große Bereiche verteilt: Auf den Raum innerhalb der Zellen (intrazellulär) und auf den Raum außerhalb der Zellen (extrazellulär). Etwa 25 Liter befinden sich im Zellinnenraum, der Rest außerhalb der Zellen, im Plasma, in der Lymphe, im Liquor und in den Zwischenzellräumen.

Das im Körper enthaltene Wasser ist immer zwischen dem intrazellulären und dem extrazellulären Raum in Bewegung. Die Zellmembranen sind jedoch nur für das Wasser durchlässig, nicht für die darin gelösten Stoffe. Um die Konzentration der gelösten Stoffe dennoch immer im Gleichgewicht zu halten, strömt Wasser zum Ort der höheren Konzentration nach, bis ein Ausgleich hergestellt ist. Dieser Vorgang heißt Osmose, und die Kraft, die für den Konzentrationsausgleich nötig ist, heißt osmotischer Druck.

Funktion des Wassers im Organismus

Transport von Substanzen – Die in ihm gelösten Stoffe werden vom Wasser durch den Körper transportiert.

Ausscheidung von Abbauprodukten – Das Wasser sorgt im Verdauungapparat, in den Nieren und in der Haut für die Ausscheidung nicht benötigter Stoffe.

Temperaturregulierung – Eine dritte Funktion des körpereigenen Wassers besteht in der Regulierung der Körpertemperatur durch Verdunstung. Dies geschieht beim Atmen und über die Haut durch Schweiß.

Durchschnittlicher Wasserverlust des menschlichen Körpers (Abb. rechts)

Die Aufgaben des Wassers im Körper

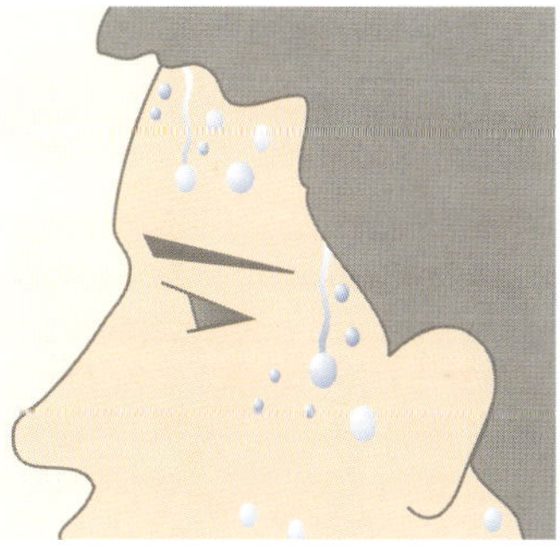

Schweiß: 400 ccm

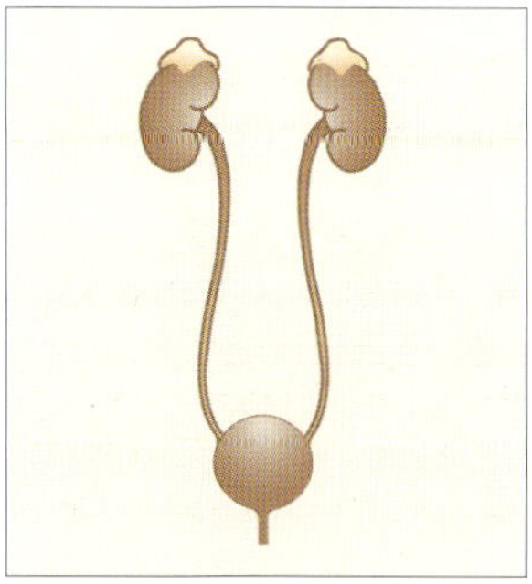

Urin: 1 400 ccm

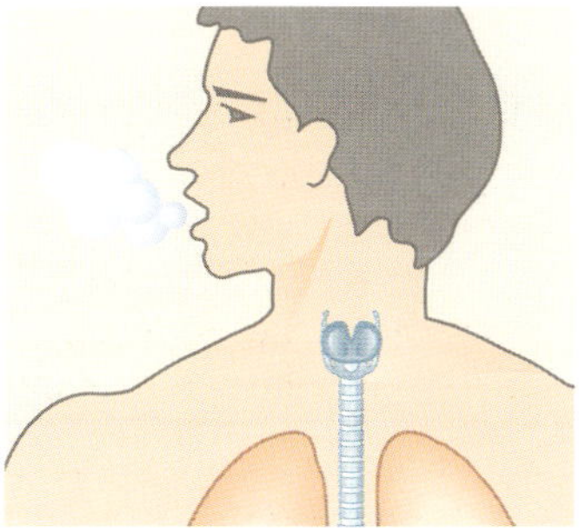

Atmung: 350 ccm

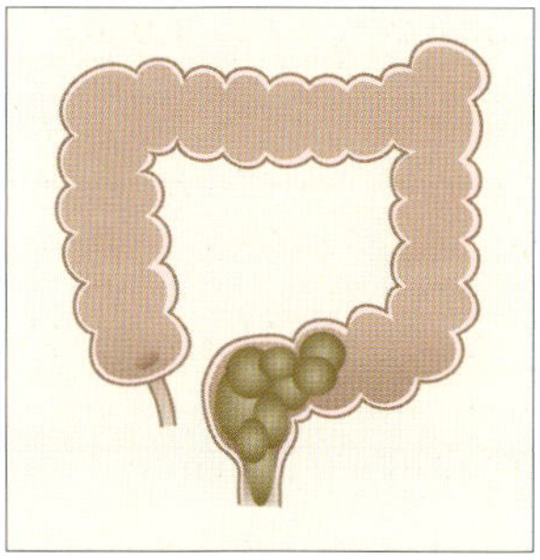

Stuhl: 200 ccm

Ernährung und Stoffwechsel

Die Nahrung

Die Nahrungsmittelpalette

Menschen verzehren vielerlei Nahrungsmittel. Die für den täglichen Verzehr empfehlenswerten Grundnahrungsmittel können in sechs Gruppen eingeteilt werden:

1. Getreide und Getreideprodukte

Dazu gehören z. B. Weizen, Roggen, Gerste, Mais, Reis usw. und die daraus hergestellten Mehlarten. Knollenfrüchte, wie Kartoffeln, Süßkartoffeln und Gemüse, Hülsenfrüchte wie Linsen, Bohnen, Erbsen, fallen auch unter diese Rubrik. Sie sind reich an Kohlenhydraten, was sie zu sogenannten Energiespendern macht, und enthalten außerdem reichlich Vitamine aus dem B-Komplex.

Getreide: Knollen- und Hülsenfrüchte

2. Fette

Sie können von Pflanzen oder Tieren stammen. Pflanzenfette sind z. B. Oliven-, Sonnenblumen-, Mais- und Sojaöle. Sie enthalten ungesättigte Fettsäuren. Tierische Fette kommen u. a. in Butter, Speck, Eigelb und Sahne vor. Die darin enthaltenen gesättigten Fettsäuren und das Cholesterin gehören ebenfalls zu einer ausgewogenen Ernährung.

Lieferanten pflanzlicher Fette

3. Milch und Milchprodukte

Die Milch von Säugetieren ist eines der vollständigsten und gesündesten Lebensmittel, denn sie enthält große Mengen von Proteinen, Fetten, Kohlenhydraten, Mineralstoffen (Kalzium) und Vitaminen sowie einen hohen Wasseranteil, was sie zu einem sehr empfehlenswerten Nahrungsmittel macht. Aus Milch wird eine Vielzahl weiterer Produkte hergestellt, wie Joghurt, Butter, Käse, Pudding usw.

Die Milch, eines der vollkommensten Nahrungsmittel

4. Gemüse

Verschiedene Gemüseprodukte

Gemüse macht einen großen Teil der Kulturpflanzen aus, etwa Mangold, Artischocken, Auberginen, Zucchini, Zwiebeln, Kohl, Spinat, Salat u. a. Das gemeinsame Merkmal aller Sorten ist ein hoher Wasseranteil, viele Vitamine, besonders A und C, Mineralstoffe und Ballaststoffe sowie ein beträchtlicher Anteil von Kohlenhydraten. Gemüse sollte immer ein Teil der täglichen Ernährung sein.

5. Fleisch, Fisch und Eier

Fleisch, Fisch und Eier sind reich an tierischem Eiweiß.

Diese Gruppe trägt hochwertiges Eiweiß zur Ernährung bei, aber auch Fette, Eisen und einige Vitamine. Die Hauptaufgabe dieser Stoffe ist der Gewebeaufbau, weshalb Fleisch, Fisch und Eier auch Aufbaunahrungsmittel genannt werden.

Die am häufigsten konsumierten Fleischarten und die daraus hergestellten Wurstwaren kommen von Kalb, Rind, Schaf, Pferd, Huhn, Schwein und von wilden Kaninchen. Fisch und Meeresfrüchte liefern neben Proteinen auch noch Spurenelemente wie Fluor, Jod oder Phosphor. Frischfisch enthält außerdem viele mehrfach gesättigte Fettsäuren. Eier haben im Eiweiß einen hohen Proteinanteil und im Eigelb eine große Menge Fett.

6. Obst

Obst sind Früchte wie Aprikosen, Kirschen, Pflaumen, Erdbeeren, Zitronen, Orangen, Äpfel usw. Obst ist reich an Faserstoffen, Vitaminen, Mineralien und Kohlenhydraten, letztere sind insbesondere in Form von schnell resorbierbarem Zucker enthalten.

Verschiedenes Obst, das reichlich Kohlenhydrate, Vitamine, Ballaststoffe und Mineralstoffe enthält.

Weitere Nahrungsmittel

Es gibt noch andere Nahrungsmittel mit hohem Nährwert, die Eigenschaften aus den verschiedenen Gruppen besitzen, z. B. Trockenfrüchte, Walnüsse, Haselnüsse, Kastanien, Mandeln und Hülsenfrüchte (Erbsen, Kichererbsen oder Linsen).

Ernährung und Stoffwechsel

Die ausgewogene Ernährung

Eine ausgewogene Ernährung führt dem Körper täglich alle lebensnotwendigen Stoffe zu und setzt sich aus den vorher beschriebenen Nahrungsmittelgruppen zusammen. Deshalb wird empfohlen, täglich Milch und Milcherzeugnisse, Brot und Getreide, Früchte und Gemüse, Fleisch, Fisch oder Eier und Fette, vor allem pflanzlicher Art, zu essen.

Um ausgewogen zu sein, sollte die Ernährung zu 45–65 Prozent aus Kohlenhydraten bestehen, aufgeteilt in solche mit langsamer (Stärke) und schneller Resorption (Gemüse und Früchte), zu 15–20 Prozent aus Proteinen – wegen des höheren Nährwertes hauptsächlich tierischen Ursprungs, aber auch mit einem pflanzlichen Anteil – und zu 25–35 Prozent aus Fett – wegen des höheren Gehalts an ungesättigten Fettsäuren überwiegend aus pflanzlichen, aber auch aus tierischen Fetten. Die Nahrung sollte in vier etwa gleich umfangreichen Mahlzeiten über den Tag hinweg eingenommen werden, wobei das Frühstück etwa 25 Prozent des Tagesenergiebedarfs decken soll, das Mittagessen 30 Prozent, die Zwischenmahlzeit 20 Prozent und das Abendessen die restlichen 25 Prozent. Besonders wichtig sind ein reichhaltiges Frühstück mit Milch, Ei, Getreide und Früchten, um dem Körper eine gute Grundversorgung zu geben, und ein Abendessen mit leichtverdaulichen Gerichten, um ihn während des Schlafes nicht mit zuviel Arbeit zu belasten.

Ein Säugling hat aufgrund seiner noch nicht voll entwickelten Verdauungsfunktionen und seiner außerordentlichen Wachstumsfähigkeiten völlig andere Ernährungsbedürfnisse als ein erwachsener Mensch oder auch ein größeres Kind.

Die Ernährung in besonderen Lebenslagen

Ernährung schwangerer und stillender Frauen – Während der Schwangerschaft nimmt die Frau durchschnittlich 12,5 kg zu. Dies wird durch den Fötus, die Plazenta, das Fruchtwasser und die Flüssigkeitseinlagerung im Gewebe verursacht. Die Schwangerschaft löst auch wichtige Veränderungen im Stoffwechsel aus. Die Frau muß in dieser Zeit ihre eigenen Nahrungsbedürfnisse sowie die des werdenden Kindes erfüllen und für die kommende Stillzeit vorsorgen.

Speiseplan für eine schwangere oder stillende Frau

FRÜHSTÜCK	Getreideprodukte mit Milch, Brot mit Marmelade, Butter oder Schinken, Obst
ZWISCHENMAHLZEIT	Fruchtsaft und Joghurt
MITTAGESSEN	Gemischter Salat, Reis, Nudeln, Kartoffeln oder Gemüse, Kalb- oder Hühnerfleisch, Früchte
ZWISCHENMAHLZEIT	Milch oder Joghurt, Früchte, Kekse
ABENDESSEN	Brühe, Gemüsesuppe oder Salat, Fisch oder Eier, Früchte oder Käse. Ein Glas Milch vor der Nachtruhe

Während und zwischen den Mahlzeiten reichlich Wasser trinken.

Empfehlungen für die tägliche Ernährung eines Erwachsenen

GETREIDEPRODUKTE

Drei bis fünf Portionen täglich

Beispiele für eine Portion:
60 g Brot
1 Teller Reis oder Nudeln (60 g)
1 mittelgroße Kartoffel

GEMÜSE

Zwei Portionen täglich

Beispiele für eine Portion:
1 Teller Salat
1 Teller frisches Gemüse
1 Tomate
1 Karotte

OBST

Zwei Portionen täglich

Beispiele für eine Portion:
1 mittelgroße Frucht
3–4 kleinere Früchte

FLEISCH, FISCH UND EIER

Zwei Portionen täglich

Beispiele für eine Portion:
80 g Fleisch
80 g Fisch
1 Teller Gemüse
2 Eier

MILCH UND MILCHPRODUKTE

Zwei bis drei Portionen täglich

Beispiele für eine Portion:
250 g Milch
2 Becher Joghurt
50 g Käse

FETTE

Zwei Portionen täglich

Beispiel für eine Portion:
15–20 g Öl

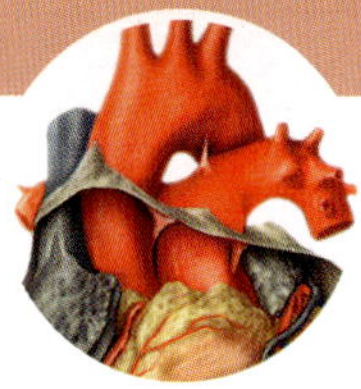

Herz-Kreislauf-System

Das Herz-Kreislauf- und Herzgefäßsystem führt das Blut durch den gesamten Organismus. Der wichtigste Bestandteil dieses Systems ist das Herz. Es pumpt das Blut in die arteriellen Gefäße und saugt es aus den venösen an. Daneben gibt es das Lymphsystem, das die vom Blut gebildete Lymphe transportiert.

Das Herz

Das Herz ist ein im Brustkorb gelegenes Hohlorgan. Die Spitze seiner konischen Form zeigt nach links unten. Es liegt hinter dem Brustbein zwischen den Lungenflügeln auf dem Zwerchfell und sieht von außen rötlich aus. Das Herzinnere ist in vier Hohlräume unterteilt: zwei Vorhöfe *(Atrien)* oben, die durch die Vorhofscheidewand getrennt sind, und zwei durch die Kammerscheidewand getrennte Kammern *(Ventrikel)* unten. Die Räume der rechten Herzhälfte sind durch die Segelklappen *(Valvula tricuspidalis)*, die linken durch die Mitralklappen *(Valvula bicuspidalis)* miteinander verbunden.

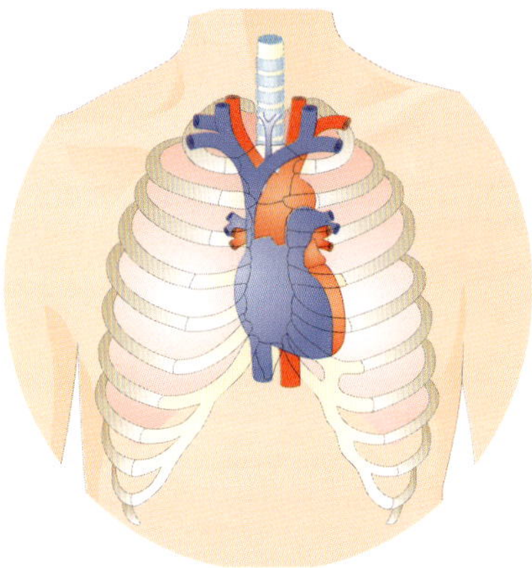

Die Lage des Herzens hinter der Brustwand

Die obere und untere Hohlvene münden in den rechten Vorhof und bringen das venöse Blut heran. Aus der rechten Kammer führt die Lungenarterie dieses Blut den Lungen zu, wo es mit Sauerstoff angereichert wird. Das sauerstoffangereicherte Blut kommt durch die Lungenvenen in den linken Vorhof, fließt durch die linke Kammer in die Aorta und gelangt so in das Arteriensystem.

Die Herzwand besteht aus drei Schichten: der sehr dünnen Herzinnenwand *(Endokard)*, der Mittelschicht *(Myokard)* aus gestreiftem Muskelgewebe, das an den Ventrikelwänden dick, an den Vorhofwänden dünn ist, und dem Herzbeutel *(Perikard)*, einer Membran, die das Herz vollständig umhüllt. Die Bewegungen des Myokards geschehen völlig automatisch und unwillkürlich.

Das Herz wird durch einen eigenen Blutkreislauf über die Herzkranzgefäße mit Sauerstoff versorgt. Der Herzkreislauf besteht aus der linken und rechten Herzarterie, die aus der Aorta kommen und das gesamte Herz überziehen.

Vorderansicht des Herzens

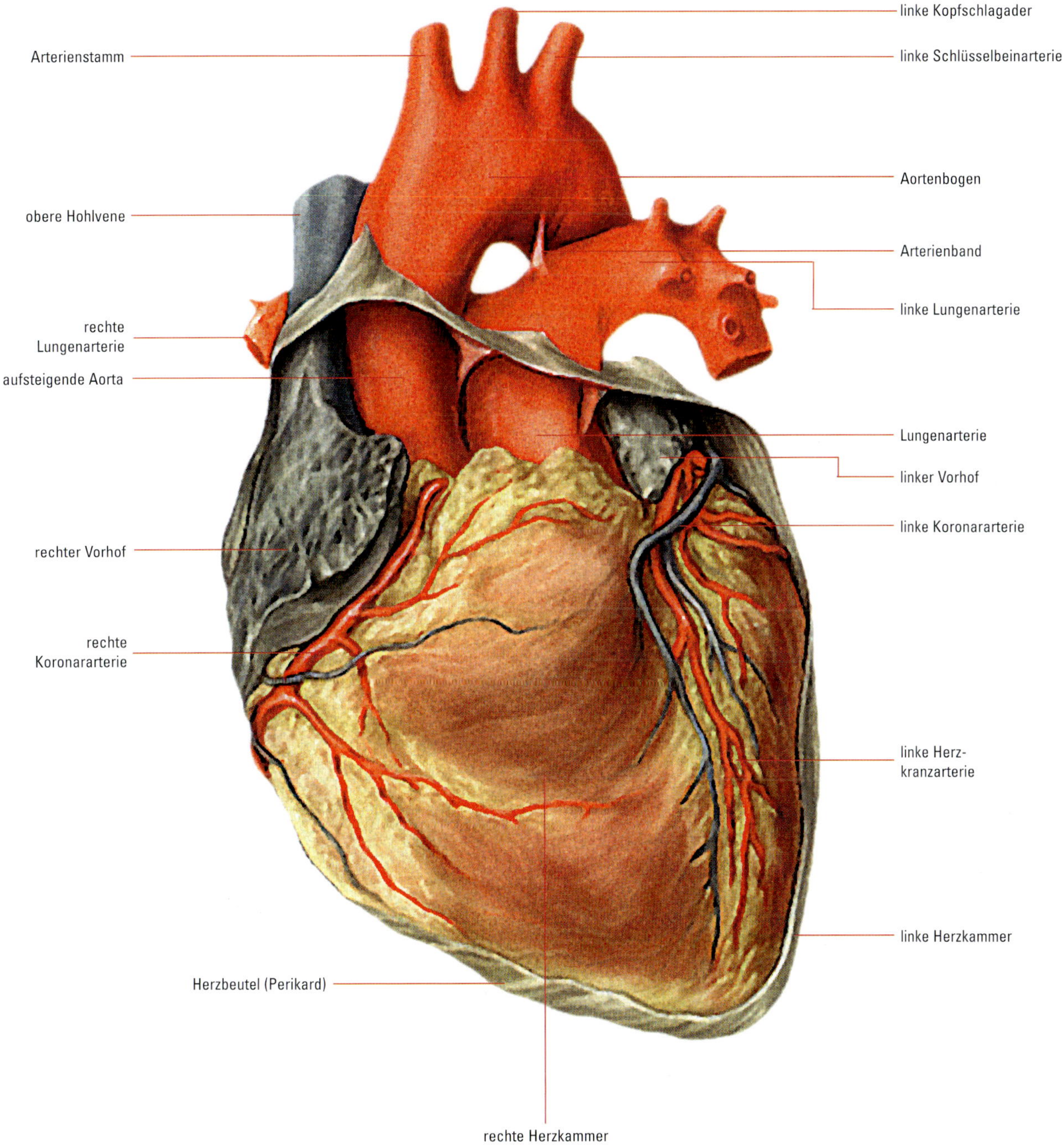

Das arterielle System

Das arterielle System besteht aus einem Netz von Blutgefäßen, das am Herz beginnt und sich über den gesamten Körper erstreckt. Die Arterien führen vom Herz weg. Das arterielle Blut transportiert den für die Erhaltung der Lebensfunktionen unerläßlichen Sauerstoff. Die Arterien werden mit zunehmender Entfernung vom Herzen immer dünner, bilden Arteriolen und schließlich mikroskopisch kleine Kapillaren, die das Blut in jeden Winkel des Organismus verteilen.

Aorta und arterielles System

Das wichtigste arterielle Gefäß ist die Hauptschlagader, die Aorta. Sie führt aus der linken Herzkammer nach oben, bildet dort den Aortenbogen und biegt nach unten ab. Hier beginnt die Verteilung des Blutes aus dem Herz in den gesamten Körper.

Aufbau der Arterien, Venen und Kapillaren

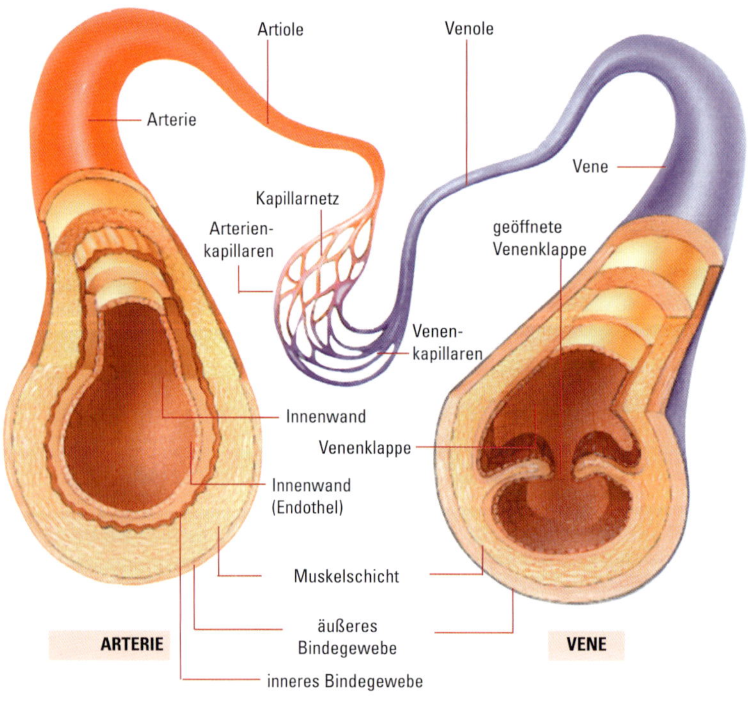

Das arterielle System versorgt den Körper mit frischem, sauerstoffhaltigen Blut. Um den gesamten Organismus erreichen zu können, verzweigen sich die großen Arterien, bilden dünnere Arteriolen und schließlich mikroskopisch kleine Kapillaren.

Die Gefäße des artiellen Systems verlaufen von oben nach unten durch den Brustraum und führen dann in den Bauchraum. Die Bauchaorta verzweigt sich in die linke und rechte Beckenarterie, die am Übergang zu den Beinen zur linken und rechten Beinarterie werden.

Die weiteren Abzweigungen der Bauchaorta führen zu Milz, Leber und Magen sowie zu den Därmen und der Bauchspeicheldrüse. Die Nieren werden ebenfalls von dieser Arterie versorgt.

Aus dem Aortenbogen steigen Arterien zu Kopf, Hals und den oberen Extremitäten auf (Kopf- und Halsschlagader, linke und rechte Armarterien). Kleine Äste versorgen das gesamte Gebiet (Zunge, Gesicht, Augen usw.).

Lungenkreislauf

Die Lungenarterie beginnt in der rechten Herzkammer und hat zwei Äste: die rechte und die linke Lungenarterie, die durch den Lungenhilus in die Lungen eintreten, sich parallel zu den Bronchien verteilen und zu Alveolarkapillaren werden.

Schema des arteriellen Systems

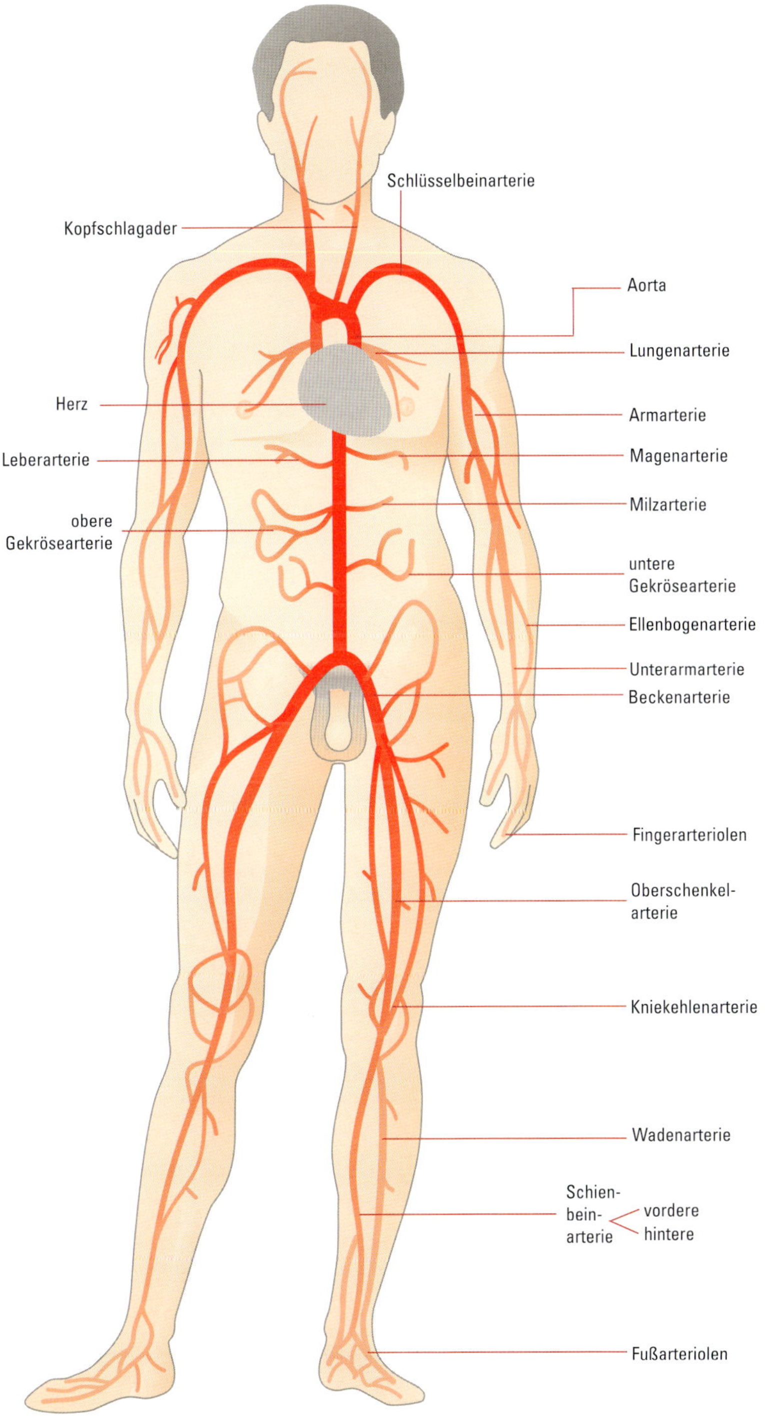

Das venöse System

Das venöse System besteht aus einem Gefäßnetz, das parallel zum arteriellen Netz verläuft. Es arbeitet in der entgegengesetzten Richtung und bringt das sauerstoffarme und mit Abbauprodukten beladene Blut in die rechte Herzseite. Von dort gelangt es in die Lungen, wo es mit Sauerstoff angereichert wieder zu arteriellem Blut wird.

Die Venen haben eine weniger elastische und muskulöse Wand als die Arterien, weshalb das Blut abhängig von der Saugkraft des Herzens durch die Venen fließt. Im Innern der Venen verhindern Klappen den Rückstrom des Blutes. Die beiden größten Venen des Körpers sind die obere und untere große Hohlvene *(Vena cava superior* und *inferior)*. Sie durchqueren den Brust- und Bauchraum und nehmen die venösen

Venenabschnitt mit offener Oberseite

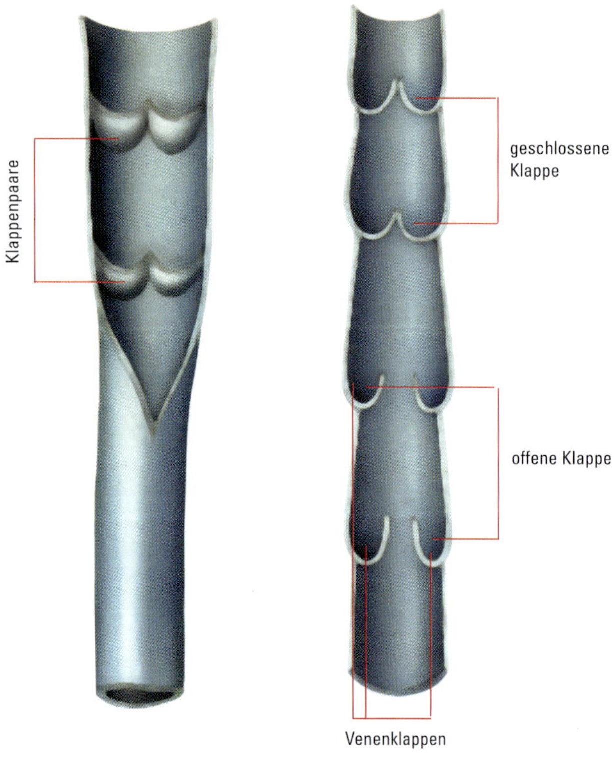

Die Venen sammeln das Blut aus dem Kapillargebiet und führen es dem Herzen zu. Die Venenklappen verhindern den Rückfluß des Blutes.

Gefäße der oberen Extremitäten, von Kopf und Hals sowie die aus den unteren Extremitäten sowie Bauch- und Brustraum auf.

Sowohl die oberen als auch die unteren Extremitäten besitzen ein doppeltes Venensystem für den Rückfluß des Blutes, ein tief im Innern gelegenes und ein oberflächlicheres. Zwischen den beiden Systemen gibt es kleine Verbindungen.

Die Venen fließen zusammen und bilden nach und nach immer größere Gefäße. Sie werden nach den Organen, deren Blut sie transportieren, benannt.

In Herznähe kommen die Jugularvenen aus Kopf und Hals und die *Vena subclavia* aus der Achsel zusammen und bilden die *Vena brachiocephalica*.

Im Bauch führt die Pfortader *(Vena portae)* das aus den oberen und unteren Mesenterialvenen und der Milzvene kommende Blut zur Reinigung in die Leber.

Der Weg des in den Lungen mit Sauerstoff angereicherten Bluts führt über die vier Lungenvenen und den linken Vorhof in das linke Herz.

Schema des venösen Systems

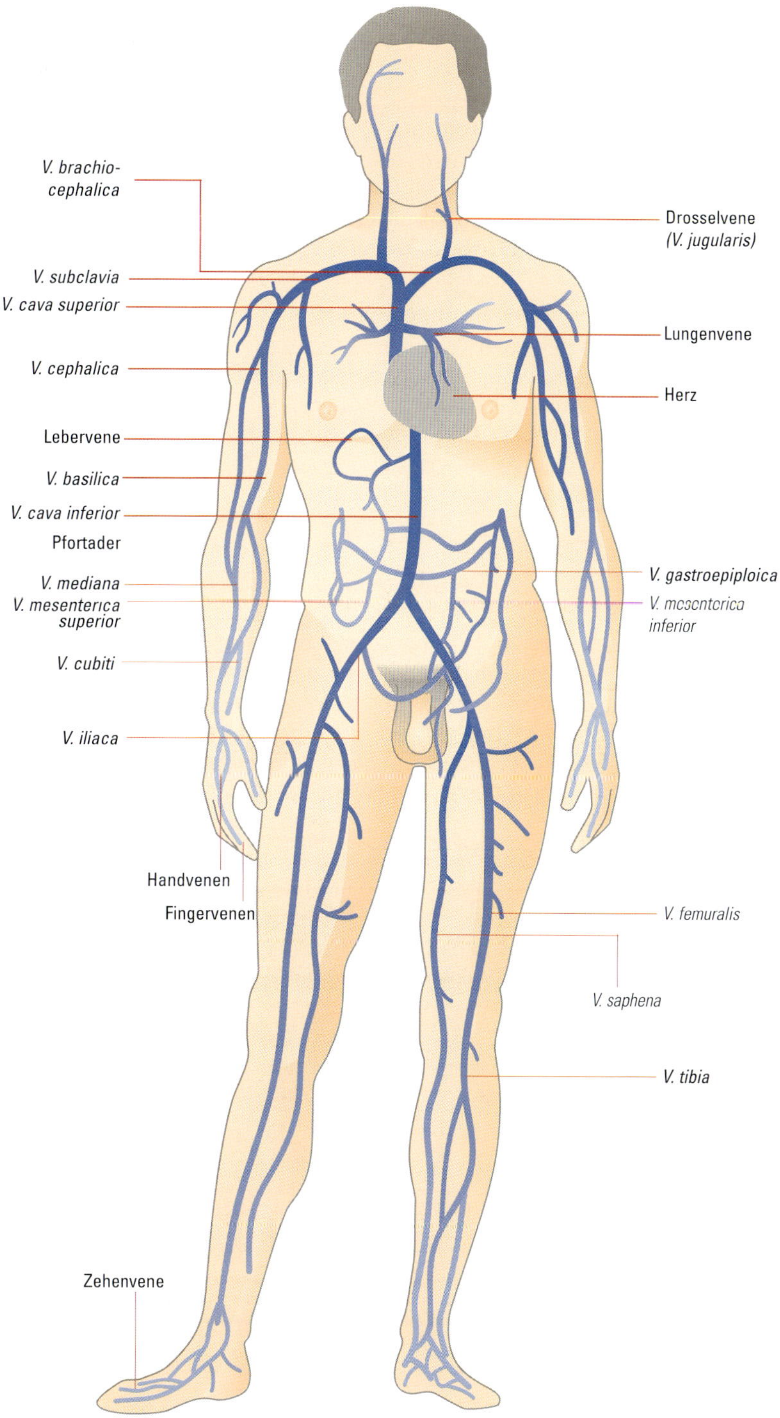

Das Lymphsystem

Das Lymphsystem besteht aus einer Reihe flüssigkeitsführender Röhren, die in Kapillargröße in den Zellzwischenräumen beginnen.

Die Lymphkapillaren sammeln die Gewebeflüssigkeit, in der Schadstoffe und Abbauprodukte gelöst sind. Diese milchige, dem Blutplasma ähnliche Flüssigkeit wird in den sich zu immer größeren Bahnen vereinigenden Lymphgefäßen zu den Lymphorganen und in das Venensystem gebracht.

Über das lymphatische Gefäßsystem sind Lymphknoten von unterschiedlicher Form und Größe verteilt. Sie befinden sich im gesamten Organismus und sind besonders dicht um die inneren Organe plaziert.

Die Lymphknoten erfüllen als Organe des Immunsystems wichtige Abwehrfunktionen; in ihrem Innern befinden sich überwiegend lymphatische Zellen, die Lymphozyten. Diese Zellen bilden kugelförmige Ansammlungen – die Lymphfollikel, aus denen die Lymphknoten gebildet werden – und strangartige Ansammlungen.

Lymphknoten arbeiten wie Filter, indem sie Mikroorganismen und Fremdsubstanzen zurückhalten, bevor sie in den Organismus eindringen. Deshalb schwellen die entsprechenden Lymphknoten an, wenn in einer bestimmten Zone des Körpers eine Infektion bekämpft wird.

Das Innere der Lymphgefäße ist mit Klappen ähnlich denen der Venen ausgestattet, die den Rückfluß der Lymphe verhindern. Sie verlaufen meist parallel zu den venösen Gefäßen und münden schließlich in die beiden großen Lymphsammelgefäße, den Brustlymphgang *(Ductus thoracius)* und die große Lymphvene.

Der Brustlymphgang entsteht in der Bauchhöhle aus dem Zusammenfluß aller Lymphgefäße aus den unteren Extremitäten und den Bauchorganen. Er kommt durch das Zwerchfell, quert den Brustkorb vor der Brustwirbelsäule und mündet auf der linken Körperseite auf Höhe der Halsvene und der Schlüsselbeinvene in das venöse System.

Die große Lymphvene befindet sich an der rechten Halsseite und führt die Lymphe der rechten Körperseite mit sich. Sie mündet ebenfalls im Bereich des Zusammenflusses der inneren Halsvene und der Schlüsselbeinvene in den Blutkreislauf.

Das Lymphsystem besteht aus venenähnlichen Gefäßen und Lymphorganen, die über den gesamten Körper verteilt sind. Es ist ein wichtiger Bestandteil der Immunabwehr.

Das Lymphsystem

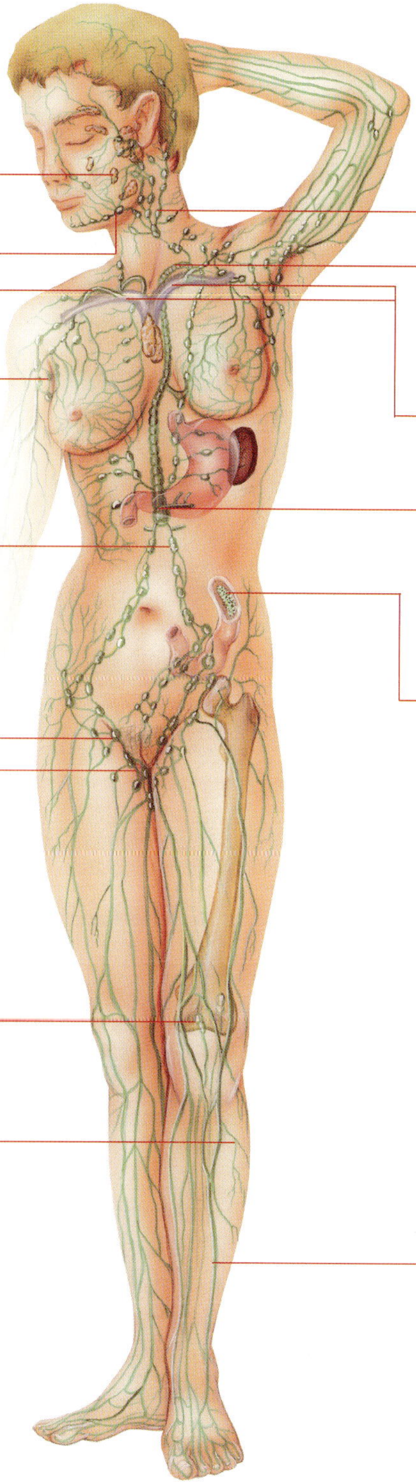

Die Physiologie des Herzens

Das Herz wirkt als Druck- und Saugpumpe und führt dazu zweierlei Bewegungen durch: eine zusammenziehende Bewegung, die Systole, die das But in das arterielle System drückt und über den gesamten Körper verteilt, und eine erschlaffende Bewegung, die Diastole, die das Blut aus dem Venensystem ansaugt.

Herztöne – Systole und Diastole wechseln sich automatisch und in rhythmischem Takt ab. Die durch das Schließen der Herzklappen entstehenden Geräusche heißen Herztöne und können von außen mit einem Stethoskop oder mit dem Ohr am Brustkorb abgehört werden.

Herzfrequenz – Die Zahl der Herzschläge pro Minute bezeichnet man als Herzfrequenz. Sie liegt meist bei 60–80 Schlägen pro Minute, kann sich aber unter körperlicher oder geistiger Anstrengung und bei bestimmten Krankheiten erhöhen.

Kontraktionsmechanismus der Herzmuskeln

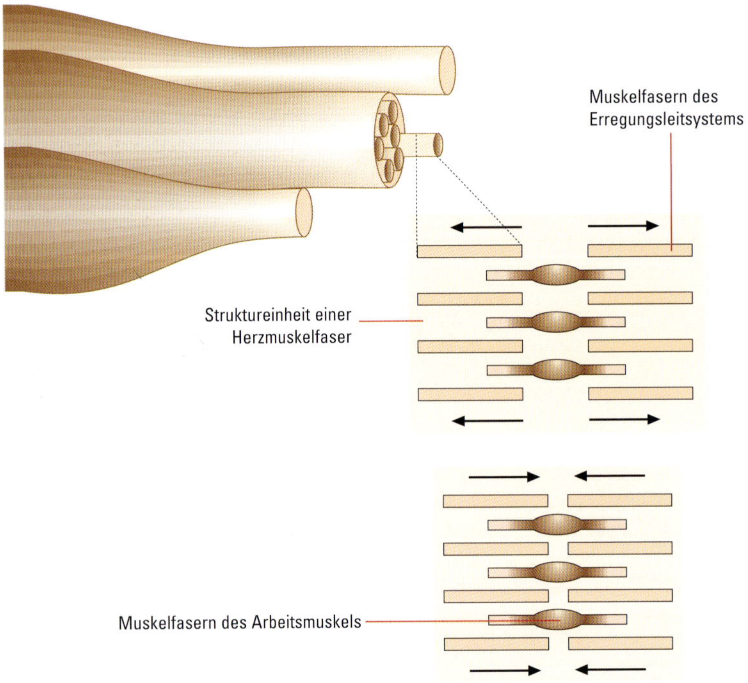

Die Herzperiode

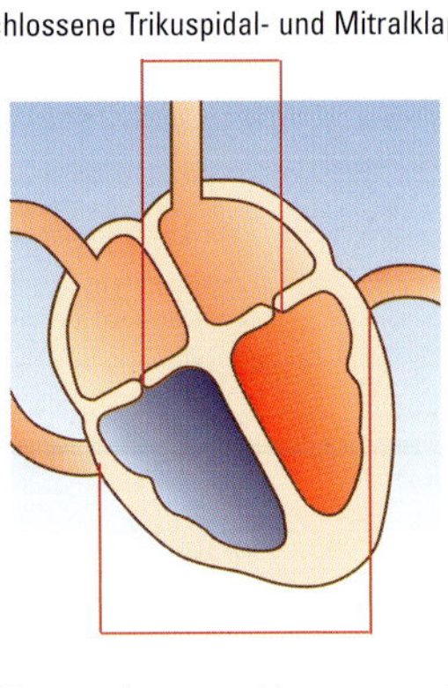

ISOMETRISCHE SYSTOLE
Aus den Vorhöfen strömt Blut in die Herzkammern, die Trikuspidal- und Mitralklappe schließen sich.

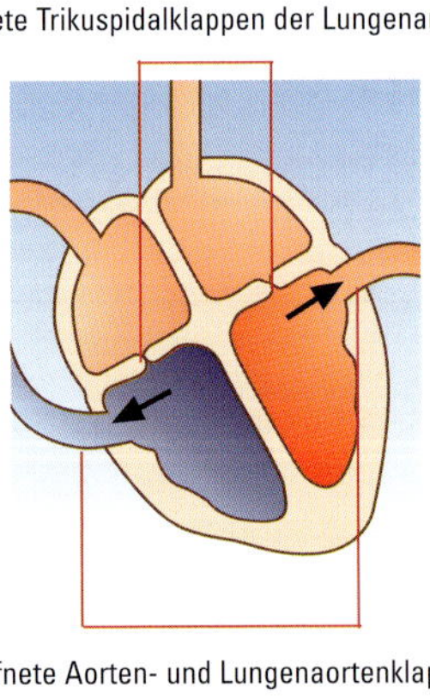

ISOTONISCHE SYSTOLE
Der Kammerinnendruck erhöht sich, die Aorten- und Lungenaortenklappen öffnen sich und das Blut strömt aus.

Trikuspidal- und Mitralklappe geschlossen

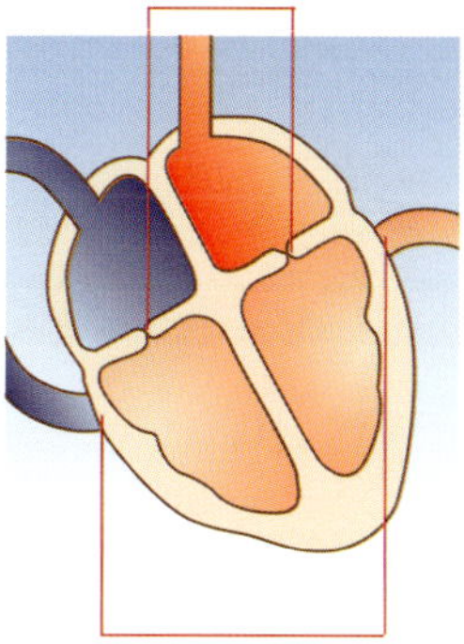

Aorten- und Lungenaortenklappe geschlossen

ISOMETRISCHE DIASTOLE
Die Aorten- und Lungenaortenklappe schließen sich, damit kein Blut zurückströmen kann.

Trikuspidal- und Mitralklappe geöffnet

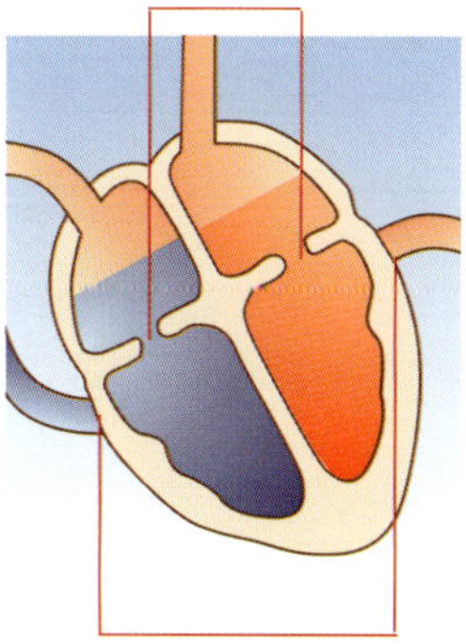

Aorten- und Lungenaortenklappe geschlossen

ISOTONISCHE DIASTOLE
Die Trikuspidal- und Mitralklappe öffnen sich und lassen wieder Blut von den Vorhöfen in die Kammern strömen.

Auslösung der Herzbewegungen – Der die systolischen und diastolischen Bewegungen auslösende Befehl geht vom Sinusknoten aus. Er ist ein autonomes, neuromuskuläres Gebilde, das am Eingang der oberen Hohlvene liegt und den eigentlichen Schrittmacher des Herzens darstellt. Der bioelektrische Impuls überträgt sich über das Nervensystem des Herzens, das Erregungsleitsystem, und löst die Kontraktion des Herzmuskels aus. Der Sinusknoten bildet seine Impulse und seinen Rhythmus zwar völlig autonom und unabhängig von unserem Willen, dennoch steht das Herz unter dem Einfluß des vegetativen Nervensystems, das den Herzrhythmus verändern kann.

Kontraktionsmechanismus der Herzmuskulatur – Der Herzmuskel besteht aus quergestreiften Muskelfasern, die sich aus Struktureinheiten, den Sarkomeren, zusammensetzen. Jedes Sarkomer hat zwei Arten von Fasern, die Muskelfasern des Arbeitsmyokards und die Muskelfasern des Erregungsleitsystems (Purkinje-Fasern). Diese Fasern liegen übereinander oder sind miteinander verschlungen, so daß sie zusammen eine Muskelkontraktion bewirken können.

Phasen der Herzperiode – Obwohl die wichtigsten Bewegungen des Herzens Systole und Diastole sind, funktioniert dieses Organ ähnlich wie ein Viertakt-Motor. Die Herzperiode beginnt in dem Moment, wo sich die Vorhöfe mit Blut füllen und ihr Innendruck den der Kammern übersteigt, so daß sich die linken und rechten Atrioventrikularklappen öffnen und das Blut von den Vorhöfen in die Kammern fließen lassen. Nun setzen folgende Phasen ein:

- **Die isometrische Systole:** Wenn sich die Kammern mit Blut aus den Vorhöfen füllen, schließen sich Trikuspidal und Mitralklappe und verhindern den Rückstrom des Bluts. Dann ziehen sich die Kammern zusammen und ihr Innendruck erhöht sich.

- **Die isotonische Systole:** Wenn der Innendruck der Herzkammern den Druck in den Lungenarterien und in der Aorta übersteigt, öffnen sich die Taschenklappen und das Blut ergießt sich aus den Kammern in die Arterien.

- **Die isometrische Diastole:** Wenn sich die Kammern geleert haben, sinkt ihr Innendruck; die Taschenklappen schließen sich, so daß kein Blut zurückströmen kann. In dem Moment erschlaffen die Kammern, haben aber immer noch einen höheren Innendruck als die Vorhöfe des Herzens.

- **Die isotonische Diastole:** Im Augenblick der maximalen Erschlaffung sinkt der Innendruck der Kammern unter den der Vorhöfe, wodurch sich die Atrioventrikularklappen öffnen und das Blut aus dem Vorhof in die Kammer strömt.

Herz-Kreislauf-System

Der Blutkreislauf

Das Herz treibt das Blut in zwei Kreisläufen durch den Körper: im großen Blutkreislauf, der das arterielle Blut aus der linken Kammer in alle Gewebe und Organe und wieder in die rechte Kammer zurückführt, und den kleinen Blutkreislauf, der das venöse Blut aus der rechten Kammer in die Lungen befördert, wo es Sauerstoff aufnimmt und in den linken Vorhof zurückkehrt, die Kammer dieser Seite durchströmt und in den großen Blutkreislauf einmündet.

VEGETATIVE KONTROLLE DES HERZ-KREISLAUF-SYSTEMS

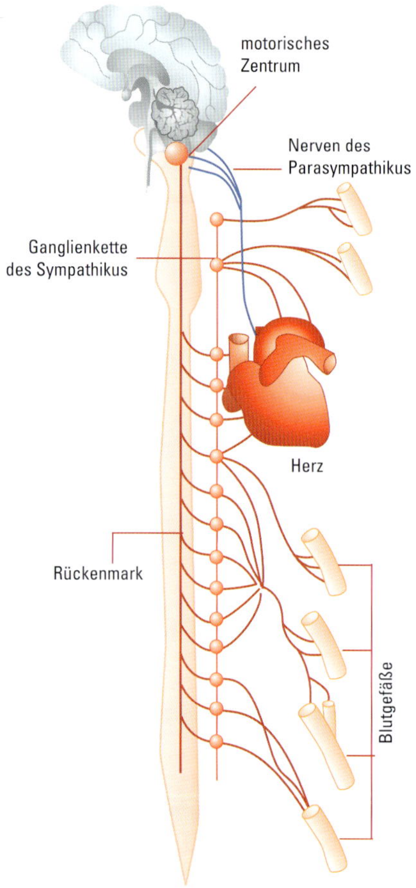

Großer Blutkreislauf

Während der Systole zieht sich die linke Kammer zusammen, ihr Innendruck wird höher als der Druck in der Aorta. Dadurch öffnet sich die Aortenklappe, das Blut strömt mit einem Stoß in die Aorta und durchläuft in kurzer Zeit das gesamte arterielle System. Dieser Vorgang wird durch den Druckunterschied zwischen dem venösen System und dem Vorhof ermöglicht. Der Vorhof saugt das Blut aus den Venen an und wird dabei von seiner dünnen Muskelschicht und der Muskulatur der Extremitäten unterstützt.

Ein erwachsener Mensch besitzt fünf bis sechs Liter Blut, wovon sich 50–60 Prozent im venösen System, dem Blutreservoir des Körpers, befinden. Die Verteilung des Blutes hängt auch vom Grad der Aktivität der einzelnen Organe ab.

Kleiner Blutkreislauf

Die Kontraktion der rechten Herzkammer preßt das venöse Blut in die Lungenarterie und damit in die Lungen. Hier durchläuft es das gesamte Arteriensystem der Lungen und gelangt bis in die Alveolarkapillaren, wo der Gasaustausch stattfindet (Kohlendioxid wird durch Sauerstoff ersetzt). Das sauerstoffreiche Blut fließt nun durch den Lungenkreislauf zurück und gelangt durch die vier Lungenvenen in den linken Vorhof. Unter normalen Bedingungen können die Lungen zehn Prozent des Gesamtblutvolumens fassen, was etwa 500 ccm entspricht.

Kleiner und großer Blutkreislauf

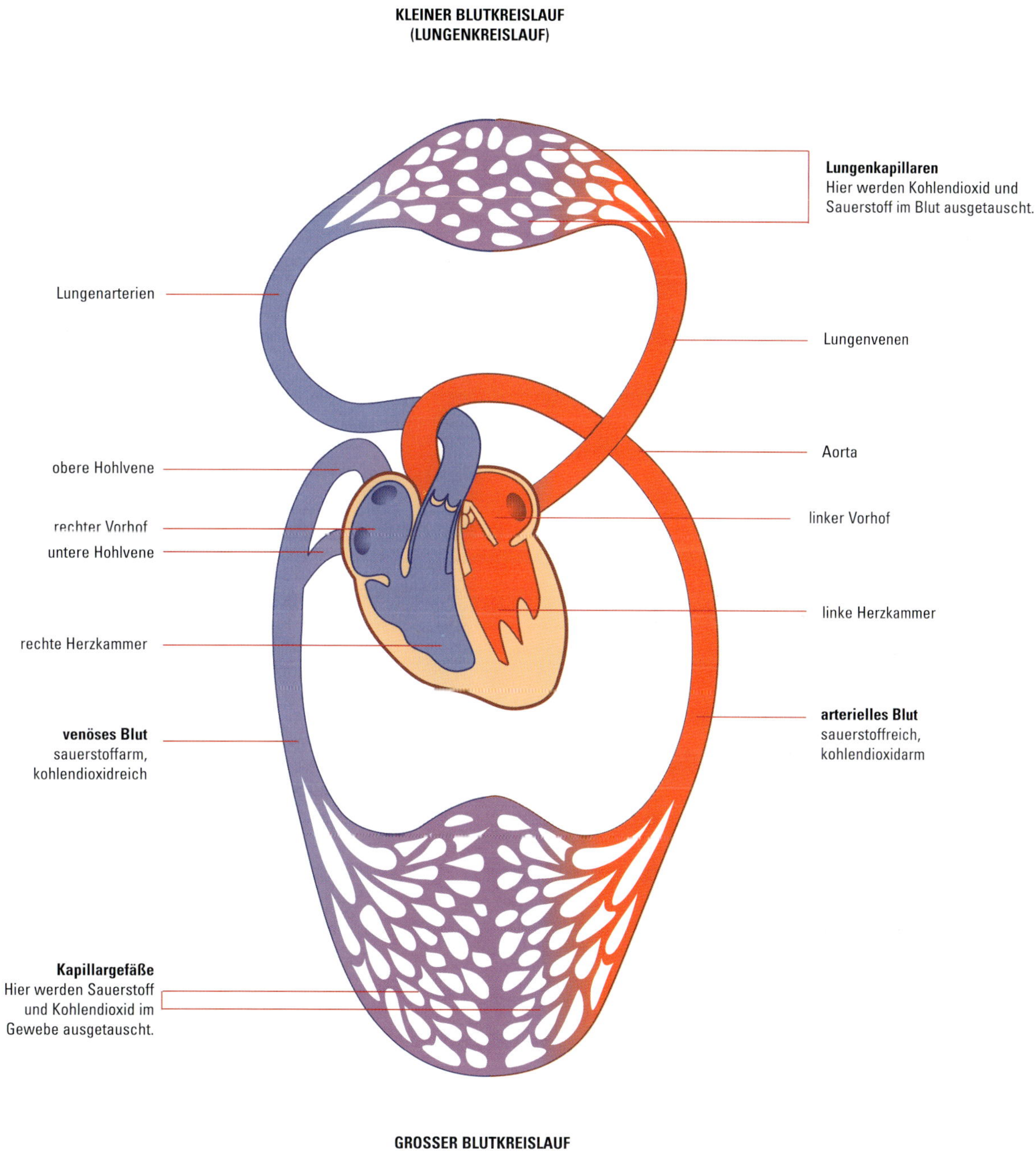

Der Blutdruck

Das Blut wird von der rhythmischen Kontraktion der linken Herzkammer durch die Arterien gepreßt, so daß im gesamten arteriellen System ein positiver Druck herrscht. Das ist der arterielle Druck, der alle Bereiche des Körpers mit Blut versorgt.

Der Blutdruck ist im Augenblick der ventrikulären Kontraktion, der Systole, am höchsten und im Moment der ventrikulären Erschlaffung, der Diastole, am niedrigsten. Die beiden Werte heißen systolischer Arteriendruck (Maximaldruck) und diastolischer Arteriendruck (Minimaldruck).

Die graphische Darstellung des Arteriendrucks zeigt einen steilen Anstieg während der Kammersystole, bis sie ihren Höhepunkt erreicht, dann sinkt sie langsam auf den Tiefststand ab, was zeitlich mit der Erschlaffung der Kammer zusammenfällt.

Blutdruckmessung – Der arterielle Druck wird üblicherweise in der Einheit „Millimeter Quecksilbersäule“ (mmHg) gemessen. Der Durchschnittswert eines jungen Erwachsenen liegt bei 120 mmHg systolischem Druck und 80 mmHg diastolischem Druck. Diese Werte

Darstellung des Arteriendrucks in bezug auf das Alter

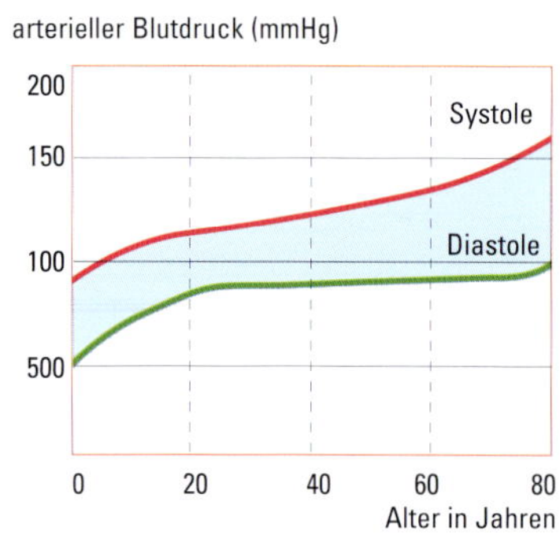

Normalverlauf des arteriellen Pulses auf Höhe der Aorta

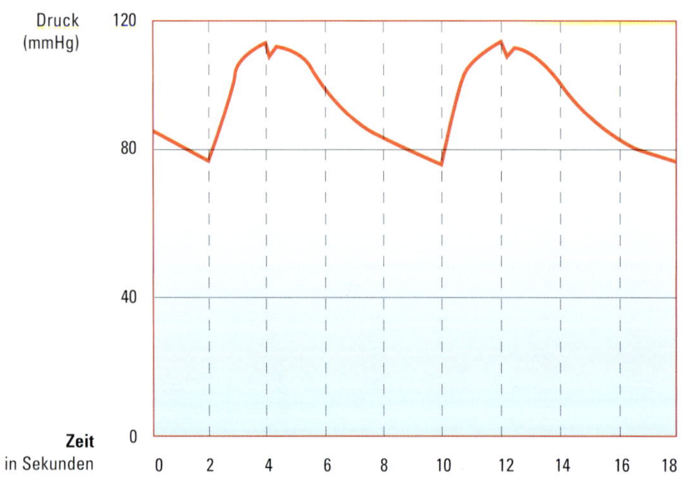

sind jedoch von vielen anderen Faktoren abhängig. Im Alter etwa erhöht sich der Blutdruck häufig geringfügig.

Die Bestimmung des arteriellen Blutdrucks geschieht durch ein Manometer, das aus einer Quecksilbersäule, einem Schlauch, einem Handblasebalg und einer Manschette besteht. Die Manschette wird um den Oberarm gelegt und mit dem Blasebalg so lange aufgepumpt, bis die im Innern des Arms liegende Armschlagader völlig abgedrosselt ist. Nun wird ein Stethoskop auf die Ellenbeuge gesetzt und der Druck der Manschette langsam gelockert, bis man ein Geräusch hört (systolischer Wert) und dieses wieder verschwindet (diastolischer Wert).

Zentralvenendruck – Auch das venöse System hat einen Druck, der aber niedriger ist als der arterielle. Der bestimmende Faktor ist der Widerstand, den der rechte Vorhof dem Eindringen venösen Blutes entgegensetzt. Der venöse Druck wird durch eine Ableitung in den Halsvenen oder mittels eines Katheters, der mit einem Manometer verbunden ist, im rechten Herzvorhof gemessen.

Unter Blutdruck versteht man den Druck des Blutes in den Arterien bei Systole und Diastole. Diese Werte können je nach Lebensumständen und Alter stark schwanken.

Messung des zentralen Venendrucks

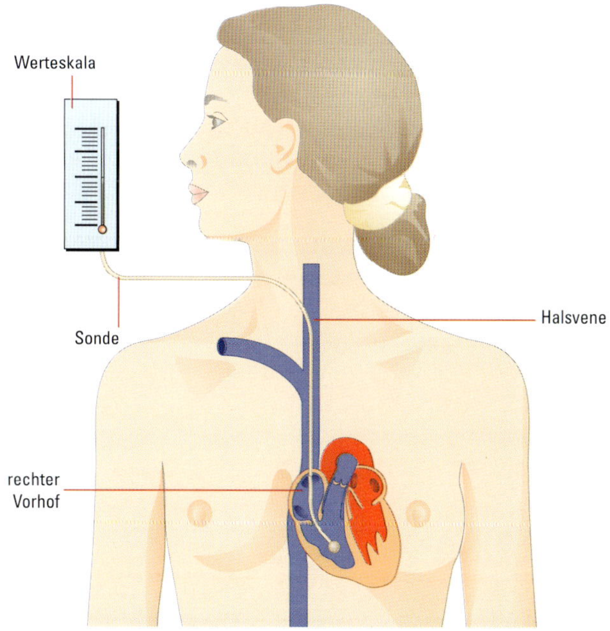

Der zentrale Venendruck wird mittels einer Sonde gemessen, die in eine Vene (hier die Halsvene) eingeführt und bis in den rechten Vorhof geschoben wird. Diese Sonde ist mit einer Werteskala verbunden, die den Innendruck des Vorhofs anzeigt.

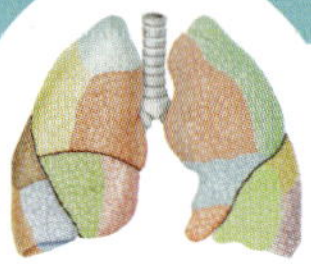

Atemwege

Die Atemwege versorgen den Körper mit lebensnotwendigem Sauerstoff. Er wird von der Lunge aus durch das Blut an alle Stellen des Organismus transportiert. Das Kohlendioxid (CO_2), ein beim Zellstoffwechsel entstehendes Abfallprodukt, wird ebenfalls über die Atemwege ausgeschieden. Dabei zirkuliert die Luft in zweierlei Richtungen: beim Einatmen gelangt das mit Sauerstoff angereicherte Blut in die Lungen, beim Ausatmen wird die sauerstoffarme, jedoch mit Kohlendioxid beladene Luft nach außen abgeführt. Die Stimmbänder und die Geruchsrezeptoren gehören ebenfalls zu den Atemwegen.

Anatomie der Atemwege

Die Atemwege bestehen aus verschiedenen anatomischen Strukturen, den Luftwegen, den Bronchien und der Lunge. Man unterscheidet zwischen oberen Luftwegen (Nase und Hals) und unteren Luftwegen (Kehlkopf und Brustraum).

Die Atemwege versorgen den Körper mit lebensnotwendigem Sauerstoff. Sie bestehen aus den oberen und unteren Atemwegen und der Lunge. In der Lunge findet der Gasaustausch mit dem Blut statt.

Die oberen Luftwege beginnen mit den Nasenhöhlen, die in den oberen Rachenraum münden, und der Mundhöhle, die in den mittleren Rachenraum übergeht. Hier wird die eingeatmete Luft gefiltert, angefeuchtet und erwärmt. Die unteren Luftwege beginnen mit dem Kehlkopf, der aus fünf Knorpeln besteht und in dessen Innerem die zwei Stimmbänder die Stimmritze bilden.

Der Kehlkopf geht in die Luftröhre über, die sich in die zwei Hauptbronchien aufteilt. Diese treten am sogenannten Lungenhilus in die Lungen ein. Die Lungenflügel sind vom Brustfell (der Pleura), einer feinen Bindegewebsschicht, umhüllt. Die beiden Hauptbronchien verzweigen sich innerhalb der Lungenflügel zu immer dünneren Kanälen und werden zu den Bronchiolen. An deren Enden befinden sich kleine Erweiterungen: Kapillarnetze mit den sogennannten Lungenbläschen, den Alveolen, in denen der Gasaustausch stattfindet.

Nicht nur die Bronchien, auch Venen und Arterien treten am Hilus in die Lunge ein bzw. aus ihr heraus. Die Arterien bringen das kohlendioxidhaltige Blut zu den Lungenbläschen, die Venen führen das sauerstoffhaltige Blut wieder aus der Lunge heraus.

Schematische Darstellung der Atemwege

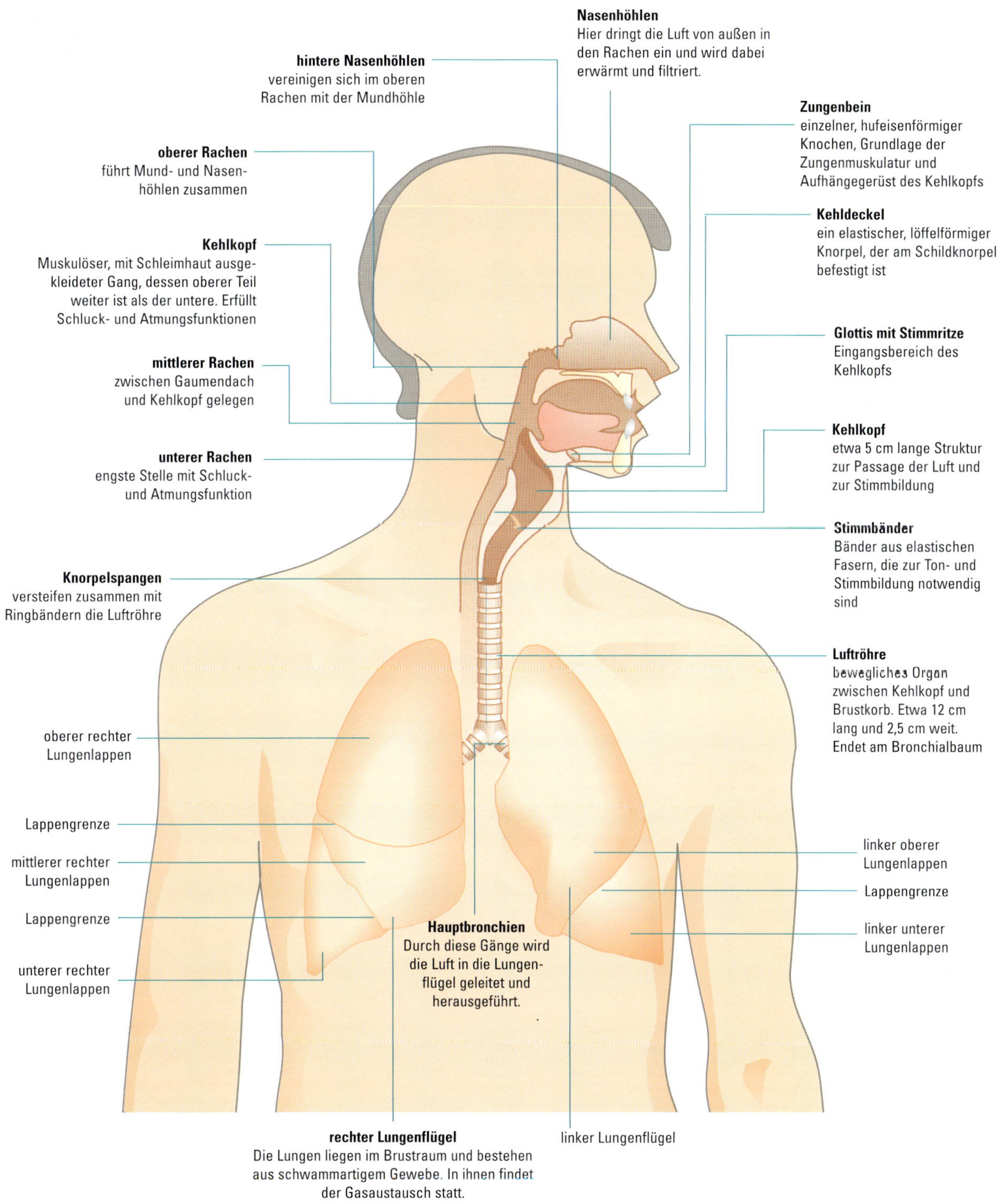

Atemwege

Die Nasenhöhlen

Die Nasenhöhlen befinden sich auf der Vorderseite des Schädels in der Mitte des Gesichts. Sie werden durch zwei Höhlen mit verschiedenen Abschnitten gebildet, durch deren Öffnungen, die inneren Nasenlöcher *(Choanen)*, die Luft in den Rachenraum gelangt.

Nase – Ein mit Haut überzogener Vorsprung in der Gesichtsmitte. Sie besteht aus einer knöchernen Basis und einer knorpelartigen Verlängerung. An ihrer Unterseite befinden sich die äußeren Nasenöffnungen, die Nasenlöcher.

Nasenscheidewand – Dies ist eine knorpelige Wand zwischen rechter und linker Nasenhöhle.

Nasenmuscheln – Drei übereinandergelegene, knöcherne Vorsprünge an den Seitenwänden der Nasenhöhlen. Sie dienen der Wirbelbildung der Luft, damit sie nicht direkt in den Rachen strömt.

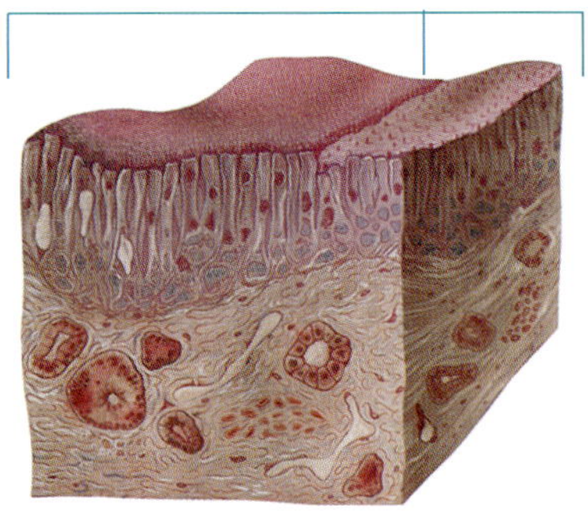

Aufbau der Nasenschleimhaut

Nasennebenhöhlen – Sechs, jeweils paarweise und symmetrisch angeordnete, mit Schleimhaut überzogene Räume, die mit der Nasenhöhle in Verbindung stehen: Stirnhöhlen, Kieferhöhlen und Keilbeinhöhlen. Dazu kommen zahlreiche sehr kleine Höhlen, die Siebbeinzellen.

Nasenschleimhaut – Diese auch Pituitaria genannte Schleimhaut überzieht die Wände der Nasenhöhlen und enthält viele Schleimdrüsen. In ihrem oberen Bereich befindet sich ein andersartiges Epithel, die Riechschleimhaut, die über die Riechbahnen mit der Hirnrinde in Verbindung steht und Geruchsempfindungen zur Verarbeitung an das Riechzentrum des Gehirns weiterleitet.

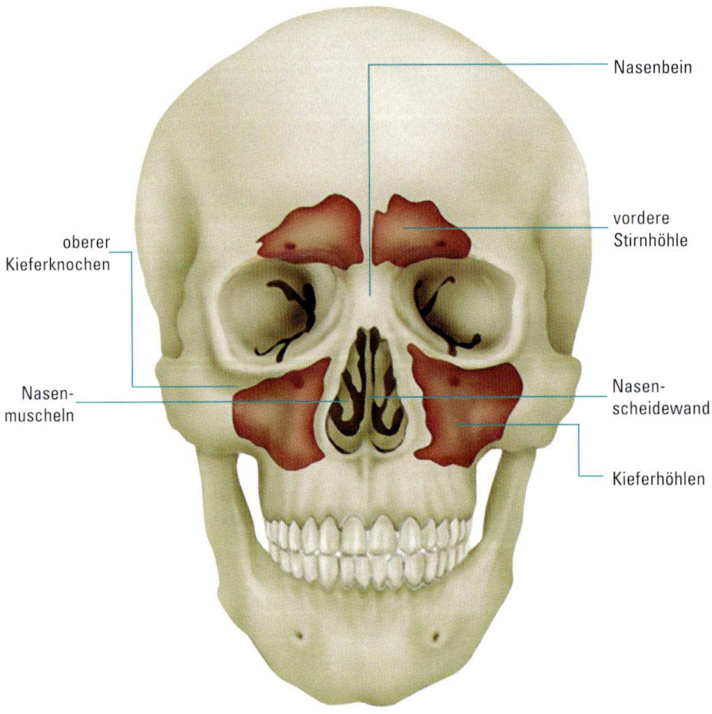

Vorderansicht der Nasenhöhlen

Der Rachen

Der Rachen ist ein mit Schleimhaut ausgekleideter Schlauch, der Mund- und Nasenhöhlen zusammenführt. Daher ist er sowohl an der Atmung als auch an der Verdauung beteiligt.

Der Rachen *(Pharynx)*, auch Schlund genannt, ist ein mit Schleimhaut ausgekleideter Schlauch, der auch am Verdauungsvorgang beteiligt ist. Er besteht aus dem oberer, mittlerer und unterer Rachen: Epipharynx, Mesopharynx und Hypopharynx.

Epipharynx – Dieser Teil dient ausschließlich der Atmung. Durch die inneren Nasenlöcher (Choanen) wird die Luft aus den Nasenhöhlen abgeleitet. In ihre Seitenwände münden die Eustachischen Röhren, die den Nasen- und Rachenraum mit dem Ohr verbinden.

Mesopharynx – Er ist die mittlere Fortsetzung der Nasenhöhle und reicht bis zur Zungenwurzel, wo sich die Rachenmandeln befinden, und ist sowohl Luft- als auch Speiseweg.

Hypopharynx – Dieser Abschnitt ist die Verlängerung nach unten bis zur Speiseröhre und ist vorne mit der Luftröhre verbunden.

Innerer Aufbau der Nasenhöhlen und des Rachenraums

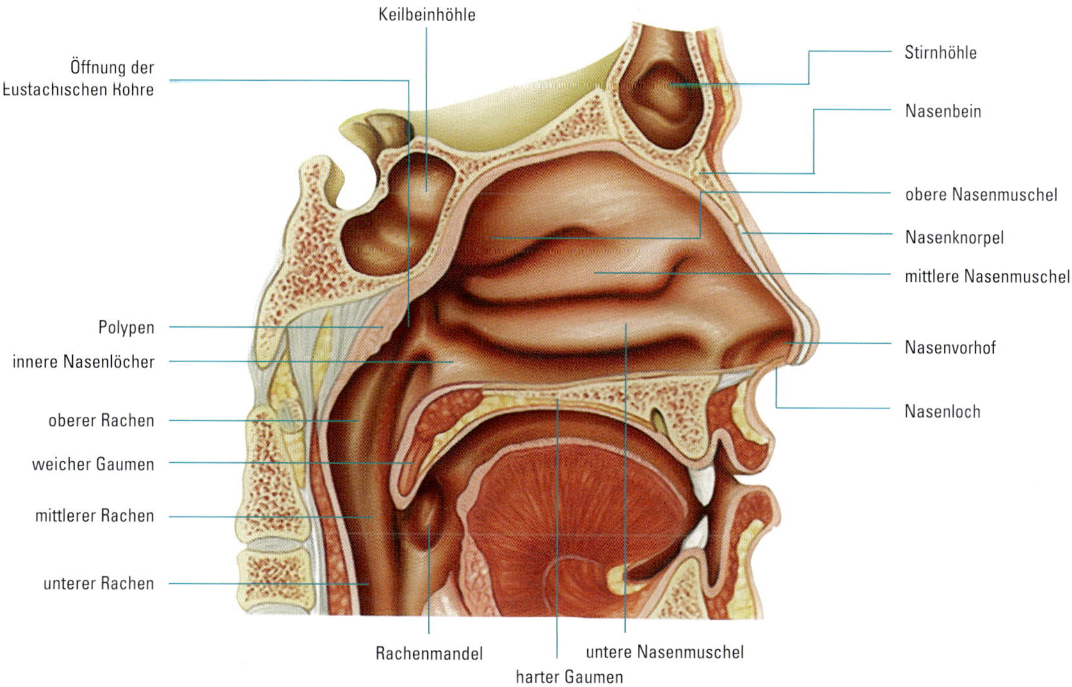

Atemwege

Der Kehlkopf *(Larynx)* ist für die Stimmbildung verantwortlich und besteht aus fünf Knorpeln, die durch Bänder und Muskeln miteinander verbunden sind. Er liegt am Ende des Rachens im vorderen Teil des Halses, ist nach hinten unten offen und endet an der Speiseröhre. Er ist von einer dünnen Schleimhaut überzogen, der Fortsetzung der Rachenschleimhaut. Die einzelnen Bestandteile des Kehlkopfes sind:

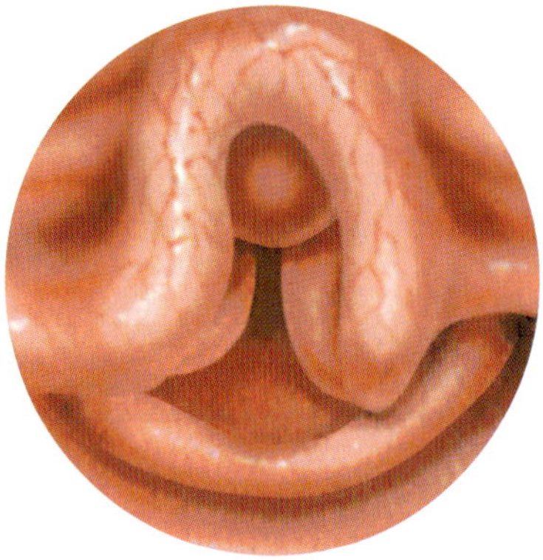

Blick durch ein Endoskop auf den geöffneten Kehldeckel und die dahinterliegende Stimmritze

Kehldeckel *(Epiglottis)* – Diese Knorpelplatte verschließt beim Schluckvorgang den Kehlkopfeingang und verhindert so, daß Speisebrei oder Flüssigkeit in die Luftröhre gelangen. Unmittelbar nach dem Schlucken öffnet er sich wieder und läßt die Atemluft passieren.

Kehlkopfhöhle *(Glottis)* – In diesem Bereich befinden sich die Stimmbänder. Sie teilen die Glottis in zwei Abschnitte: den oberen und den unteren Glottisraum. Der untere Glottisraum wird zur Subglottis und mündet in die Luftröhre.

Stimmbänder – Diese Muskelfalten bilden die Stimmritze und liegen im mittleren Teil der Glottis. Es gibt obere und untere Stimmbänder, die durch den sogenannten Morgagni-Ventrikel voneinander getrennt sind. Beim Sprechen und Singen läßt die vorbeiströmende Atemluft diese Bänder vibrieren, die so unsere Stimme erzeugen.

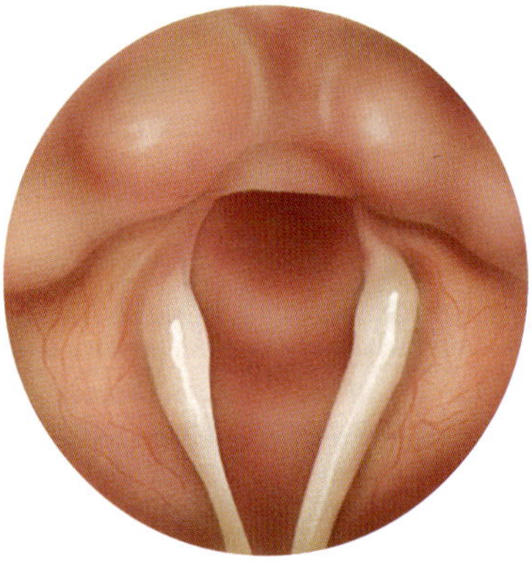

Blick durch ein Endoskop auf die Stimmbänder

Kehlkopfknorpel – Sie bilden das Gerüst des Kehlkopfs und heißen von oben nach unten:

- **Kehldeckelknorpel:** Er bildet (wie oben beschrieben) den Deckel des Kehlkopfes, hat eine ovale Form und ein spitzes Ende. Er ist beweglich und kann den Kehlkopf schließen oder öffnen.

- **Schildknorpel:** Er besteht aus zwei viereckigen Platten, die vorne zusammenstoßen und nach hinten offen sind, ähnlich einem leicht aufgeklappten Buch. Dieser Vorsprung wird auch Adamsapfel genannt.

- **Ringknorpel:** Er liegt unter dem Schildknorpel und ist der einzige Knorpel des Kehlkopfes, der einen geschlossenen Ring bildet.

- **Gießbeckenknorpel:** Dies sind zwei dreieckige Platten, welche Ringknorpel und Schildknorpel an der hinteren Seite verbinden.

- **Hornknorpel:** Kleine, hornförmige Knorpel, die gelenkig mit dem Ringknorpel verbunden sind und den Abschluß dieses komplexen Mechanismus bilden.

Vorderansicht des Kehlkopfes

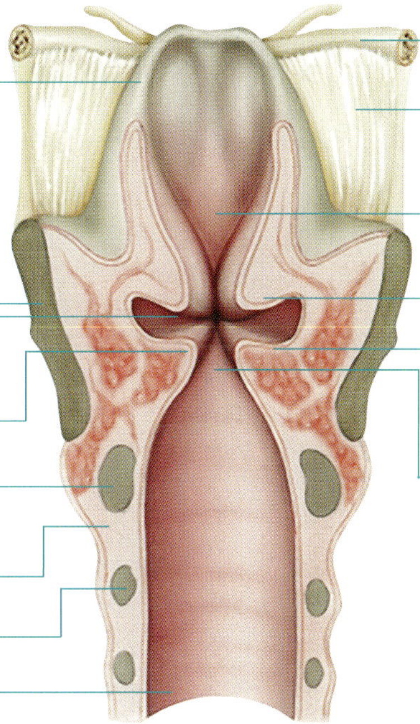

Seitenansicht des Kehlkopfes

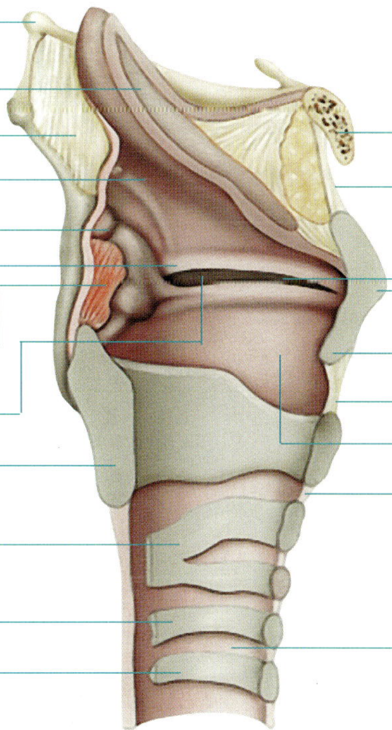

Atemwege

Die Luftröhre

Die Luftröhre *(Trachea)* schließt an den Kehlkopf an und verbinden ihn mit der Lunge. Sie führt vom Hals in den Brustinnenraum und füllt dort mit der Speiseröhre und der Brustaorta den hinteren Teil des Brustkorbs *(Mediastinum)* aus. Bei einem Erwachsenen hat sie eine Länge von etwa zwölf Zentimetern und eine Weite von etwa zwei Zentimetern. Sie endet an einer Gabelung *(Trachealbifurkation)*, wo sie sich in den linken und rechten Hauptbronchus verzweigt.

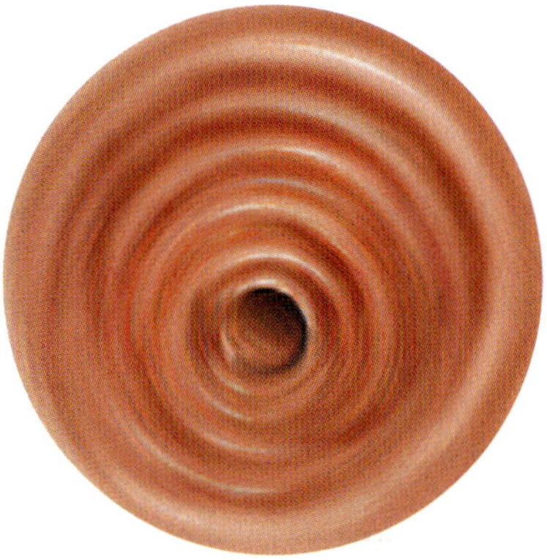

Blick durch ein Endoskop in die Luftröhre

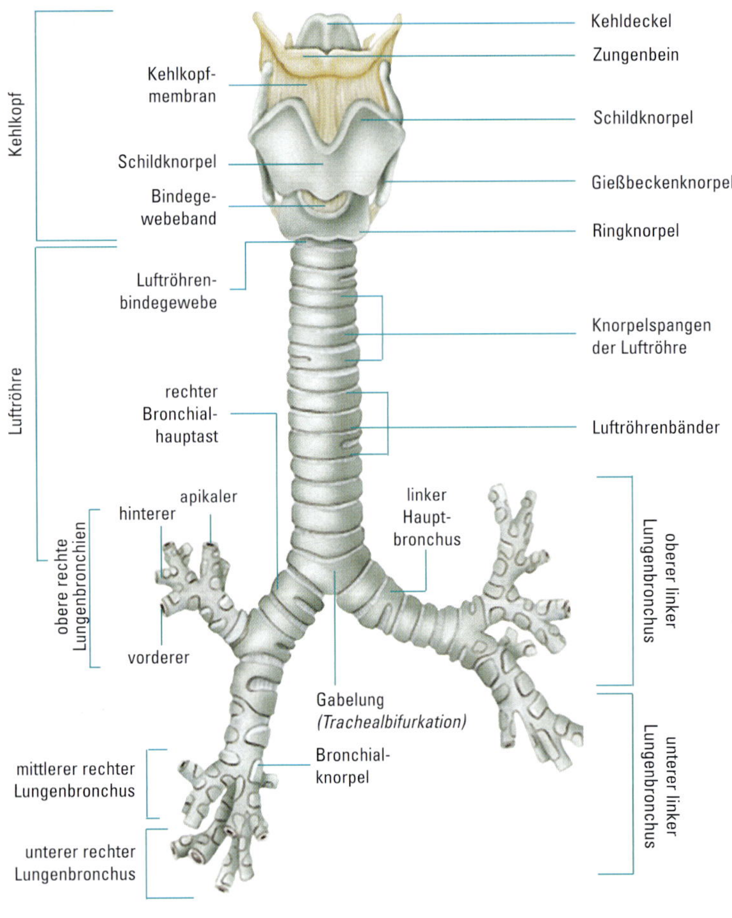

Vorderansicht von Kehlkopf, Luftröhre und Bronchien

Die Luftröhre besteht aus einer Reihe von 16 bis 20 Knorpelspangen, deren Öffnung nach hinten zeigt. Diese Ringe werden von glatten Muskelfasern vervollständigt, was der Luftröhre die Möglichkeit gibt, ihre Weite zu variieren. Die Knorpelringe sind unter sich durch ein elastisches Bindegewebe verbunden, daher kann die Luftröhre sich während des Schluckvorgangs oder bei einer Bewegung der Halswirbelsäule um bis zu zwei Zentimeter verlängern. Wie die Speiseröhre ist auch die Luftröhre mit einer Schleimhaut ausgekleidet, dem Flimmerepithel.

Anatomie von Kehlkopf, Luftröhre und Bronchien (Rückansicht)

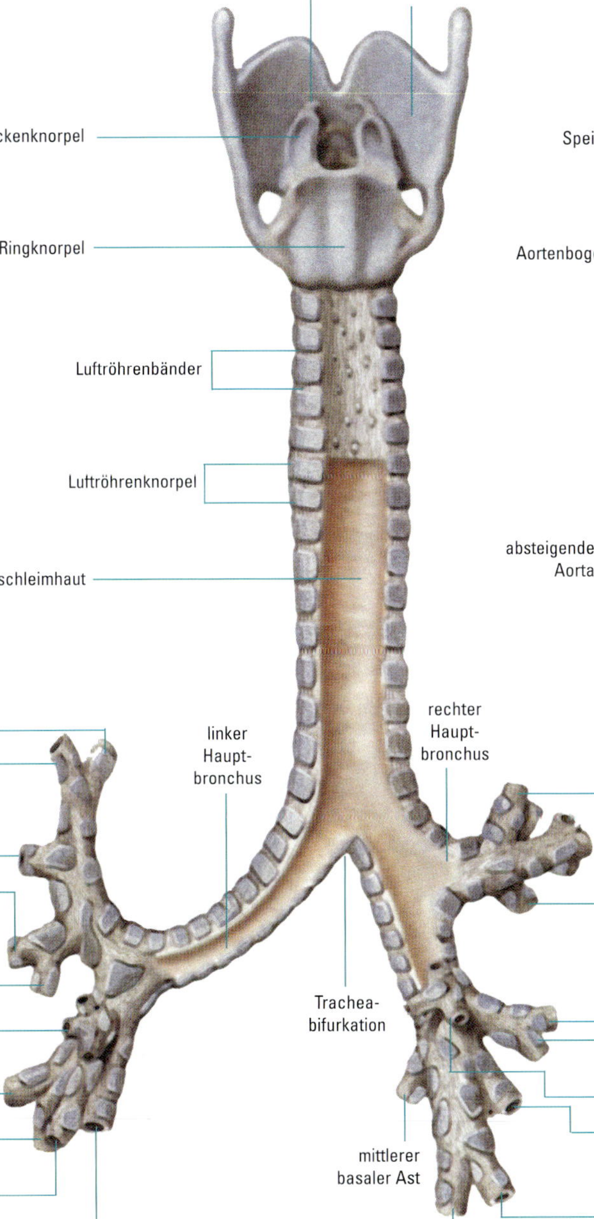

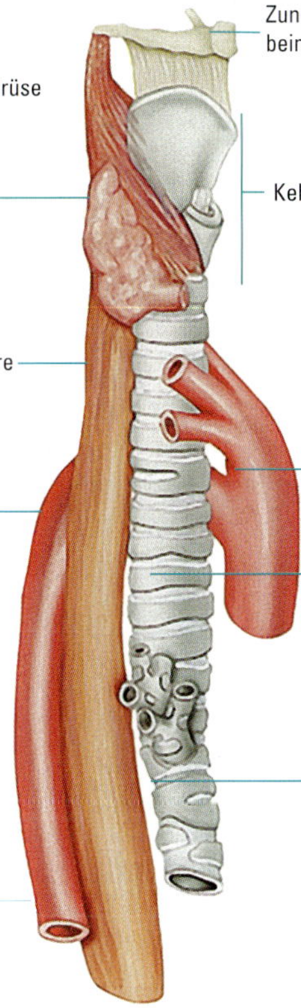

Die Bronchien

An ihrem unteren Ende, der Trachealbifurkation, geht die Luftröhre in die Bronchien über. Die Bronchien sind ein weit verästeltes Röhrensystem (Bronchialbaum), das die Atemluft in die Lungensegmente verteilt. Sie beginnen an der Trachealbifurkation mit den zwei Hauptbronchien, die jeweils in die linke und die rechte Lunge führen und eine der Luftröhre ähnliche Struktur besitzen.

Nach einem kurzen Abschnitt außerhalb der Lunge dringen beide Hauptbronchien am sogenannten Lungenhilus zusammen mit den Lungenarterien- und -venen in die Lungen ein.

Im Inneren der Lunge verzweigen sich die Hauptäste und werden nach und nach immer kleiner, bis sie im entsprechenden Lungenlappen zu Lappenbronchien werden, in den Lungensegmenten dann zu Segmentbronchien und schließlich zu Bronchiolen, den feinsten Verzweigungen des Bronchialbaums.

Die Bronchiolen enden in einem kapillaren Netz mit mikroskopisch feinen Bläschen, den Lungenalveolen. In diesen winzigen Hohlräumen findet der zur Sauerstoffversorgung des Körpers notwendige Gasaustausch statt. Es wird geschätzt, daß sich im Lungeninnern hunderte Millionen dieser kleinen Alveolen befinden.

Die Bronchialäste sind nicht in beiden Lungenlappen gleich, wie auch die beiden Lungenlappen sich unterscheiden. Der rechte Hauptbronchus verläuft steiler als der linke und teilt sich nach Durchtritt des Lungenhilus in drei Lappenbronchien: den oberen, mittleren und unteren Lappenbronchus. Von ihnen gehen dann die Segmentbronchien und die entsprechenden Bronchiolen ab. Der linke Stammbronchus tritt in einem flacheren Winkel in die linke Lunge ein und verzweigt sich in zwei Lappenbronchien: den oberen und unteren.

Die Struktur des Bronchialbaums gleicht dem der Luftröhre, besteht also aus einer Aneinanderreihung knorpeliger Ringe, die untereinander mit Gewebebändern verbunden und von einer Muskulatur umgeben sind. Dadurch werden auch die großen Bronchialäste flexibel genug, um Körperbewegungen nicht zu behindern.

Blick durch ein Endoskop auf die Gabelung der Luftröhre mit den abgehenden Hauptbronchien

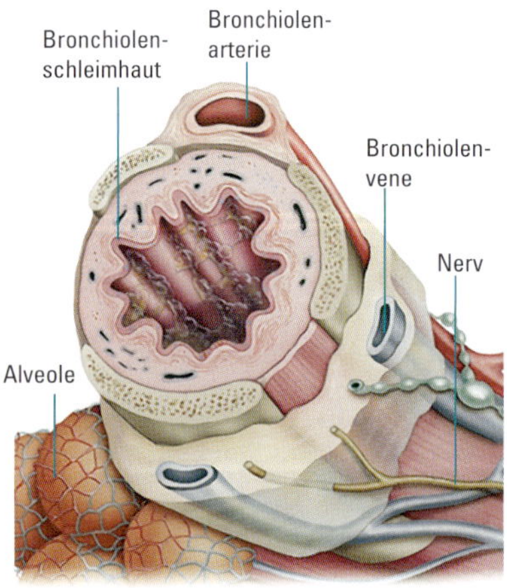

Innerer Aufbau einer Bronchiole

Anatomie des Bronchialbaums

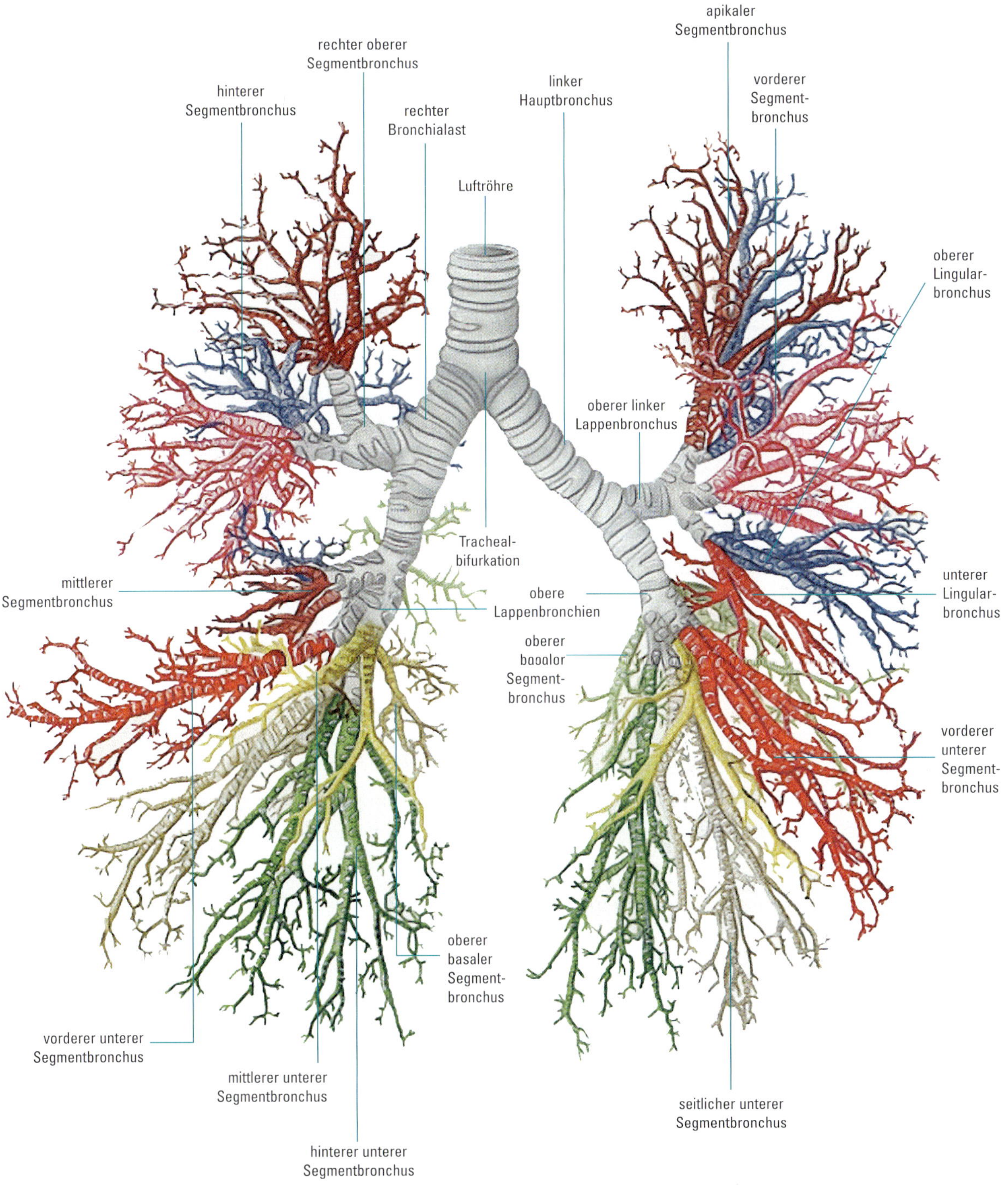

Die Lunge

Die Lunge ist ein in zwei Flügel aufgeteiltes Organ von schwammartiger Konsistenz, deren Flügel von einer dünnen Hautschicht, der Pleura umgeben sind. Sie liegen hinter den Rippenbögen links und rechts im Brustraum und füllen ihn fast völlig aus.

Zwischen den beiden Lungenflügeln befindet sich ein Hohlraum, das Mediastinum, in dem neben anderen anatomischen Gebilden auch das Herz liegt. Die Lungen haben an ihrer konvexen Außenseite mit den Rippen Kontakt, an ihrer flachen Innenseite mit dem Mediastinum. Ihre schrägen Unterseiten liegen dem Zwerchfell auf, das den Brustraum abschließt. In der Mitte der Innenseite jedes Lungenflügels befindet sich der Lungenhilus, durch den die Bronchien, Arterien, Venen und Lymphbahnen führen.

Die folgende Darstellung zeigt die Einteilung der Lungen in einzelne Lungenlappen, die durch Einschnitte voneinander abgegrenzt sind. Die rechte Lunge hat zwei Einschnitte und drei Lappen, die linke hat einen Einschnitt und deshalb nur zwei Lappen. Jeder einzelne Lungenlappen ist wiederum in verschiedene Segmente unterteilt.

Die Lunge besteht aus zwei Teilen, den Lungenflügeln, die ihrerseits wieder in Lappen und Segmente aufgeteilt sind. Sie liegt hinter den Rippen im Brustkorb und füllt ihn fast vollständig aus.

Die Einteilung der Lungenflügel

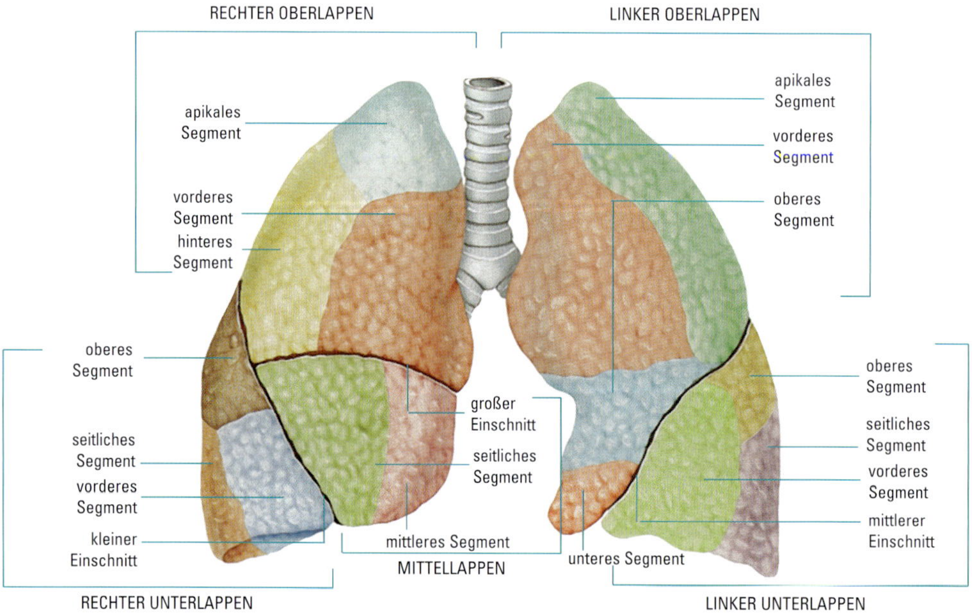

Rückansicht der Lunge

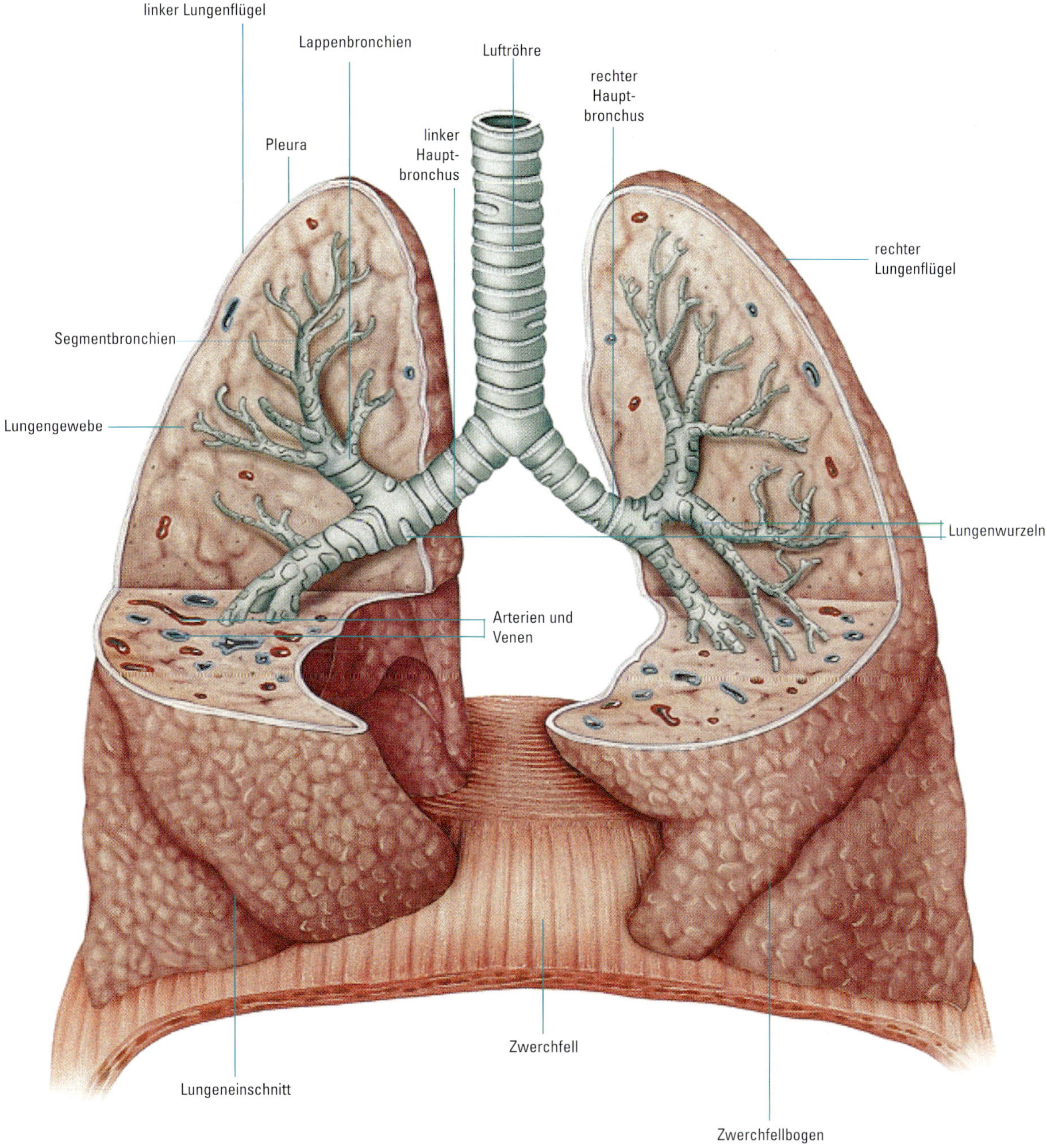

Atemwege

Die Lungengefäße

Durch den Lungenhilus treten, vom Herzen kommend, die rechte und die linke Lungenarterie ins Lungeninnere ein und verlaufen dort parallel zu den Bronchien. Sie verzweigen sich wie diese und enden in den feinen arteriellen Kapillaren in der Alveolarzone. Dort werden die Kapillararterien zu Kapillarvenen und bilden dann die Lungenvenen, zwei in jedem Lungenflügel. Die Venen nehmen schließlich den gleichen Weg wie die Arterien – nur in umgekehrter Richtung –, um wieder durch den Hilus heraus zum Herzen zu führen.

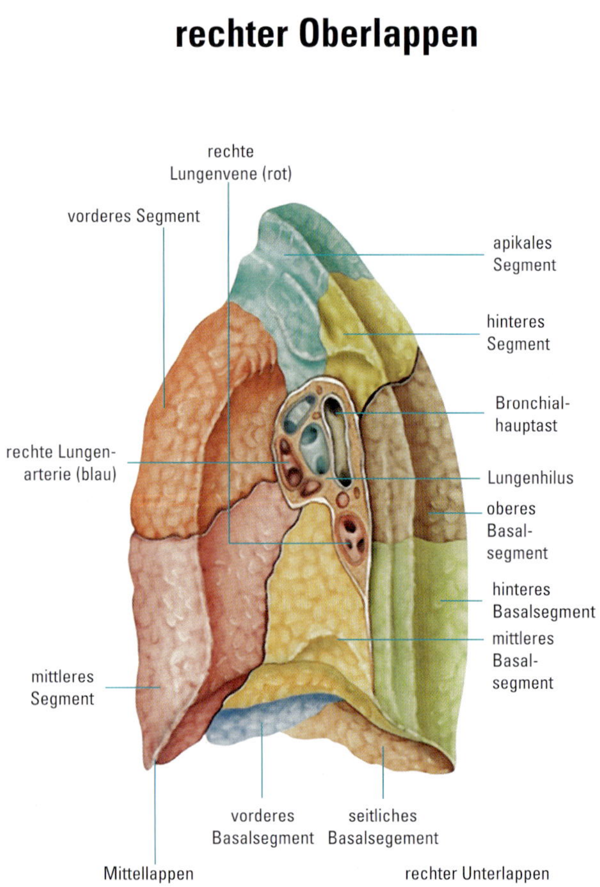

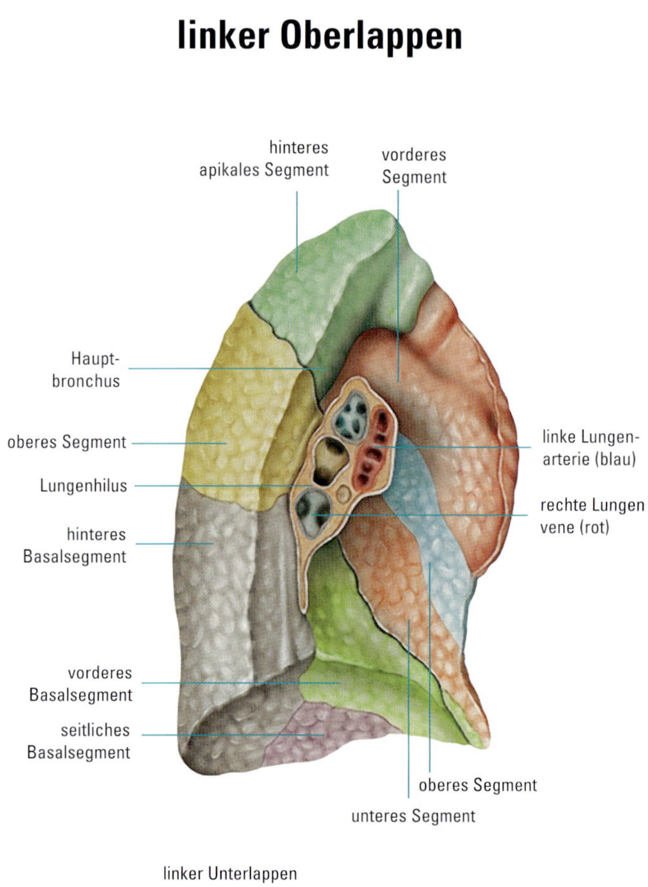

Die Atemmuskulatur

Die Atemmuskulatur arbeitet automatisch, um unter allen Umständen eine ständige Beatmung der Lunge zu garantieren.

Um das Atmen zu ermöglichen, sorgt die Atemmuskulatur für einen ständig wechselnden Druckunterschied zwischen der Lunge und der Außenwelt. Beim Einatmen arbeiten die Inspirationsmuskeln (das Zwerchfell, die äußeren Zwischenrippenmuskeln, die vorderen Sägemuskeln an der Rumpfseite und bestimmte Halsmuskeln), beim Ausatmen die Expirationsmuskeln (die Bauchmuskeln, die inneren Zwischenrippenmuskeln und die hinteren Sägemuskeln).

Die Bewegung der Atemmuskulatur wird durch das vegetative Nervensystem ausgelöst, geschieht also automatisch. Dadurch wird immer eine sichere Atmung gewährleistet; auch während des Schlafes oder etwa einer Ohnmacht.

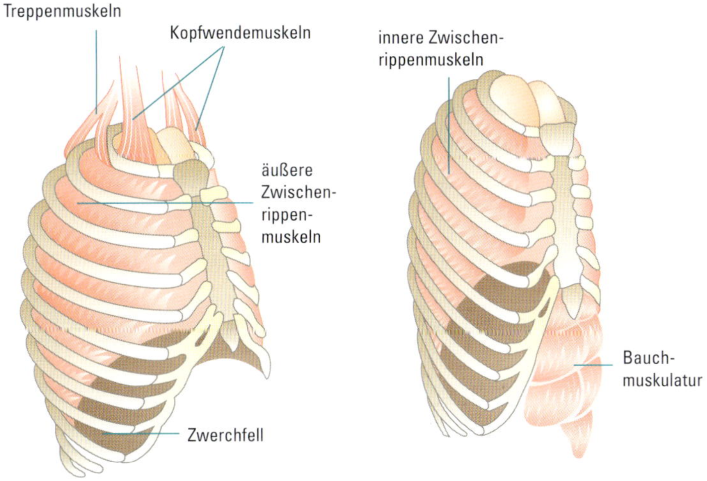

Einatmung
Das Zwerchfell senkt sich, die Rippen werden angehoben und der Brustraum wird erweitert.

Ausatmung
Das Zwerchfell wird angehoben, die Rippen senken sich und der Brustraum wird verkleinert.

Die Atemmuskulatur und die Bewegungen des Brustkorbs während der Atmung.

Das Brustfell

Die Lungen sind außen vollständig von einer Doppelmembran, dem Brustfell (der Pleura), überzogen. Das innere Blatt, das Lungenfell, überkleidet die Lungen, das äußere Blatt, das Rippenfell, bedeckt den Rippenbogen und das Zwerchfell. Des weiteren gibt es noch die Mediastinalpleura, sie überzieht die anderen Organe im Mediastinum und trennt sie von der Lunge.

Atemwege

Funktion der Atemwege

Die Hauptfunktion der Atemwege besteht darin, Sauerstoff in das Blut zu bringen und Kohlendioxid abzutransportieren. Dieser Vorgang wird Atmung genannt. Weiterhin spielen die Atemwege bei der Lautbildung und beim Riechen eine große Rolle

Während der Einatmung wird die Luft schrittweise den Bedürfnissen des Körpers angepaßt. Sie wird mit Hilfe der Nasen- und Nasennebenhöhlen, des Rachens, des Kehlkopfes und der Luftröhre erwärmt, befeuchtet und gereinigt.

Die Atmung

Die Atmung ist ein komplexer Prozeß, der die Aufgabe hat, Sauerstoff aus der Umgebungsluft zu den Lungenalveolen zu bringen. Dort geht es ins Blut über, während das Kohlendioxid aus dem Zellstoffwechsel in die Alveolen eindringt, um von dort nach außen abtransportiert zu werden. Dieser Vorgang geschieht automatisch solange der Mensch lebt und verläuft in verschiedenen Phasen.

Einatmung (Inspiration) – In dieser ersten Phase der Atmung gelangt die Außenluft ins Innere der Lungen bis zu den Alveolen. Dafür muß der Druck im Lungeninneren geringer sein als der Druck der Außenluft, so daß eine Sogwirkung eintritt. Der Druckunterschied entsteht durch eine Ausdehnung des Brustkorbs, die überwiegend von den Zwischenrippenmuskeln und dem Zwerchfell bewerkstelligt wird.

Während der Einatmung wird die Luft erwärmt, angefeuchtet und gereinigt und so dem Organismus angepaßt. Daran sind die Nasen- und Nasennebenhöhlen, der Rachen, der Kehlkopf, die Luftröhre und die Bronchien beteiligt.

Gasaustausch – Der Gasaustausch findet in den Alveolen (Lungenbläschen) statt, die in Säckchen an den Alveolengängen angeordnet und von Kapillarnetzen umgeben sind. Dieser Gasaustausch ist ein passiver Vorgang, d. h. Sauerstoff (O_2) und Kohlendioxid (CO_2) werden durch die Struktur und die chemische Beschaffenheit der beteiligten Komponenten ausgetauscht. Dabei gelangt die mit Sauerstoff angereicherte Luft aus den Alveolen in das venöse Blut und das Kohlendioxid des venösen Bluts geht in die Alveolen über. Das sauerstoffreiche Kapillarblut verläßt die Lungen durch die Lungenvenen, strömt durch das Herz und wird als arterielles Blut im Körper verteilt.

Funktion

Der Gasaustausch

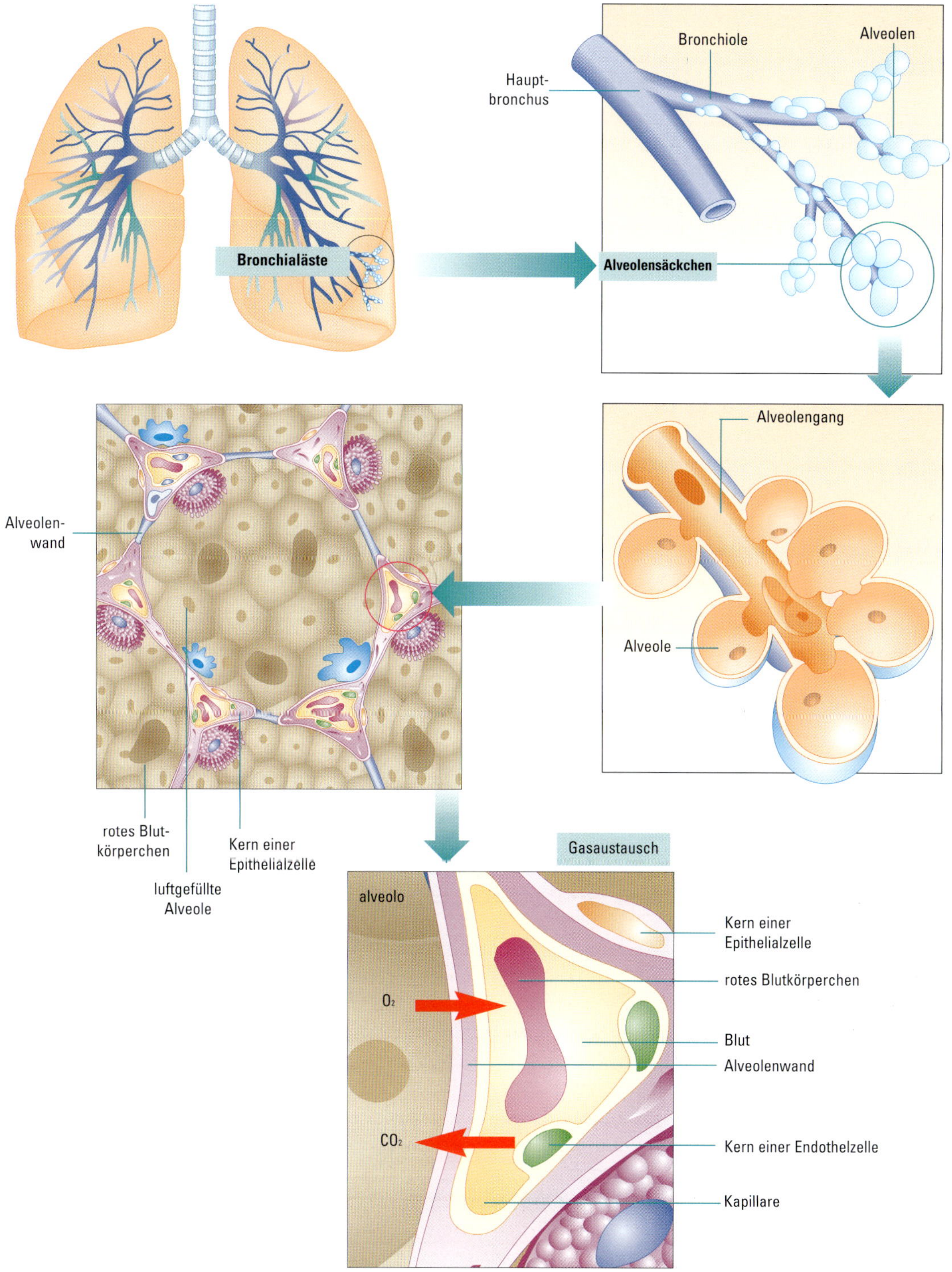

Atemwege

Ausatmung (**Expiration**) – Bei der Ausatmung wird die Luft wieder ausgestoßen, nachdem der Gasaustausch stattgefunden hat. Dabei entspannen sich die Inspirationsmuskeln, die Lunge nimmt wieder ihre Ausgangsform an und drückt die in ihr enthaltene Luft nach draußen. Wenn eine bewußte Ausatmung stattfinden soll, zieht sich die Bauchmuskulatur zusammen und drückt das Zwerchfell nach oben, dadurch wird die Ausatmung verstärkt.

Steuerung der Atmung – Unter normalen Bedingungen wiederholt sich der Atmungsprozeß 15 bis 20 mal pro Minute. Säuglinge und Kleinkinder haben eine höhere Atemfrequenz als Erwachsene.

Die zur Atmung notwendigen Muskeln werden vom Atemzentrum gesteuert, das sich im verlängerten Mark *(Medulla oblongata)* des Gehirns befindet. Das Atemzentrum arbeitet automatisch und unwillkürlich und sichert so auch z. B. während des Schlafs oder einer Ohnmacht die Beatmung. Dabei arbeitet die rhythmische Erregung der Nervenzellen im Atemzentrum mit der ständigen Kontrolle des Sauerstoff- und Kohlendioxidanteils im Blut zusammen. Neben dieser unbewußten Atemkontrolle gibt es auch eine bewußte Kontrolle zur Beschleunigung oder Verlangsamung der Atmung. Der Atemvorgang kann sogar für eine gewisse Zeit bewußt unterbrochen werden.

Steuerung der Atmung

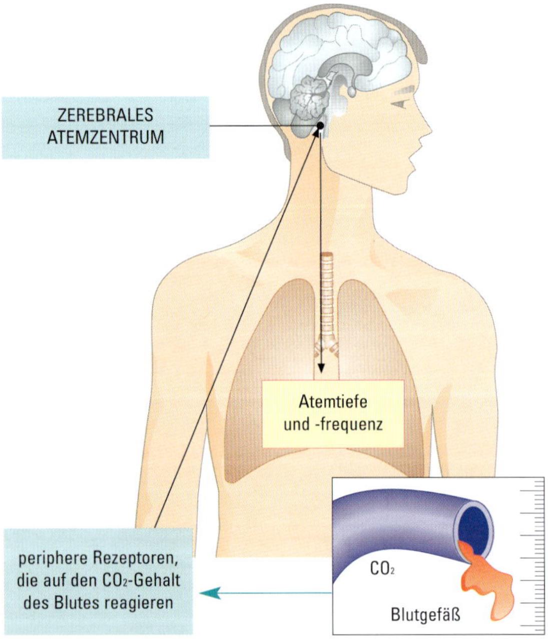

Die Atmung wird durch rhythmische Erregung der Nervenzellen im Atemzentrum gesteuert. Der Kohlendioxidgehalt des Blutes beeinflußt dabei Atemfrequenz und Atemtiefe. Außerdem kann die Atmung in gewissen Grenzen auch bewußt kontrolliert werden.

Die Lautbildung

Die Laute unserer Stimme entstehen, indem die aus den Lungen kommende Luft durch den Kehlkopf strömt und die dort vorhandenen Stimmbänder in Schwingungen versetzt. Die so entstandene Stimme weist verschiedene, variable Merkmale auf. So wird das Volumen der Stimme von der Menge der Luft bestimmt, die durch die Stimmbänder streicht, der Ton vom Grad der Stimmbandspannung und die Klangfarbe durch die Resonanzräume der Nasennebenhöhlen, des Rachens und des Brustraums. Diese Faktoren bewirken im Zusammenspiel die charakteristische Stimme eines jeden Menschen.

Es gibt ein neurologisches Sprachzentrum, das im Gehirn liegt. Dieses Zentrum regelt die Lautbildung durch die Stimmbänder und die Artikulation dieser Laute, so daß Silben und Worte entstehen. Die Artikulation geschieht in der Mundhöhle durch Bewegungen der Zunge und des Gaumens, wobei man verschiedene Lautarten (z. B. die Nasal-, Verschluß-, Reibe- oder Zungenlaute) unterscheiden kann.

VERSCHIEDENE SPRACHLAUTE

Nasallaute	m, n
Verschlußlaute	p, t, k, b, d, g
Reibelaute	f, s, z, x
Zungenlaute	l, r

Schema der Lautbildung

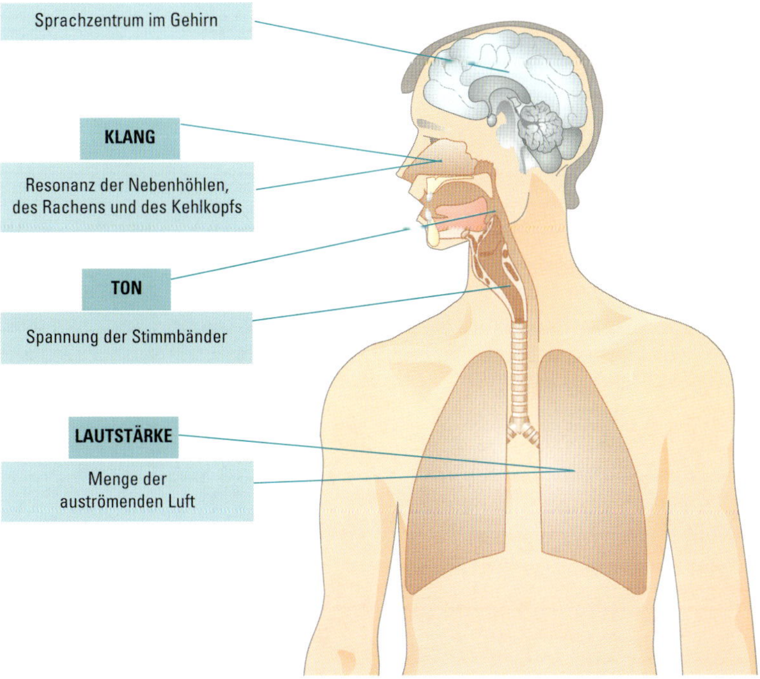

Der Geruchssinn

Im Inneren der Nasenhöhlen ist auch der Geruchssinn angesiedelt, also das Vermögen, Gerüche unserer Umwelt wahrzunehmen. Diese Fähigkeit ist für manche Lebewesen immens wichtig, beim Menschen jedoch vergleichsweise schwach ausgeprägt.

Der Geruchssinn wird im Abschnitt über die Sinnesorgane näher erläutert. Hier sei nur darauf hingewiesen, daß der Geruch im Naseninnern, in der sogenannten olfaktorischen Zone wahrgenommen wird, die in enger neuraler Verbindung mit höhergelegenen Nervenzentren steht.

Bewegungs- und Halteapparat

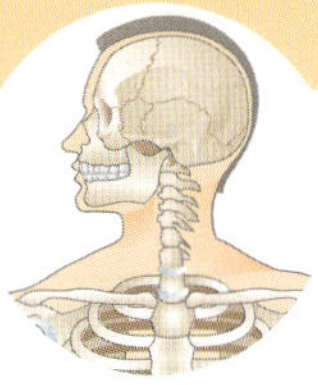

Das Skelett

Das Knochengerüst hat zusammen mit der Muskulatur die Aufgabe, den Körper zu stützen und ihm Form zu geben. Es ist seitengleich aufgebaut, das heißt, es ist links und rechts der von der Wirbelsäule gebildeten Längsachse symetrisch ausgebildet.

Das Grundelement des Skeletts ist der aus Knochengewebe bestehende Knochen. Das Knochengewebe ist ein besonderer Typ von Bindegewebe, das Stärke mit Elastizität verbindet. Dadurch erfüllt es seine Stützfunktion, kann aber auch wachsen und stellt die Beweglichkeit des Skeletts sicher. Durch das Mikroskop betrachtet stellt sich das Knochengewebe äußerst gefäßreich dar. Es wird von Zellen und außerzellulären, verknöcherten Elementen gebildet, was den Knochen ihre charakteristische Belastbarkeit verleiht.

Die für das Knochengewebe typischen Zellen sind die Osteoblasten und die Osteoklasten. Osteoblasten bilden die unverkalkte Interzellulärsubstanz, in die sie selbst allmählich eingeschlossen werden. Die Osteoklasten haben die Aufgabe, Knochensubstanz abzubauen und neu zu modellieren. Dabei wird immer das Gleichgewicht von Bildung und Abbau/Remodellierung der Knochens gewahrt.

Die Knochenarten

Das Skelett besteht aus etwa 200 einzelnen Knochen, die sich auf einen zentralen Bereich mit Schädel, Wirbelsäule, Brustbein und Rippen, und einen peripheren Bereich (Extremitätenknochen, Schulterblätter, Schlüsselbein und Beckenknochen) verteilen. Eine genauere Darstellung der Knochen des menschlichen Körpers befindet sich auf den Seiten 109 und 111.

Ihrer Struktur zufolge gibt es zwei verschiedene Knochenarten: kompakte Knochen aus konzentrischen Schichten von Knochengewebe, und schwammartige Knochen, die aus einem Netzwerk von Knochenbälkchen bestehen. Bei einem großen Knochen, wie dem Oberschenkelknochen, liegt der schwammartige Knochen an den beiden Enden (Epiphysen) und der kompakte Knochen im mittleren Teil, der Diaphyse. Nach ihrer äußeren Form sind die Knochen in große (Oberschenkelknochen), kurze (Wirbel) und platte (Schulterblätter) Knochen eingeteilt.

Verschiedene Knochenarten

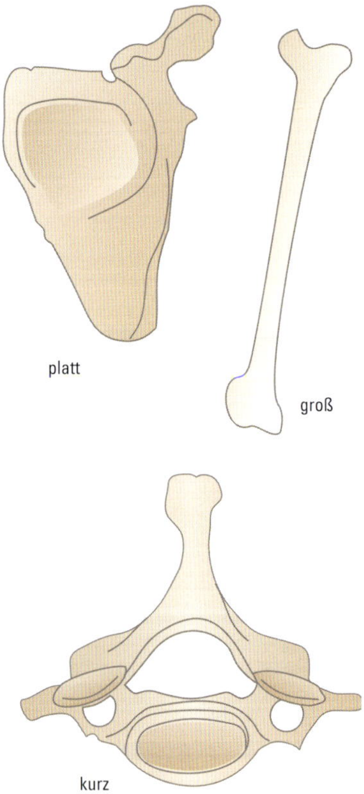

Vorderansicht des Skeletts

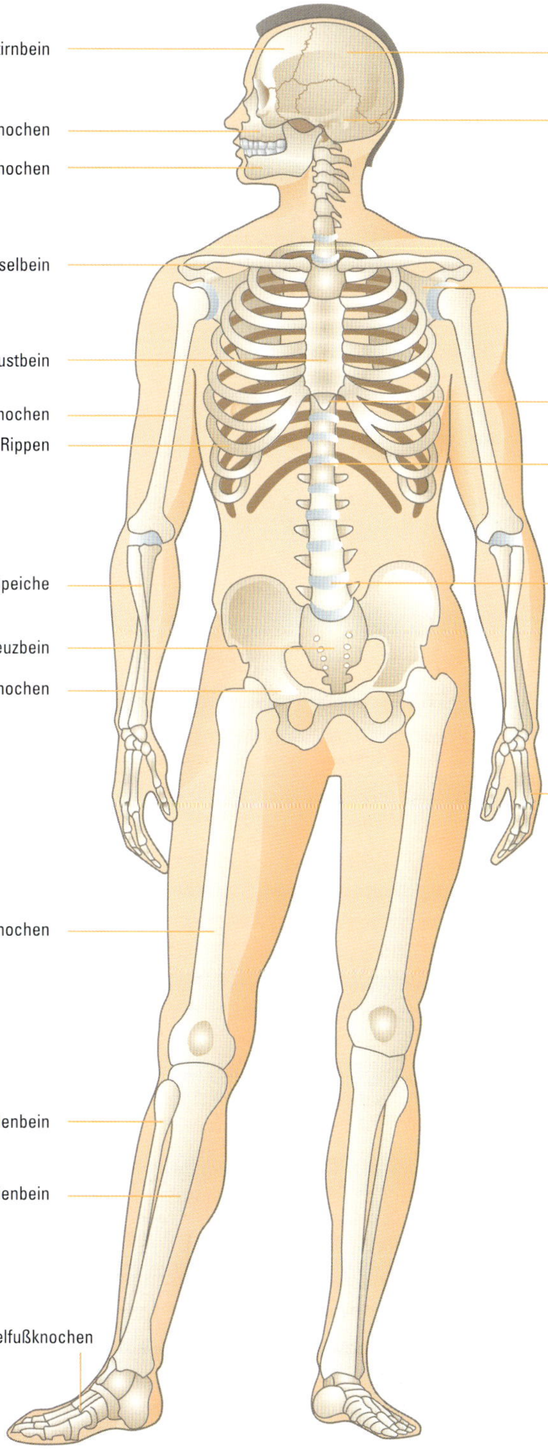

Die Gelenke

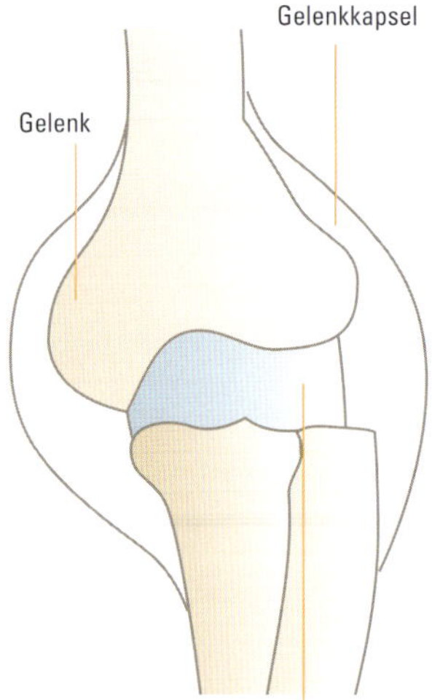

Die beweglichen Verbindungsstellen der einzelnen Skelettknochen heißen Gelenke. Sie erlauben je nach Struktur verschiedene Grade der Bewegung. Manche, so z. B. die Nähte der Schädelknochen, sind fast unbeweglich, andere, wie die Wirbelverbindungen, sind leicht beweglich, während wieder andere, etwa das Hüftgelenk, einen hohen Grad an Beweglichkeit besitzen.

Ein bewegliches Gelenk besteht in den meisten Fällen aus folgenden Elementen:

Gelenkknorpel – Spezielle Art des Knorpels an der Oberfläche des an der Bewegung beteiligten Knochenteils.

Synovialmembran – Sie überzieht das Innere des Gelenks, grenzt an den Gelenkknorpel an und bildet die Gelenkschmiere *(Synovia).*

Gelenkkapsel – Liegt außerhalb der Synovialmembran und besteht aus derbem Bindegewebe, das die Knochenoberflächen miteinander verbindet.

Bänder – Sie bestehen aus kräftigem Bindegewebe, die im Knochen verankert sind und zur Beweglichkeit beitragen. Sie liegen außerhalb der Gelenkkapsel und ermöglichen oder verhindern bestimmte Gelenkbewegungen. Zum Teil sind sie auch mit Muskeln verbunden.

Neben diesen Elementen besitzen manche Gelenke noch besondere Teile, wie zum Beispiel die Meniskusscheiben. Das sind Bindegewebepolster, die zwischen den Gelenkflächen liegen und das Zusammenspiel ungleichmäßiger Oberflächen verbessern. Beispiele sind das Knie- und das Kiefergelenk.

Die Knorpel

Knorpel bestehen aus weißlichem, harten Material. Sie sind reich an kollagenhaltigen und elastischen Fasern und sehr flexibel. Aus ihnen werden Skelettstrukturen gebildet, die beweglicher sein müssen als die Knochen. Je nach ihrem Anteil kollagener und elastischer Fasern unterscheidet man hyaline Knorpel (z. B. Nasenscheidewand, Gelenkkapsel), elastische Knorpel (z. B. Ohrmuschel) und Faser- oder Bindegewebs-Knorpel (z. B. Bandscheiben).

Rückansicht des Skeletts

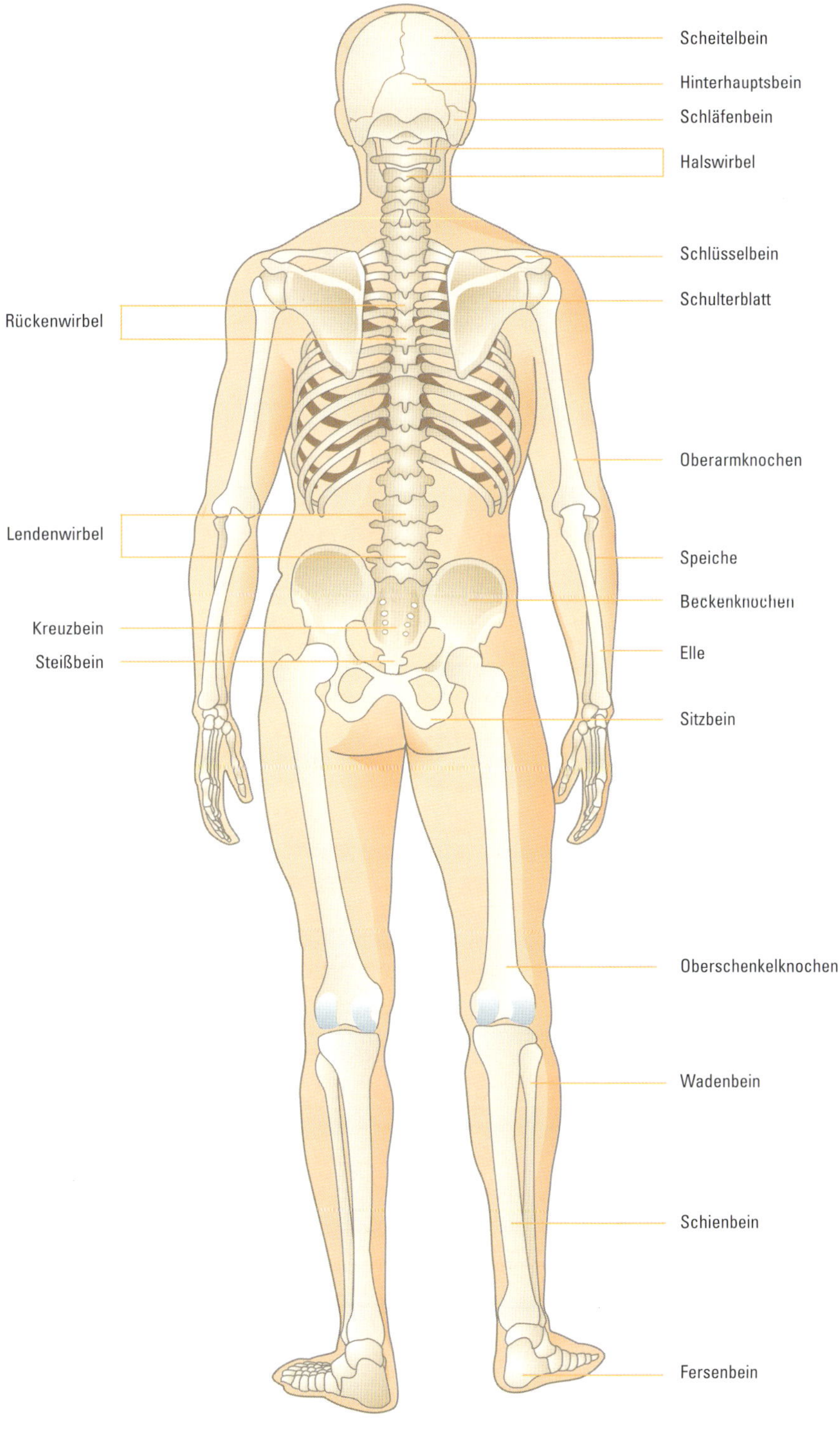

Die Muskulatur

Die Muskeln befinden sich unter der Haut und sind mit dem Skelett verbunden. Es gibt mehr als 600 Muskeln, deren Aufgabe darin besteht, durch Zusammenziehen und Erschlaffen Bewegung zu erzeugen. So ist z. B. der große Lendenmuskel, der von der Wirbelsäule zur Innenseite des Oberschenkels führt, zur Beugung des Oberschenkels notwendig. Viele Muskeln sind in Paaren als Protagonist und Antagonist angelegt, d. h. der eine Muskel erschlafft, wenn der andere sich zusammenzieht. Sie sind durch sehr feste Bindegewebsbänder, den Sehnen, an den Knochen befestigt. Die Darstellungen auf den Seiten 113 und 115 vermitteln einen genaueren Überblick der Muskeln des menschlichen Körpers.

Die häufigsten Muskeln sind die Skelettmuskeln, wobei es aber auch Gewebemuskeln – die viszeralen Muskeln – in den Wänden der Blutgefäße und im Verdauungstrakt, der Gebärmutter und der Harnblase gibt. Schließlich befindet sich auch am Herz Muskelgewebe, wo es Herzmuskel oder Myokard genannt wird.

Die über 600 Muskeln des menschlichen Körpers sind durch Sehnen mit den Knochen verbunden und bilden meist gegenüberliegende Muskelgruppen, die bei einer Bewegung zusammenarbeiten.

Querschnitt einer Arterie mit Darstellung der Muskelschicht aus glatten Fasern

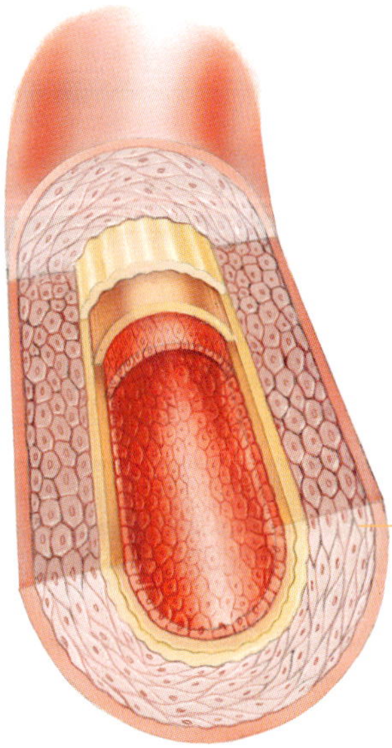

Die an den Knochen befestigten Muskeln heißen Skelettmuskeln, es gibt aber auch viszerale Muskeln in den Wänden der Blutgefäße, des Herzens, der Gebärmutter und anderer Organe.

Vorderansicht der Muskulatur

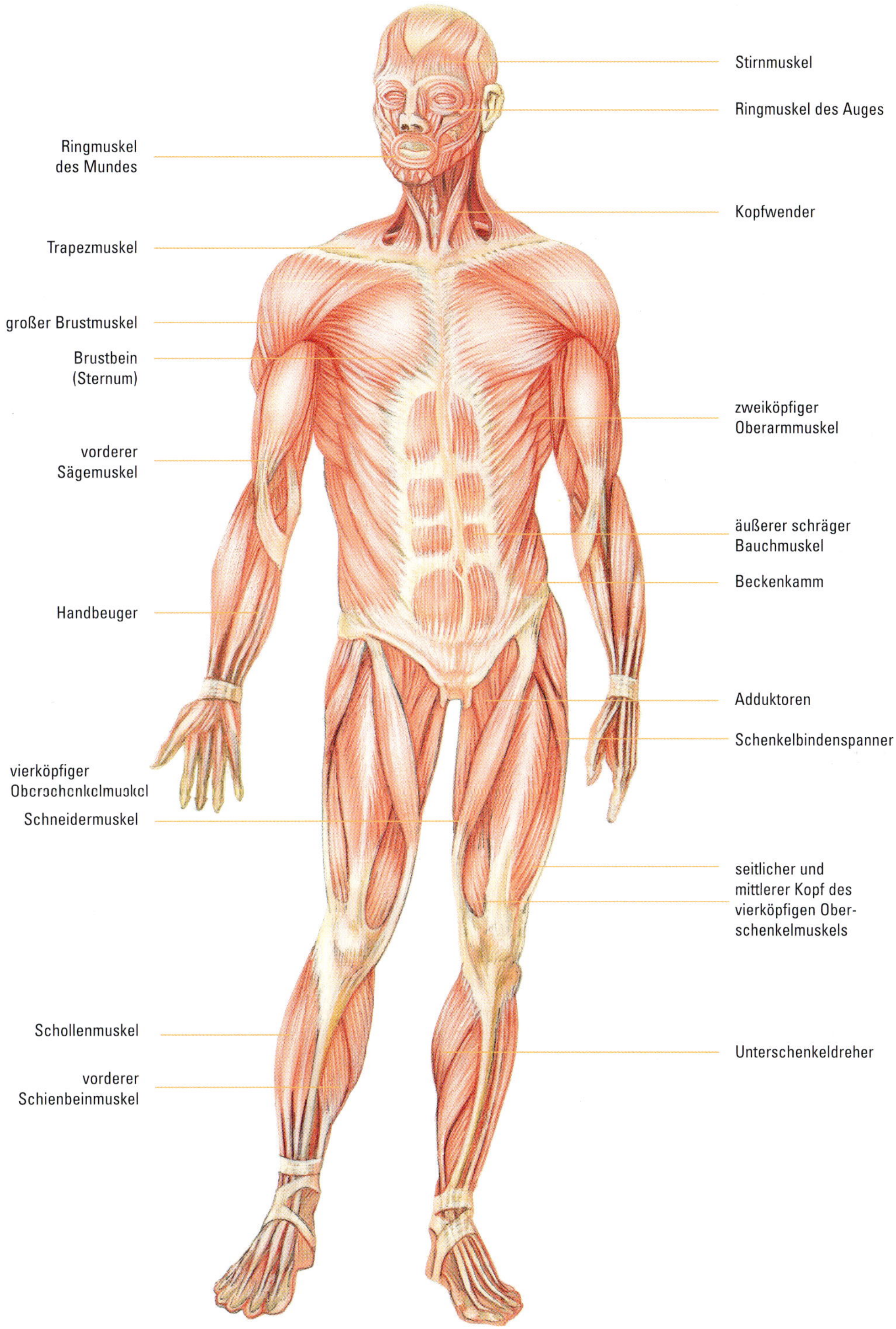

Die Muskelarten

Die Muskeln werden ihrer Form nach in verschiedene Arten eingeteilt: in spindelförmige mit einem oder mehreren Köpfen (Verbindungen zum Knochen), quadratische, dreieckige Muskeln usw.

Sie werden auch nach der Art ihrer jeweiligen Muskelfasern benannt: quergestreifte, schräggestreifte und spiralförmig gestreifte Muskeln.

Wenn wir den inneren Muskelaufbau betrachten, sind quergestreifte und glatte Muskulatur zu unterscheiden. Die quergestreifte Muskulatur kommt besonders als Skelettmuskulatur vor. Sie ist nach der Querstreifung benannt, die durch dunkle und helle Bänder der Myofibrillen entsteht. Die glatte Muskulatur befindet sich in den Hohlorganen, die Anordnung ihrer Myofibrillen sieht glatt aus.

Die quergestreiften Skelettmuskeln sind *willkürliche* Muskeln, also dem Willen unterworfen, während der Herzmuskel und die glatten Muskeln *unwillkürliche* Muskeln sind, da sie sich nicht willentlich bewegen lassen.

Die Kontraktion des Herzmuskels nimmt eine Sonderstellung ein. Sie wird durch unwillkürliche elektrische Impulse spezieller Nervenzellen ausgelöst. Diese Zellen liegen im Herzen selbst, etwa im Sinusknoten und im Muskelgewebe.

Die Muskelkontraktion

Die Skelettmuskeln bestehen aus dicht zusammengedrängten, länglichen Zellgruppen, den sogenannten Myozyten oder Muskelfibrillen. Mehrere Stränge dieser Fibrillen bilden die Muskelfaszikel, diese wiederum den ganzen Muskel. Die Muskelfasern bestehen aus vielen kleinen Fasern, den Myofibrillen. Jede Myofibrille setzt sich aus vielen, breiteren und dünneren, kontraktilen (zusammenziehbaren) Myofilamenten zusammen, die überwiegend aus den zwei Proteinen Myosin und Aktin bestehen.

Bei der Muskelkontraktion gleiten die breiten Myofibrillen über die dünnen, wodurch sich der gesamte Muskel verkürzt. Die Interaktion zwischen Aktin und Myosin löst den Kontraktionsreiz aus. Der Befehl zur Kontraktion geht vom Gehirn aus.

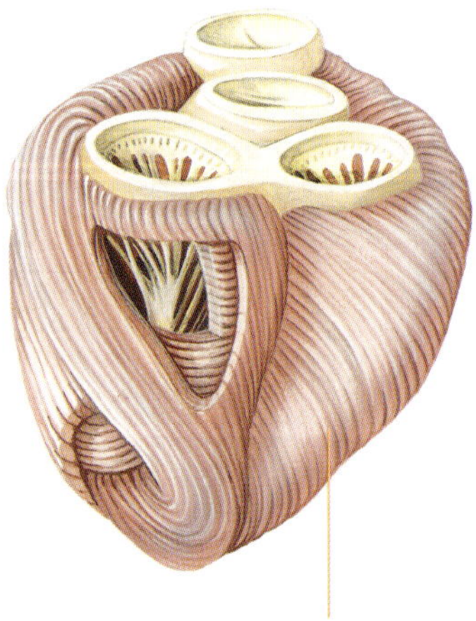

Darstellung des Herzmuskels

Rückansicht der Muskulatur

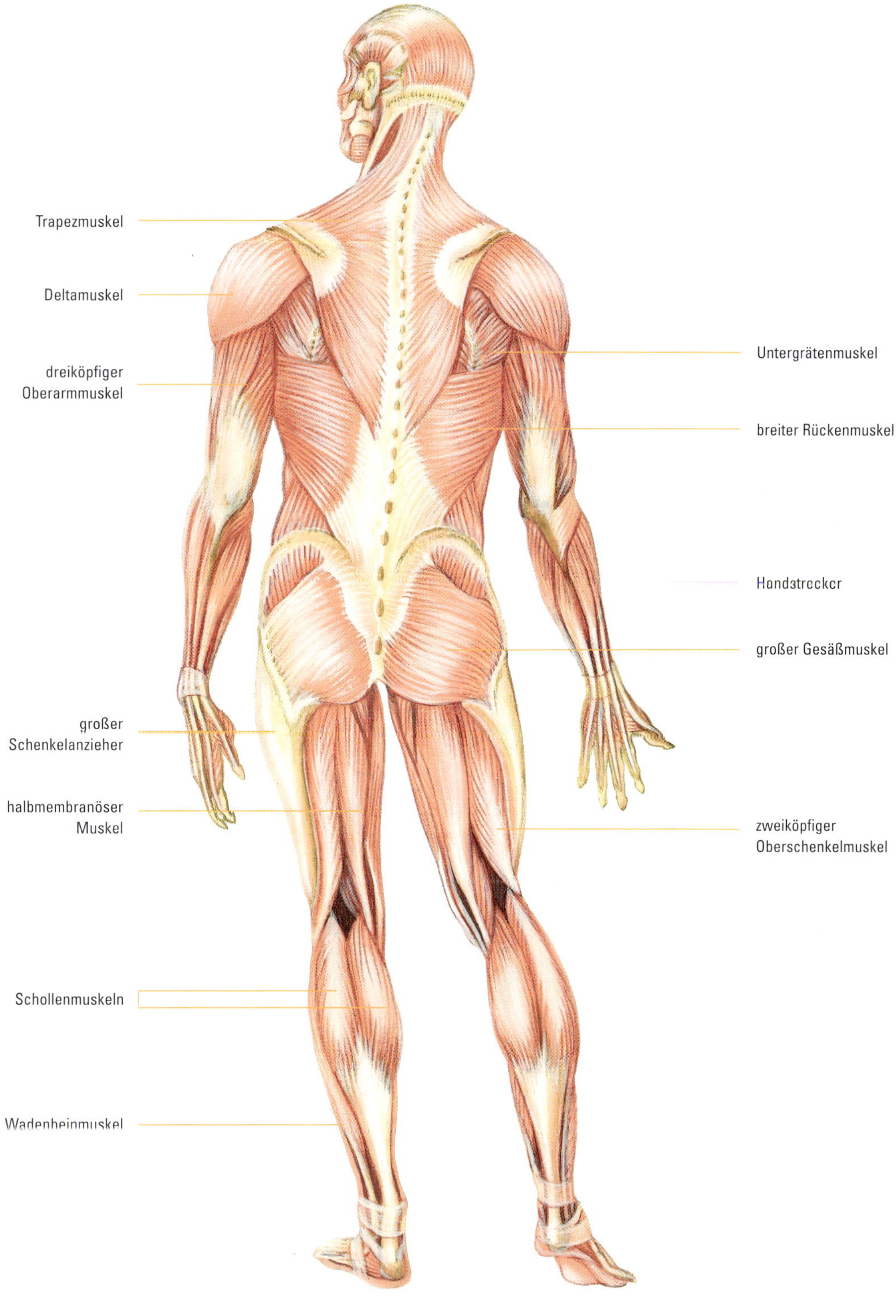

Fortpflanzungs-apparat

An der Fortpflanzung sind jeweils ein weiblicher und ein männlicher Mensch mit spezifischen Fortpflanzungsorganen beteiligt. Beide Geschlechter produzieren Keimzellen, aus deren Verbindung ein neuer Mensch hervorgehen kann. Sämtliche an diesem Vorgang beteiligten Organe gehören zum Fortpflanzungsapparat.

Der männliche Fortpflanzungsapparat

Die wichtigsten Organe des männlichen Fortpflanzungsapparates sind der Penis und die Hoden. Der Penis ist röhrenförmig und besteht aus drei Teilen: Peniswurzel, Penisschaft und Eichel. Im Schaftinnern befinden sich die Schwellkörper und die Schwammkörper, die sich bei der Erektion mit Blut füllen. Der Penis wird von der Harnröhre durchzogen, die sowohl den Urin aus der Harnblase, als auch den Samen aus den Samensträngen ableitet. Die Eichel ist der empfindlichste Teil des Penis. In ihrem Zentrum befindet sich die Harnröhrenöffnung. Im Sinne der Fortpflanzung dient der Penis vor allem zur Übertragung des Spermas in die Scheide der Frau beim Geschlechtsakt.

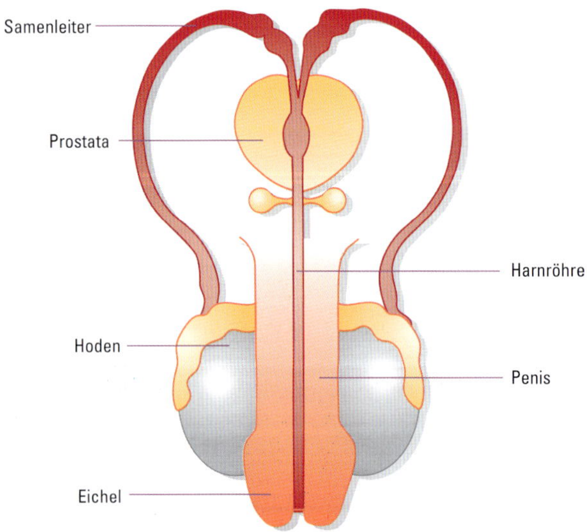

Spermium

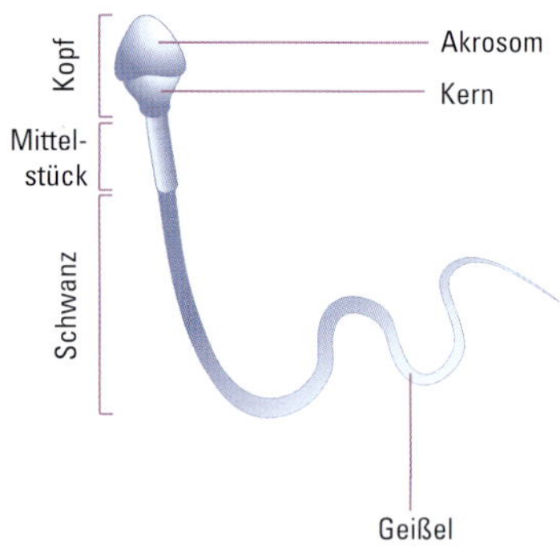

Die Hoden sind paarweise angeordnete Drüsen, in denen die Spermien und Sexualhormone des Mannes gebildet werden.

Anatomie

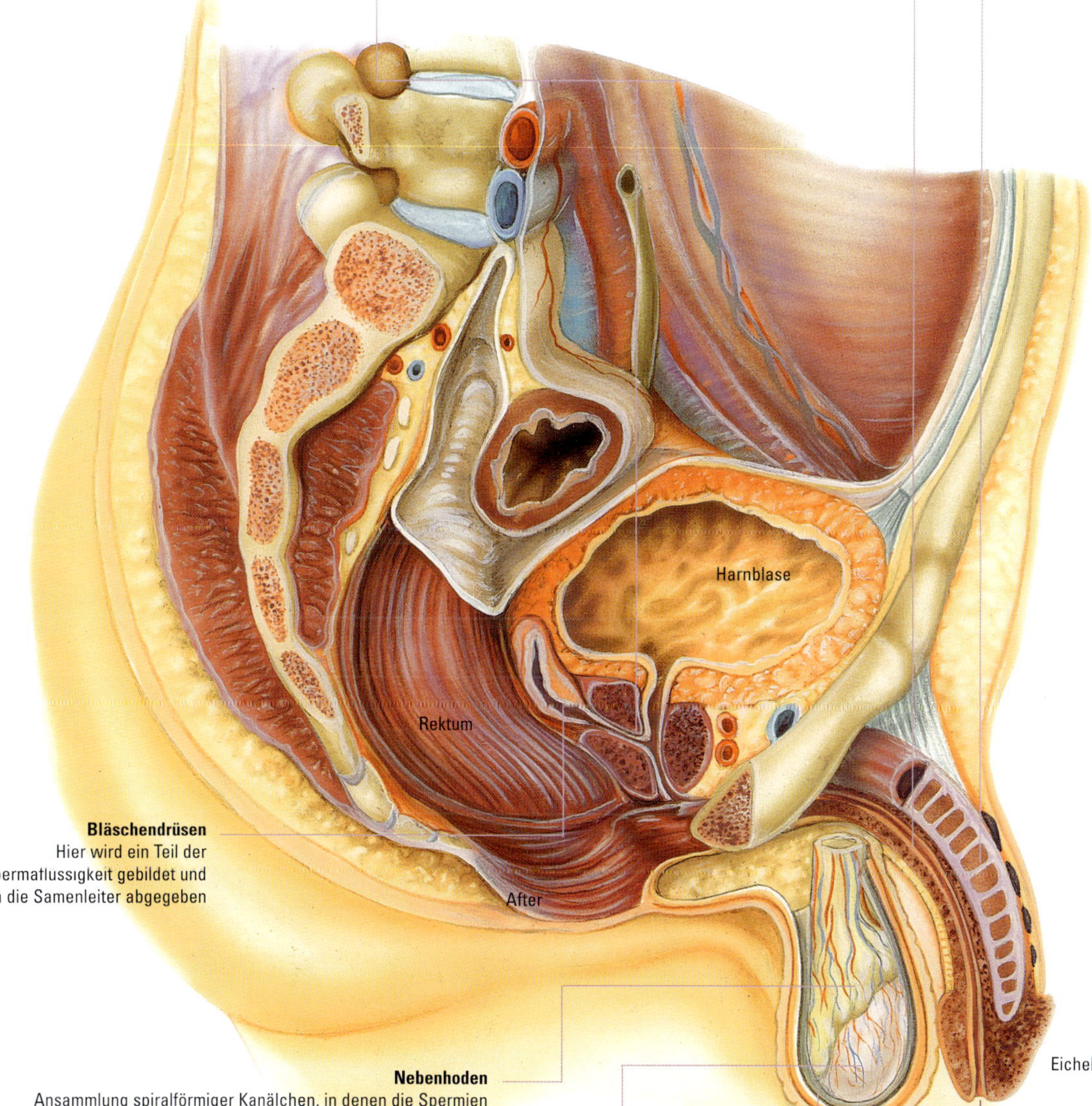
Vorsteherdrüse (Prostata)
Sie umschließt den Beginn der Harnröhre und wird von den Samenleitern durchquert. Hier wird unter anderem ein Sekret produziert, das Teil der Spermaflüssigkeit ist und die Fortbewegung der Spermien in der weiblichen Scheide unterstützt.
Schwellkörper
Schwammartiges Gewebe, das sich bei einer Erektion mit Blut füllt und so den Penis vergrößert und versteift.
Harnröhre
Kanal für Urin und Sperma durch den Penis nach außen.
Harnblase
Rektum
Bläschendrüsen
Hier wird ein Teil der Spermaflüssigkeit gebildet und in die Samenleiter abgegeben
After
Eichel
Harnröhrenöffnung
Nebenhoden
Ansammlung spiralförmiger Kanälchen, in denen die Spermien reifen und bis zur Ejakulation deponiert bleiben. Sie sind durch die Samenleiter mit den Samenbläschen verbunden.
Hoden
Eiförmige Drüsen, in denen die Spermien und männliche Sexualhormone gebildet werden
Hodensack (Skrotum)
Hautsack mit Hoden und Nebenhoden

Die Funktion der Hoden

Die Hoden produzieren Spermien und männliche Sexualhormone. Diese Hormone regeln sowohl die geschlechtliche Entwicklung des Mannes als auch die Spermaproduktion.

Die Hoden bestehen zum einen aus einem Bindegewebe mit den Leydig-Zwischenzellen, in denen die Sexualhormone produziert werden, zum anderen aus einem System von Kanälchen, die den Samen herstellen und transportieren. Die Hoden sind also, wie die weiblichen Eierstöcke, Organe des Hormon- und des Fortpflanzungssystems.

Die Hormonproduktion (endokrine Funktion)

Die endokrine Funktion der Hoden besteht in der Produktion männlicher Sexualhormone, wobei die Leydig-Zwischenzellen, die ihrerseits vom Hypothalamus und der Hirnanhangdrüse beeinflußt werden, eine wichtige Rolle spielen.

Die Leyding-Zwischenzellen machen nur ein bis zehn Prozent des Gesamtvolumens der Hoden aus. Sie haben eine vieleckige Form und sind in Gruppen zwischen den Hodenkanälchen verteilt. Ihre Aufgabe besteht in der Ausschüttung männlicher, d. h. androgener Sexualhormone, insbesondere von Testosteron. Sie produzieren allerdings auch geringe Mengen des weiblichen Sexualhormons Östrogen. Die Hormone werden ausgeschüttet und lösen unterschiedliche Reaktionen aus, wie etwa die männliche Ausprägung des Körpers in der Pubertät, das Wachstum der Körperbehaarung, die Muskelentwicklung usw. Sie regulieren auch die Spermaproduktion.

Die Spermaproduktion (exokrine Funktion)

Die Hoden bestehen aus rund 250 bindegewebigen Läppchen, die im sogenannten Haller-Netz oder Hodennetz liegen. Jedes Läppchen umfaßt ein bis vier stark gewundene Kanälchen von etwa 60 cm Länge. In diesen Kanälchen findet die Spermaproduktion statt.

Die Spermaproduktion verläuft in drei Phasen: Bei der Zellteilung vermehren sich die Stammzellen *(Spermatoginien)*, um sich während der Reifungsphase zu Spermatozyten und später zu Spermatiden zu entwickeln. In der Differenzierungsphase entstehen daraus schließlich die Spermien.

Bei der Entwicklung der Spermien spielen die Sertolini-Zellen und die Hormone Testosteron und FSH eine wesentliche Rolle.

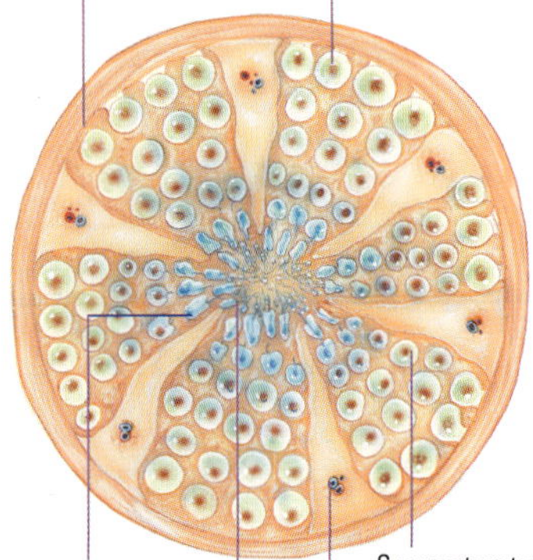

Querschnitt durch ein Hodenkanälchen

Die Hoden befinden sich auf der linken und rechten Seite des Penis im Hodensack und produzieren Spermien und Sexualhormone. Die in den Hoden produzierten Spermien gelangen in die Nebenhoden, die ebenfalls im Hodensack liegen.

Hormonelle Steuerung der Hodenfunktion über das Gehirn – ein Regelkreis der Sexualhormone im Blut

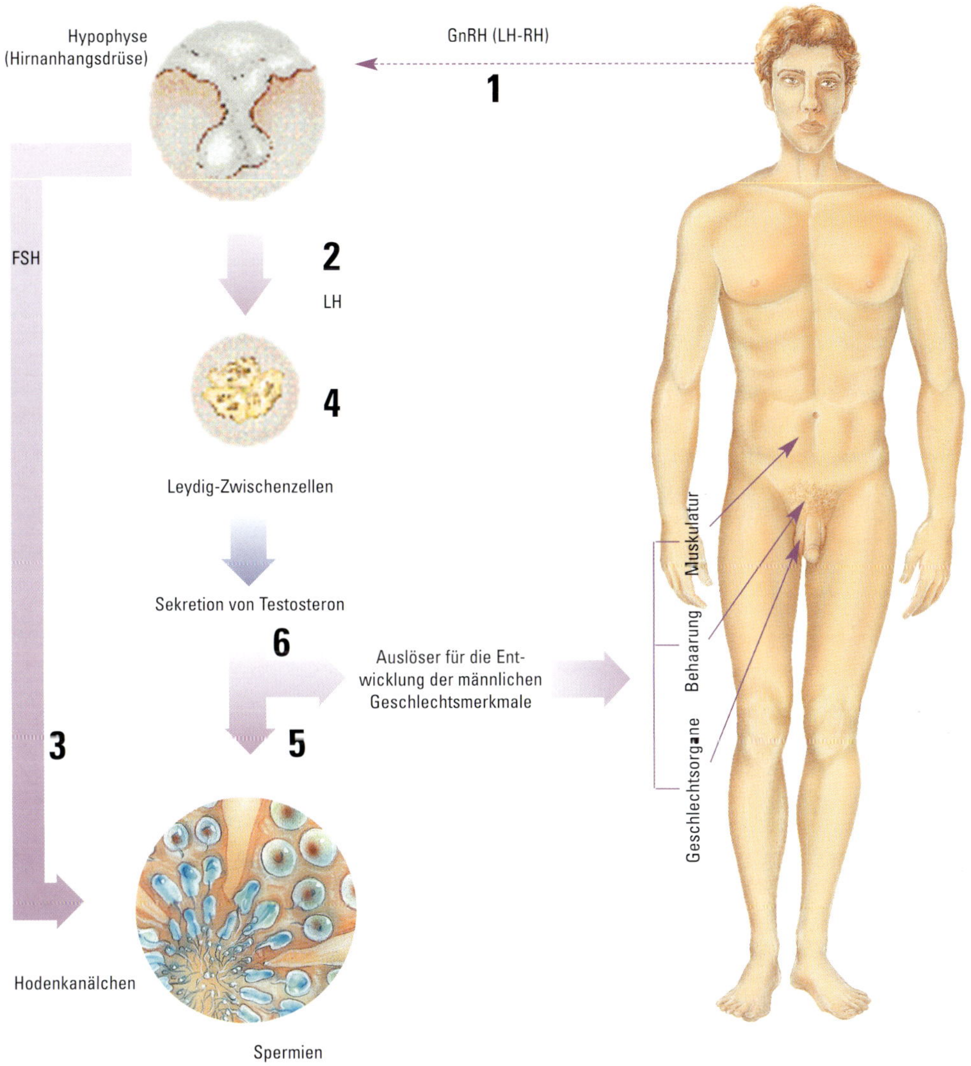

1. Der Hypothalmus setzt das Hormon LH-RH (Luteinisierendes Hormon-Releasing-Hormon) frei, das auch GnRH (Gonadotropin-Releasing-Hormon) genannt wird.

2. Das LH-RH stimuliert die Hypophyse zur Freisetzung der Gonadotropine LH (Luteinisierendes Hormon) und FSH (Follikelstimulierendes Hormon).

3. FSH wirkt auf die Sertoli-Zellen, die ein androgenbindendes Protein (ABP) freisetzen.

4. LH stimuliert in den Leydig-Zwischenzellen des Hodens zur Testosteronsynthese.

5. Für eine intakte Spermatogenese ist eine ausreichende Konzentration an FSH, LH und Testosteron Voraussetzung. Das im Blut zirkulierende Testosteron bewirkt die Entwicklung der sekundären Geschlechtsmerkmale des Mannes (männliche Körperbehaarung, Muskeln, äußere Genitalien usw.).

6. Vom Hoden werden Rückkopplungssignale abgegeben, die die Konzentration der Gonadotropine regeln, wobei ein Testosteronanstieg die LH-Sekretion hemmt und das Inhibin die FSH-Sekretion verhindert.

Fortpflanzungsapparat

Der weibliche Fortpflanzungsapparat

Der weibliche Fortpflanzungsapparat ist aufgeteilt in äußere Organe, wie die Schamlippen, und in innere Organe, wie Scheide *(Vagina)*, Gebärmutter *(Uterus)* und Eierstöcke *(Ovarien)*.

Die äußeren weiblichen Sexualorgane werden zusammenfassend Vulva genannt. Sie besteht aus den Schamlippen, dem Scheidenvorhof und der Klitoris.

Scheide, Gebärmutter, Eileiter und Eierstöcke bilden die inneren weiblichen Geschlechtsorgane.

Die Scheide ist ein röhrenförmiges Organ, das Vulva und Gebärmutter verbindet. Beim Geschlechtsakt nimmt sie den Penis auf, bei der Geburt dient sie als Geburtskanal.

Die Gebärmutter ist ein Hohlorgan aus glatter Muskulatur, das aus Gebärmutterkörper und einem zylindrischen Teil, dem Gebärmutterhals besteht, der in die Scheide ragt. Der Gebärmutterhals spielt bei der Befruchtung eine entscheidende Rolle.

Die Eizelle

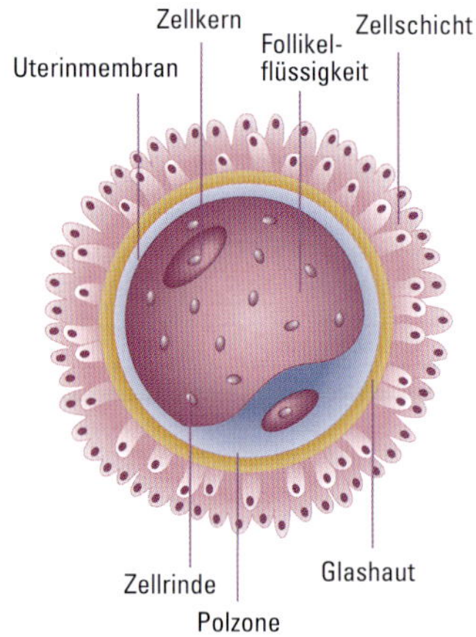

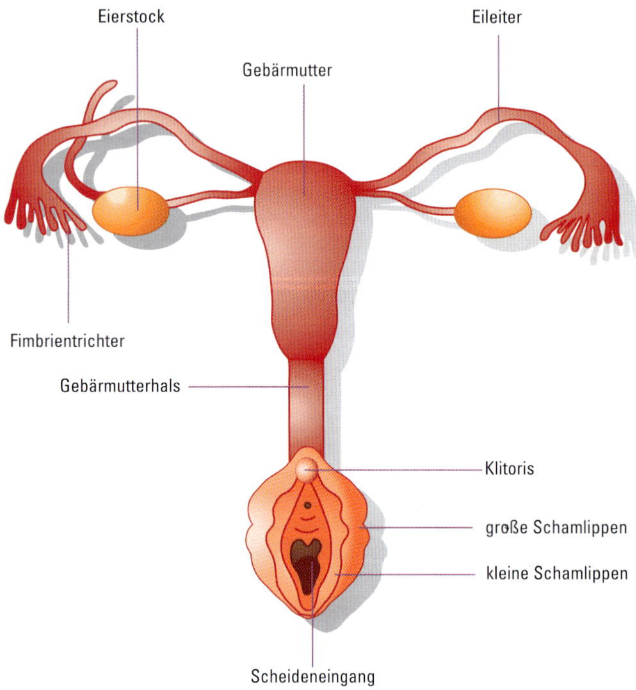

Die Eileiter sind etwa zwölf Zentimeter lange Röhren an beiden Seiten der Gebärmutter, die von den Eierstöcken zum oberen Ende der Gebärmutter führen. Hier treffen Ei und Spermium aufeinander und das befruchtete Ei wandert durch den Eileiter in die Gebärmutter.

Die Eierstöcke sind paarige Organe und über Aufhängebänder am breiten Mutterband befestigt. Sie liegen links und rechts der Gebärmutter. Ihre Hauptaufgabe besteht in der Eiproduktion und Hormonausschüttung.

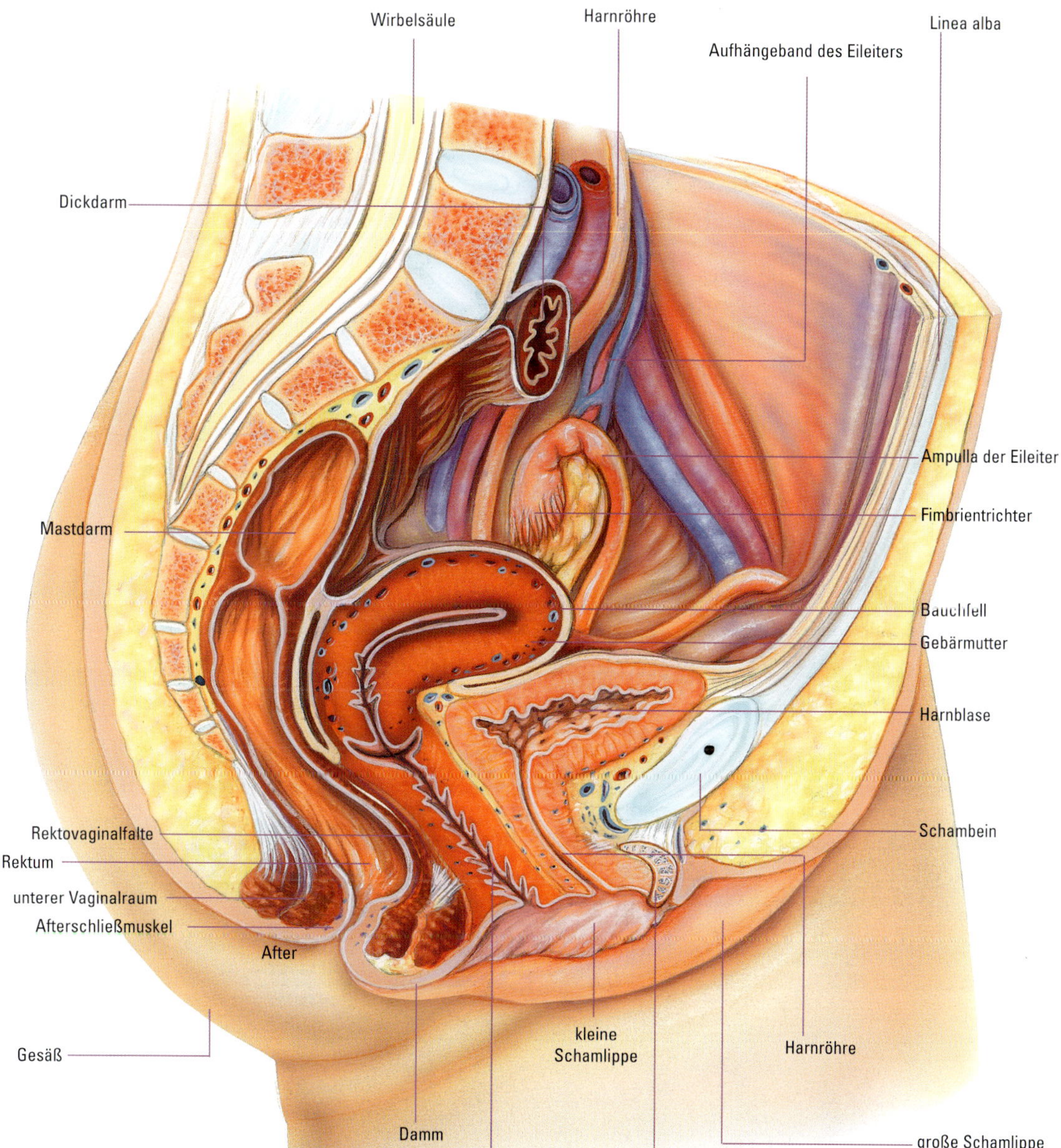

Scheide (Vagina)
Röhrenähnlicher Kanal aus Muskelgewebe, der Vulva und Gebärmutter verbindet. Ihr innerer Teil paßt sich an den Gebärmutterhals an und überkleidet ihn mit Schleimhaut, wodurch das vordere und das hintere Scheidengewölbe gebildet werden. Sie liegt zwischen Harnblase und Rektum. Beim Geschlechtsverkehr nimmt die Scheide den Penis auf.

Klitoris
Kleines erektionsfähiges Sexualorgan am oberen Ende der Vulva. Sie dient der sexuellen Erregung und trägt zum Orgasmus bei. Sie besteht aus Schwellkörpergewebe und birgt viele Nervenenden, wodurch sie in etwa mit der Eiches des Penis vergleichbar ist.

Funktion der weiblichen Geschlechtsorgane

Der Menstruationszyklus wird durch das Zusammenspiel zweier Hormone aus der Hypophyse (dem follikelstimulierenden Hormon FSH und dem luteinisierenden Hormon LH) mit den weiblichen Sexualhormonen Östrogen und Progesteron gesteuert. Diese Hormone wirken mit bei der Reifung der Eizelle, beim Eisprung, beim Aufbau der Gebärmutterschleimhaut und ihrer Abstoßung, wenn es nicht zur Befruchtung einer Eizelle gekommen ist. Der erste Tag der Menstruation entspricht dem ersten Tag des Menstruationszyklus.

Der Menstruationszyklus dauert in der Regel etwa 28 Tage. Der erste Tag des Zyklus wird durch das Einsetzen der Menstruationsblutung markiert. Der Eisprung (Ovulation) findet etwa am 14. Tag statt.

Unter dem Einfluß der Hormone FSH und LH kommt es zur Entstehung und Entwicklung eines Follikels, das im Inneren die Eizelle enthält. Während seines Wachstums produziert dieses Follikel in den ersten zwei Zykluswochen zunehmend Östrogene. Kurz vor dem Eisprung erreicht der Östrogenspiegel sein höchstes Niveau: das begünstigt die Reifung der Eizelle und ihre Ausstoßung, wozu es in der Mitte des Zyklus, gewöhnlich etwa am 14. Tag, kommt.

Das wichtigste Hormon in der zweiten Zyklushälfte ist Progesteron, das vom Rest des Follikels (dem Gelbkörper oder *Corpus luteum*) abgegeben wird, nachdem die Eizelle ausgestoßen wurde.

Durch die Verringerung von Progesteron und Östrogen durch den Gelbkörperrückgang verliert das Endometrium, die Schleimhaut der Gebärmutterinnenwand, ihre hormonelle Stimulation. Folglich verengen sich die Blutgefäße in der Gebärmutter, wodurch das Gewebe von der Sauerstoff- und Nährstoffzufuhr abgeschnitten wird.

Ohne diese vitale Zufuhr löst sich das Schleimhautgewebe an der Gebärmutterinnenwand wieder ab, was dem Beginn der Menstruation entspricht und den ersten Tag des Zyklus markiert, der normalerweise etwa 28 Tage dauert.

Dieser Rhythmus wird unterbrochen, wenn die Eizelle durch eine Samenzelle *(Spermatozoon)* befruchtet wurde. In diesem Fall sinkt der Hormonspiegel nicht ab, denn Teile der befruchteten Eizelle erhalten ihn aufrecht, bis sie von der neugebildeten Plazenta bei der Hormonabgabe abgelöst werden.

Hormone haben also einen großen Einfluß auf den Menstruationszyklus. Die Östrogene sind jedoch auch für Veränderungen der äußeren und inneren Geschlechtsorgane verantwortlich, wie die Entwicklung der kleinen Schamlippen während der Pubertät, das Wachstum der Gebärmutter und die Entwicklung der weiblichen Brust.

Der hormonelle Einfluß auf die Funktion der weiblichen Geschlechtsorgane

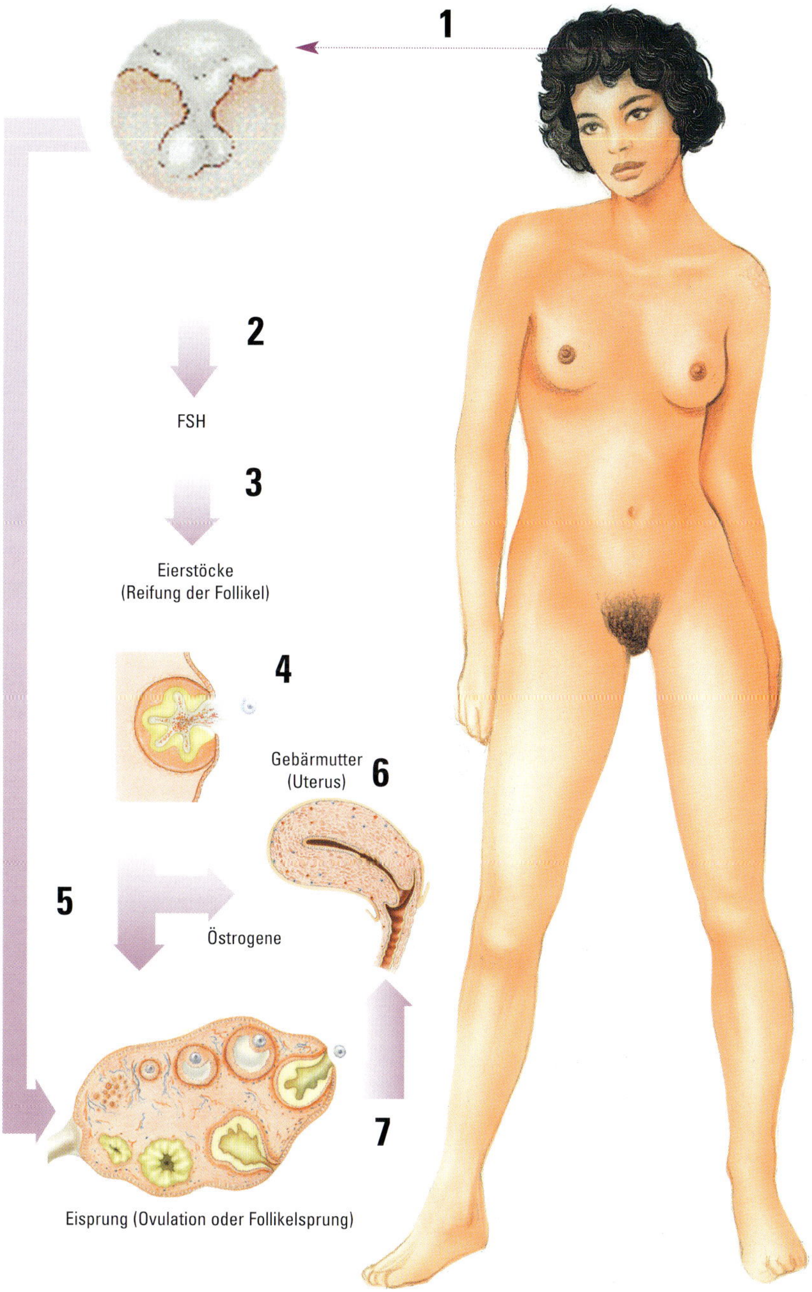

1. Der Östrogenanteil im Blut wirkt stimulierend oder bremsend auf die Abgabe von FSH oder LH.

2. Synthese und Abgabe von FSH und LH finden in der Hypophyse statt.

3. FSH wirkt stimulierend auf die Reifung der Follikel.

4. Die Reifung der Follikel führt zusammen mit der Abgabe der maximalen Konzentration von LH zum Eisprung (Ovulation)

5. Die Reifung der Follikel erhöht die Abgabe von Östrogenen.

6. Die Abgabe von Östrogenen stimuliert das Wachstum der Gebärmutterschleimhaut (Endometrium).

7. Falls es nicht zur Befruchtung gekommen ist, löst der jähe Östrogenabfall nach dem Eispung (Ovulation) die Menstruation aus.

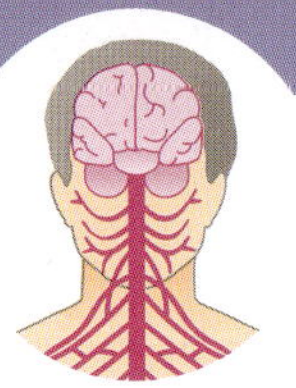

Nervensystem

Das Nervensystem ist das zentrale Steuerungssystem des menschlichen Körpers. Ein weiteres System, das bei der Steuerung anderer Organe mitwirkt, ist das endokrine System. Während im endokrinen System die Hormone als Boten fungieren, wirken im Nervensystem elektrische Impulse, die wesentlich schneller sind.

Das Nervensystem besteht aus dem Zentralnervensystem (ZNS) und dem peripheren Nervensystem (PNS).

Zentralnervensystem

Zum Zentralnervensystem gehören Gehirn und Rückenmark. Das Gehirn ist das zentrale „Organ“ der bewußten und unbewußten Verarbeitung der auf den menschlichen Körper einwirkenden Reize, des Denkens und Fühlens, des zielgerichteten Tuns, des Lernens und der Erinnerung.

Peripheres Nervensystem

Es umfaßt das gesamte Nervengewebe, das sich außerhalb des zentralen Nervensystems befindet, und besteht im wesentlichen aus peripheren Nerven, die Muskeln und Organe durchziehen.

Das Nervengewebe besteht aus einem komplizierten Netz hochspezialisierter Zellen, den sogenannten Neuronen. Sie befinden sich im Inneren eines Stützgewebes, das bisweilen als Bindegewebe des Nervensystems wirkt. Die typischen Stützzellen des Gehirns werden Glia bzw. Neuroglia genannt und bestehen hauptsächlich aus Astrozyten und Oligodendroglia-Zellen.

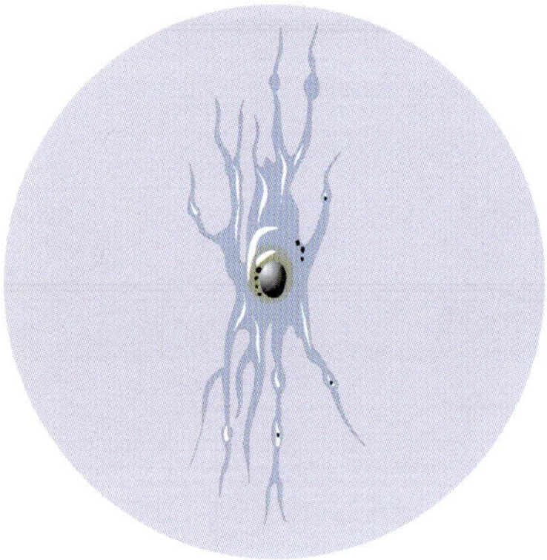

Abb. 1

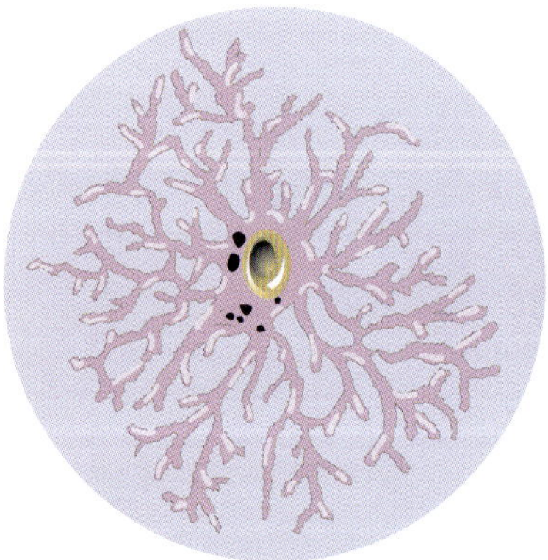

Abb. 2

Hier sind zwei Stützzellen abgebildet: Oligodendroglia-Zelle (Abb. 1) und Astrozyt (Abb. 2).

Aufbau des Nervensystems

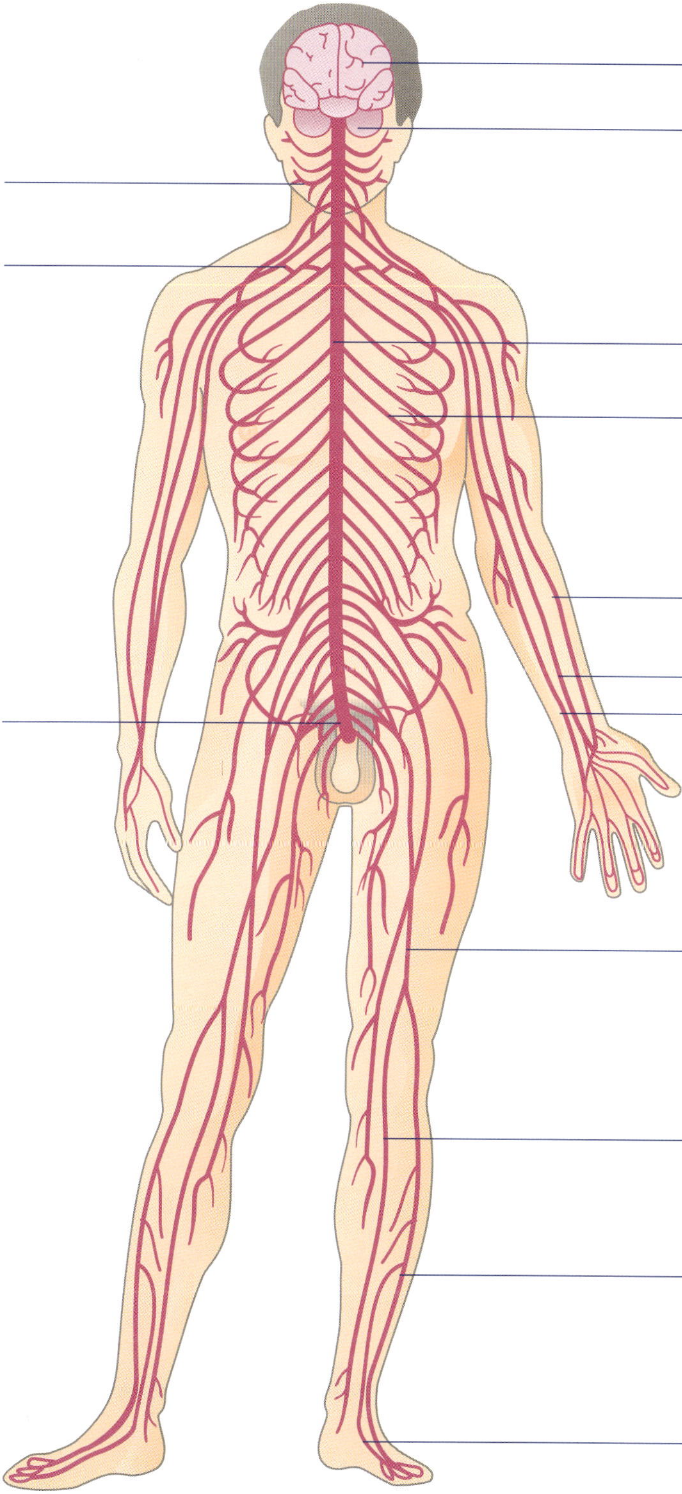

Neuronen

Die strukturelle Einheit des Nervensystems sind die einzelne Nervenzellen, die Neuronen. Obwohl sich die verschiedenen Neuronen in Form und Größe stark unterscheiden, ist allen dieselbe Grundstruktur gemeinsam: der Zellkörper, der den von Zytoplasma umgebenen Zellkern enthält; das Axon, eine Verlängerung, die vom Zellkörper ausgeht, verschieden lang sein kann und in kleinen Vorsprüngen endet; Dendriten, stark verzweigte Nervenfortsätze, die vom Zellkörper ausgehen und den Kontakt zu anderen Neuronen herstellen.

Die Enden des Axons stellen über die Synapse *(siehe Seite 127)* die Verbindung zu anderen Neuronen her. Die Synapse bildet jedoch keinen direkten Kontakt zwischen den beiden Zellen, sondern es besteht ein Zwischenraum, die sogenannte synaptische Spalte. Der Nervenimpuls wird durch Neurotransmitter (Überträgerstoffe, die an Nervenendigungen freigesetzt werden) übermittelt.

Neuronenarten

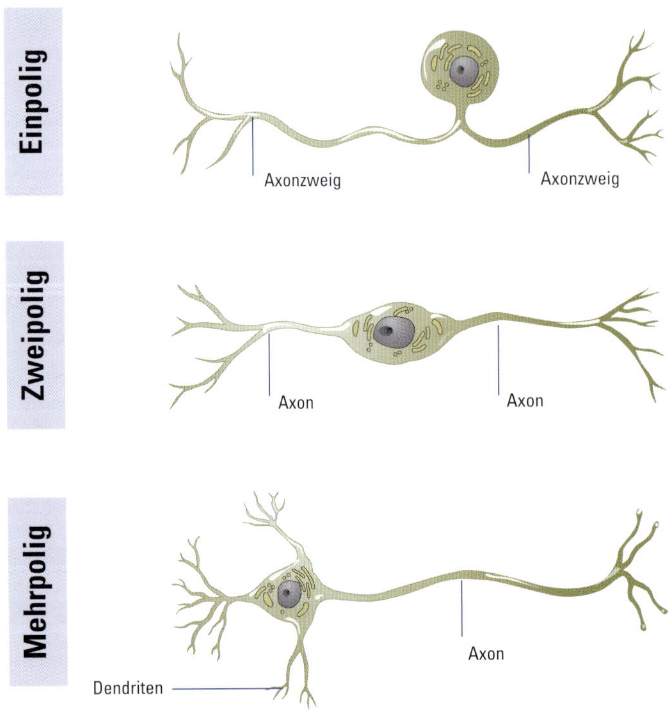

Man unterscheidet drei Neuronen-Grundtypen: einpolige, bei denen sich das Axon in zwei Zweige aufteilt, die einen gemeinsamen Ausgangspunkt haben; zweipolige, bei denen zwei Axone an verschiedenen Punkten des Neuronenkörpers entstehen; und mehrpolige, bei denen sich am Neuronenkörper ein Axon und viele Dendriten bilden.

Synapse

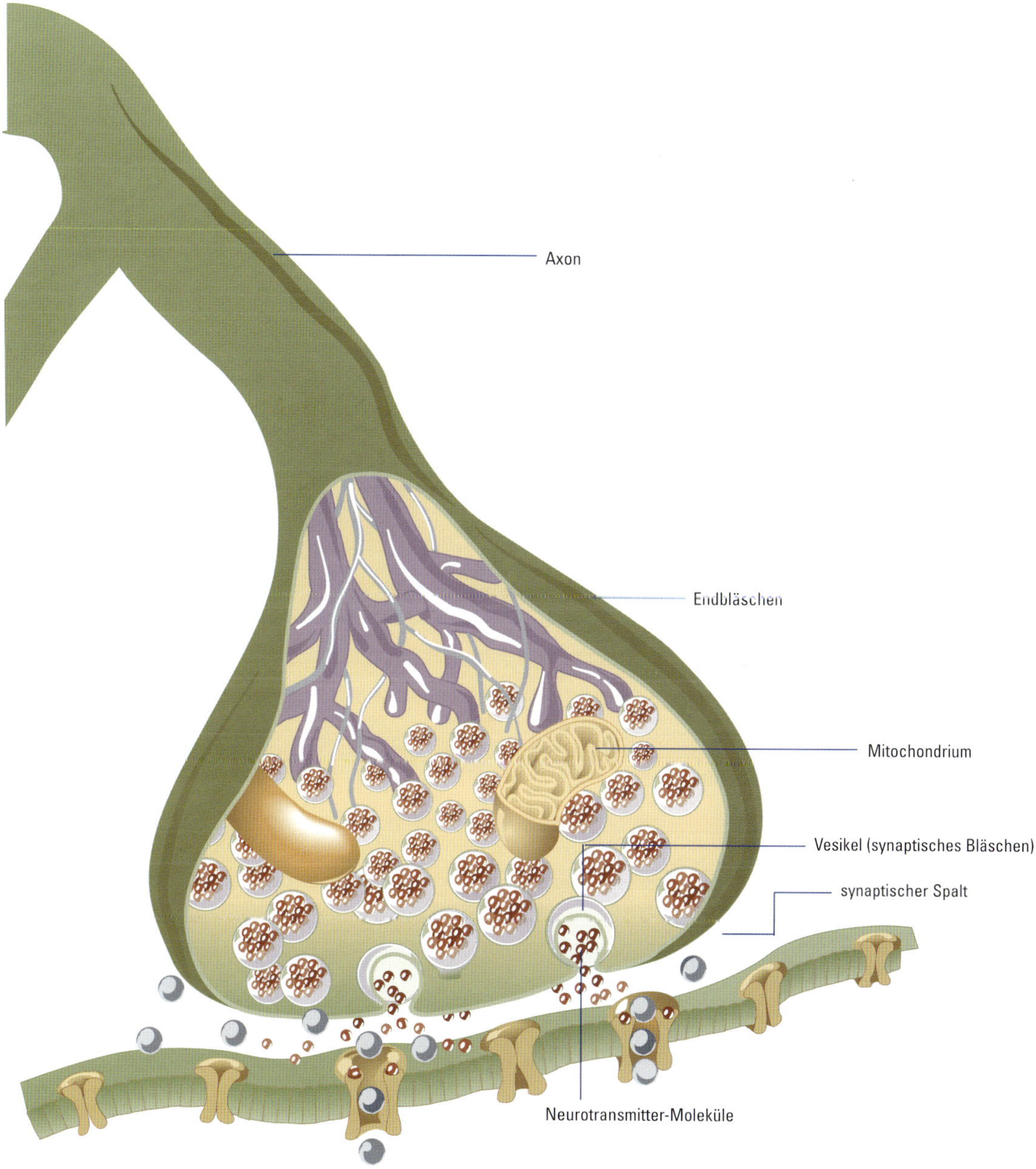

Der Nervenimpuls durchläuft das Axon bis zum Endpunkt, wo die Moleküle der Neurotransmitter freigesetzt werden; diese bewegen sich über die synaptische Spalte und gehen von dort auf das nächste Neuron über, wodurch der Nervenimpuls weitergeleitet wird.

Nervensystem

Nerven

Über die Nerven werden Nervenimpulse (elektrische Impulse) ins periphere Nervensystem transportiert. Die Axone (Achsenzylinder) sind die „Drähte“ des Nervensystems und können bis zu 90 cm lang sein.

Man unterscheidet das zentrale Nevensystem, das animalische bzw. somatische Nervensystem und das vegetative bzw. autonome Nervensystem. Die somatischen Nerven sind für die bewußte Wahrnehmung, willkürliche Bewegungen und die schnelle Informationsverarbeitung zuständig. Die Steuerung der verschiedenen Organfunktionen entsprechend den Erfordernissen und die Konstanthaltung des inneren Milieus (Homöostase) sind die wesentlichen Merkmale des autonomen Nervensystems. Das Herz ist z. B. vom autonomen Nervensystem durchzogen, weshalb sich die Herzfrequenz entsprechend der äußeren Umstände (Sport, Gefühlsempfindungen usw.) erhöht oder verringert.

Zu den wichtigsten Nerven des vegetativen Nervensystems gehört der *Nervus vagus* (*lat.* umherschweifend, unstet), der Lungen-Magen-Nerv, der verschiedene lebenswichtige Funktionen steuert, etwa Herzfrequenz, Verdauung und Atmung.

Jeder Nerv besteht aus einem oder mehreren Nervenfaserbündeln. Jede einzelne Nervenfaser ist das Axon eines Neurons, das mit dem Zytoplasma einer Stützzelle, der sogenannten Schwann-Zelle, umhüllt ist.

Nervenstruktur

Nerven sind Strukturen mit verschiedener Stärke und Länge. Die Neuronenkörper der Axone, die die Nerven bilden, befinden sich im Zentralnervensystem oder in den Nervenknoten an der hinteren Wurzel der Rückenmarksnerven *(Ganglion spinale)*.

Jeder Nerv besteht aus einem oder mehreren Nervenfaserbündeln. Jede einzelne Nervenfaser ist das Axon eines Neurons, das mit dem Zytoplasma einer Stützzelle, der sogenannten Schwann-Zelle, umhüllt ist. Fasern mit einem größeren Durchmesser sind von einer unterschiedlichen Anzahl konzentrischer Schwann-Zellen-Schichten überzogen, die die sogenannte Schwann-Scheide *(Neurilemm)* bilden. Neben einer Stützfunktion hat sie die Aufgabe, die Geschwindigkeit der Nervenimpulse zu steigern.

Jedes Nervenfaserbündel ist von einer Bindegewebsschicht, dem Perineurium, umgeben. Ein Nerv, der aus vielen Nervenfaserbündeln besteht, wird von einer Bindegewebshülle umkleidet, dem Epineurium.

Struktur des Nervs

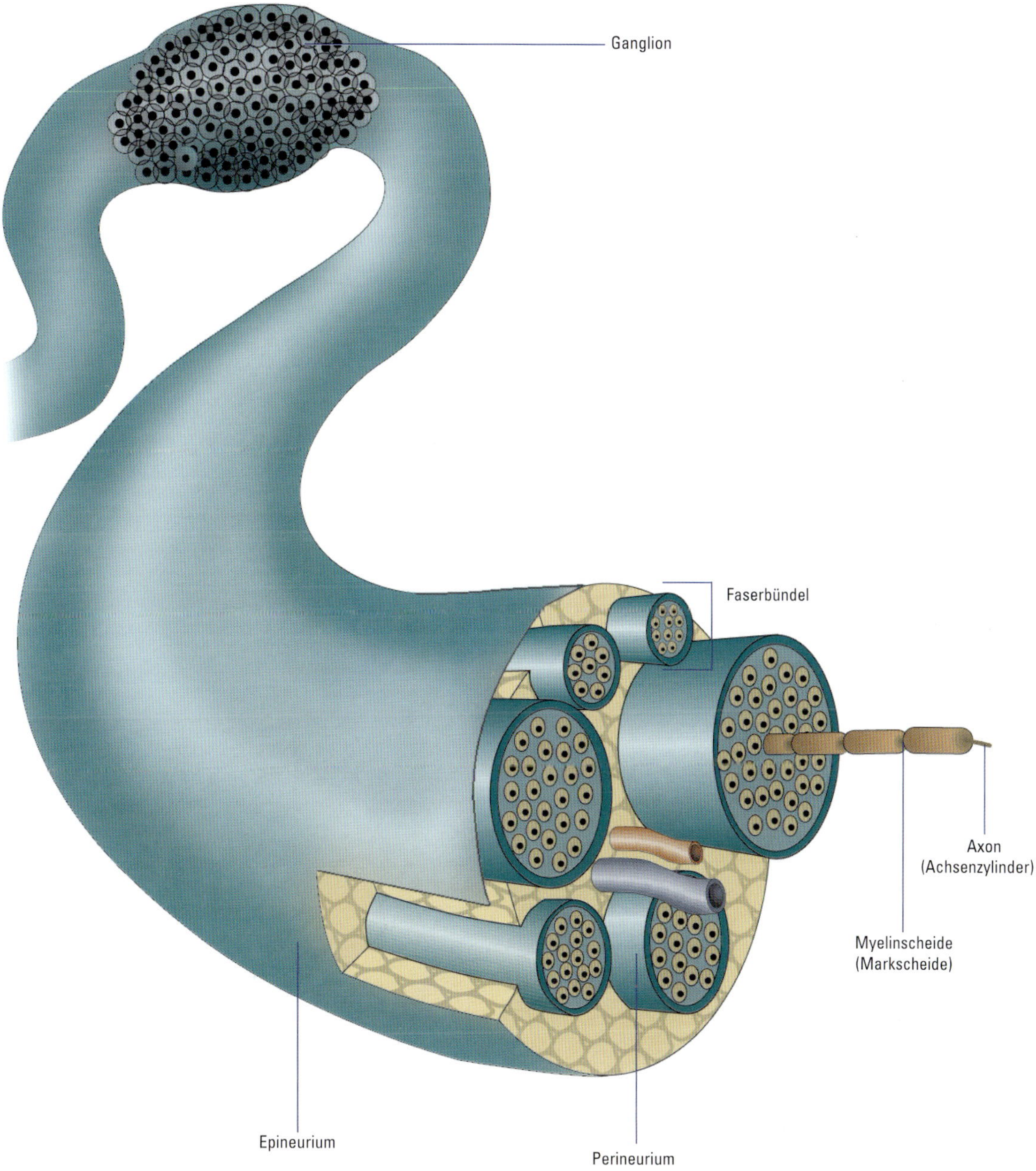

Das Großhirn

Das Großhirn *(Cerebrum)* ist das zentrale Organ des Nervensystems. Zusammen mit dem Kleinhirn *(Cerebellum)* und dem Hirnstamm (Stammhirn, *Truncus cerebri*) bildet es das Gehirn, das rund 1,5 kg wiegt und aus über 12 000 Millionen Neuronen besteht. Die anatomisch relevantesten Teile des Großhirns sind die Hirnwindungen, unregelmäßige Faltungen des Gehirngewebes, die bei jedem Menschen unterschiedlich ausfallen. Sie sind durch zahlreiche Spalten und Furchen voneinander getrennt. Einige sind sehr tief. Das Großhirn ist in zwei Hemisphären aufgeteilt, die durch eine tiefe Spalte, die sogenannte *Fissura longitudinalis cerebri,* voneinander getrennt sind.

Die äußerste Schicht des Großhirns bildet die Großhirnrinde *(Cortex cerebri)*. Sie besteht aus Neuronenkörperchen und ist grau. In der Großhirnrinde liegen die Bereiche, die die vom Willen abhängige Bewegungen und Empfindungen, Sprache, Sehvermögen usw. steuern, aber auch Zonen, die mit dem Gedächtnis und dem Denkvermögen in Verbindung stehen. Der innere Teil besteht aus der weißen Schicht; diese setzt sich aus Axonen zusammen, die mit Myelin überzogen sind.

Im Großhirn entspringen ebenso wie im Rückenmark wichtige Nerven des peripheren Nervensystems. Es handelt sich um die zwölf Hauptnervenpaare der Hirnnerven oder *Nervi craniales* *(siehe S. 131)*.

Großhirnrinde

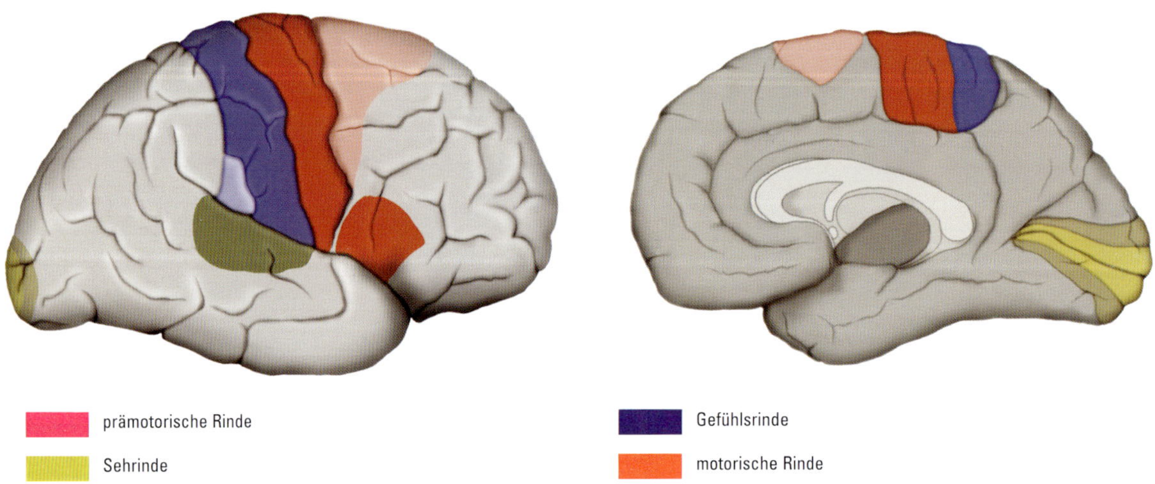

Hirnnerven

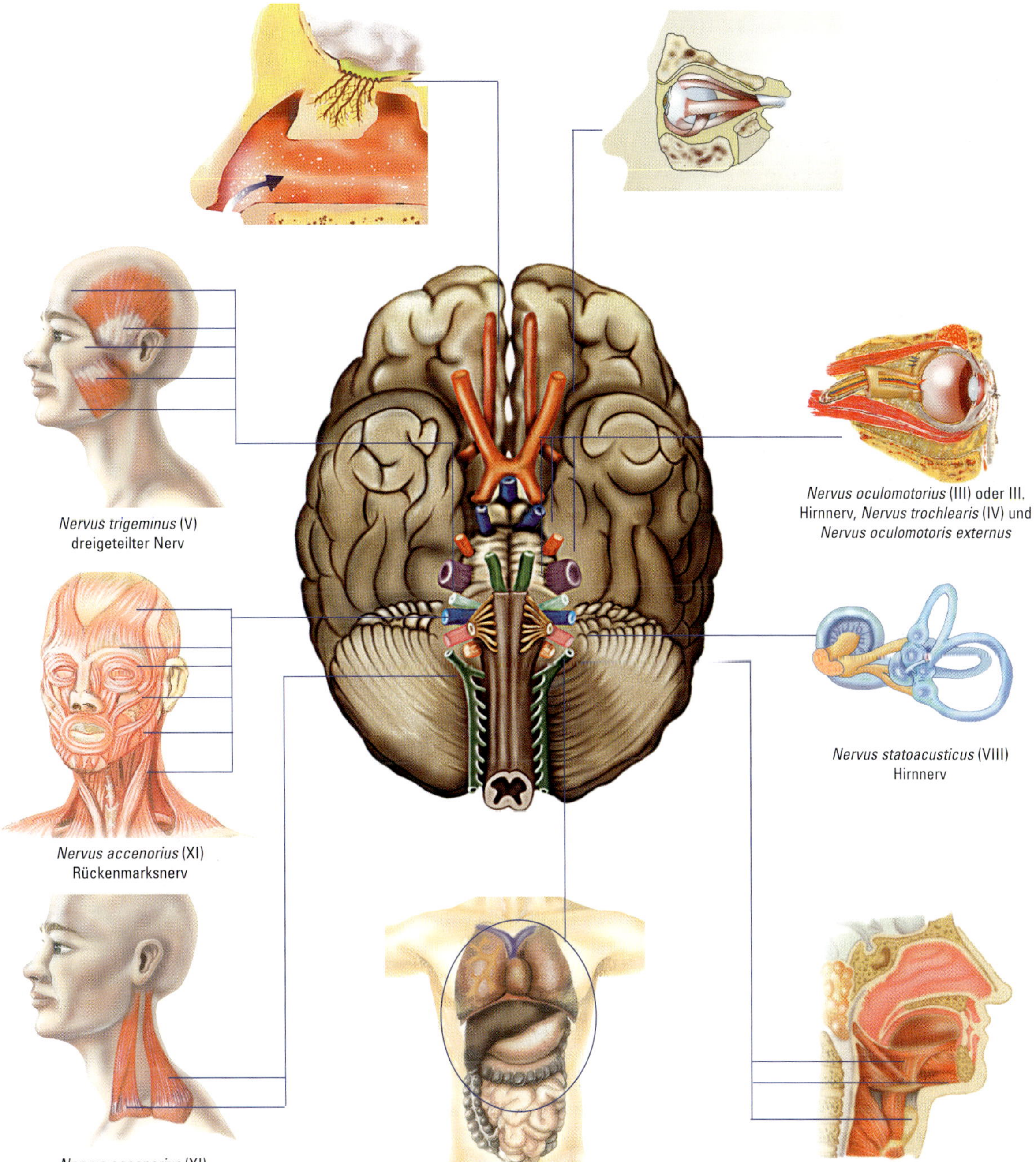
Nervus olfactorius (I)
Riechnerv
Nervus opticus (II)
Sehnerv
Nervus trigeminus (V)
dreigeteilter Nerv
Nervus oculomotorius (III) oder III. Hirnnerv, *Nervus trochlearis* (IV) und *Nervus oculomotoris externus*
Nervus accenorius (XI)
Rückenmarksnerv
Nervus statoacusticus (VIII)
Hirnnerv
Nervus accenorius (XI)
Rückenmarksnerv
Nervus vagus (X.)
Lungen-Magen-Nerv
Nervus glossopharyngeus (IX) Hirnnerv und *Nervus hypoglossus* (XII) Hirnnerv

Das Rückenmark

Das Rückenmark verläuft durch den Wirbelkanal in der Wirbelsäule. Es hat eine Länge von etwa 50 cm und erstreckt sich vom Hirnstamm bis zur Lendenregion des Rückens.

Im Rückenmark entspringen 31 Paare peripherer Rückenmarksnerven, die es mit dem restlichen Organismus verbinden. Diese Rükkenmarksnerven bilden sich in dem Raum zwischen zwei Wirbeln durch die Verbindung zweier Wurzeln im Rückenmark: eine motorische (bewegungsauslösend) und eine sensible (empfindungsleitend). Von der motorischen Wurzel aus führen bewegungsauslösende Nerven zu den Muskeln, während die sensible Wurzel Informationen der peripheren Rezeptoren entgegennimmt und sie zum Gehirn leitet.

Im Rückenmark kehrt sich das Verhältnis von grauer und weißer Substanz um, hier wird die graue Substanz von der weißen umgeben. Wie auch im Gehirn, besteht die weiße Substanz hauptsächlich aus Nervenfasern, während die graue Substanz durch Zellkörper gebildet wird.

Die Nervenwege, die sich vom Großhirn aus in den Körper verzweigen, werden als absteigend (deszendierend) bezeichnet, während diejenigen, die die Reize aus der Umgebung aufnehmen und an das Gehirn weiterleiten, aufsteigend (aszendierend) genannt werden.

Das Rückenmark wäre überaus verletzlich, wenn es nicht durch die Knochensegmente der Wirbelsäule und die Stützbänder geschützt würde. Tatsächlich führen Rückenmarksverletzungen zu Lähmungen unterhalb der verletzten Stelle, da die Nervenübertragung von diesem Punkt an unterbrochen wird.

Fortsetzungen der Hirnhäute *(Meningen)*, die das Großhirn umhüllen, schützen auch das Rückenmark und bieten weiteren Schutz. Dabei handelt es sich um drei Bindehautschichten, die von außen nach innen wie folgt benannt sind: harte Hirnhaut *(Dura mater)*, Spinngewebshaut *(Arachnoidea)* und weiche Hirnhaut *(Pia mater)*.

Die weiche Hirnhaut steht sehr eng mit dem Rückenmark in Verbindung, sie ist perfekt an das Rückenmark angepaßt und enthält die Blutgefäße zu seiner Versorgung. Im Subarachnoidalraum zwischen der harten Hirnhaut und der Spinnwebenhaut, zirkuliert die Gehirn-Rückenmarks-Flüssigkeit *(Liquor cerebrospinalis)*.

Rückenmark

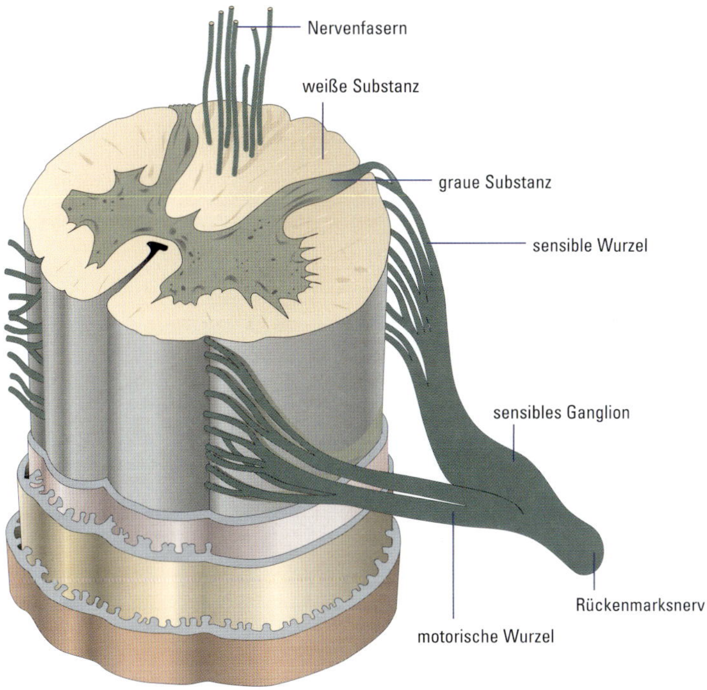

Das vegetative Nervensystem (VNS)

Das vegetative Nervensystem ist für die Steuerung der unwillkürlichen Aktivitäten der meisten Organe und Drüsen zuständig.

Das vegetative Nervensystem sorgt für die Aufrechterhaltung der Lebensfunktionen und des sogenannten inneren Milieus des Körpers (Homöostase). Es ist für die Steuerung der vom Willen unabhängigen Organe und Drüsen zuständig, für Verdauung, Herzrhythmus und Hormonausschüttung.

Wegen seiner grundlegenden Funktion nennt man es auch vegetatives Nervensystem. Seine Zentren liegen im Zwischenhirn und in Teilen der Großhirnrinde.

Das periphere Nervensystem wird in Sympathikus und Parasympathikus eingeteilt *(siehe S. 134 und 135)*. Der Sympathikus wirkt energieentladend und ist für die abbauenden Stoffwechselprozesse zuständig, während der Parasympathikus als Gegenspieler energiespeichernd und aufbauend wirkt.

Nervensystem

Parasympathikus

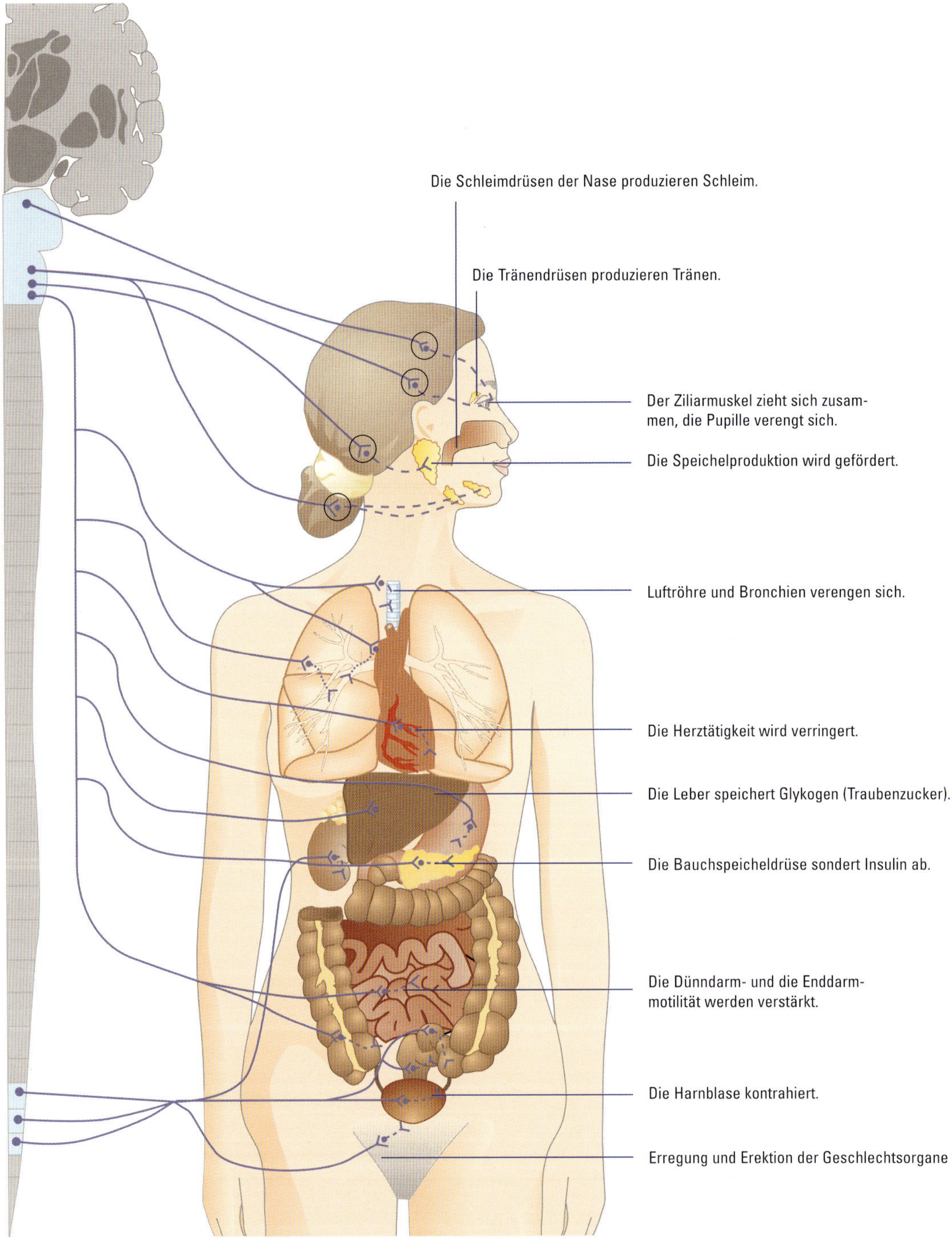

Sympathikus

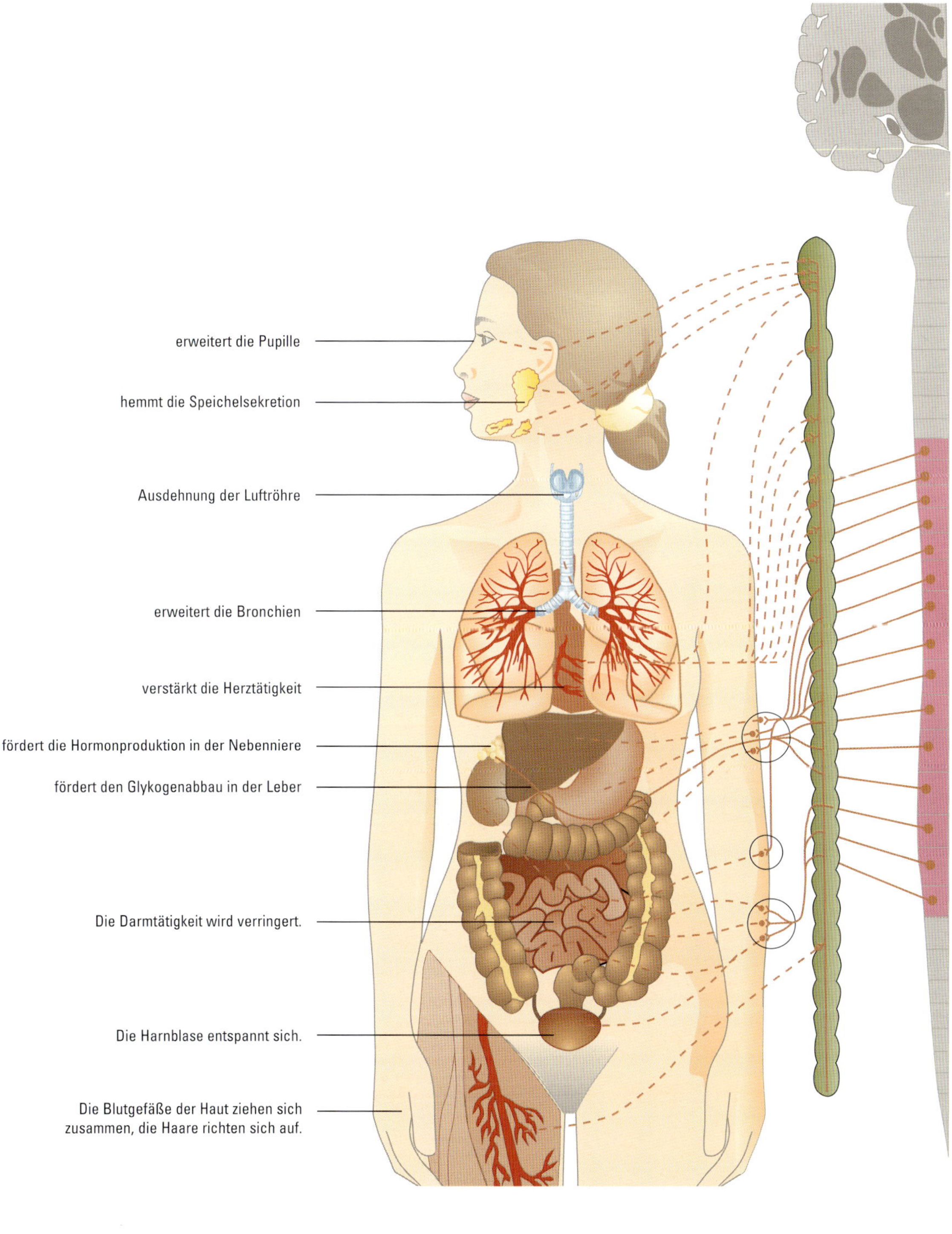

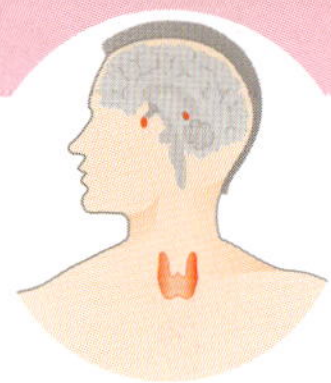

Endokrines System

In den endokrinen Drüsen werden die Hormone produziert und ins Blut abgegeben. Hormone sind Substanzen, die nach Ankunft in ihrem Zielorgan eine hemmende oder stimulierende Wirkung auf dieses Organ ausüben. Die verschiedenen Drüsen stehen miteinander in Verbindung und können ihre Funktion durch Rückkopplungsmechanismen gegenseitig Steuern. So hemmt etwa der Überschuß eines Hormons die Produktion seines stimulierenden Hormons. Gemeinsam mit dem Nervensystem steuert das Hormonsystem die Aktivität aller Organe und Systeme des Körpers.

Die Hormone steuern unterschiedliche Prozesse: Wachstum, Blutdruck oder etwa die Reaktion des Organismus bei Gefahr.

Die wichtigsten endokrinen Drüsen sind die Hirnanhangdrüse (Hypophyse) und die Zirbeldrüse (Epiphyse) im Schädel, die Schilddrüse und die Nebenschilddrüse im Hals, die Nebennieren, die jeweils über den Nieren sitzen, die Bauchspeicheldrüse (Pankreas), die weiblichen Eierstöcke im Unterbauch, die männlichen Hoden im Hodensack und, bei schwangeren Frauen, die Plazenta. All diese Drüsen produzieren beispielsweise Wachstumshormone, Hormone, die den Zellen die Aufnahme von Traubenzucker ermöglichen (das Insulin), Hormone für die Entwicklung der Geschlechtsmerkmale (Androgene oder Östrogene) oder für die Absonderung von Muttermilch aus den weiblichen Brustdrüsen (Prolaktin) usw. Auf diese Weise werden so wichtige und unterschiedliche Prozesse kontrolliert wie Wachstum, Ernährung und Fortpflanzung. So bildet die Einheit von endokrinen Drüsen, Hormonen und Zielorganen ein wichtiges System zur Regulierung und Steuerung der Systeme des menschlichen Organismus.

Die endokrinen Drüsen können sehr unterschiedliche Merkmale aufweisen, verfügen jedoch über gemeinsame Elemente wie spezielle Ausscheidungszellen, die von Stützzellen und vielen Blutgefäßen umgeben sind, in die das erzeugte Hormon ausgeschüttet wird. Manche Drüsen bilden eigenständige Organe, etwa die Schilddrüse oder die Nebennieren, andere stehen mit weiteren Geweben in Verbindung, wie z. B. die Bauspeicheldrüse.

Im Gegensatz zu den Aktivitäten des Nervengewebes, die rasch auftreten, aber kurzlebig sein können, treten die Wirkungen des endokrinen Systems langsam in Erscheinung, dauern länger und äußern sich an Körperstellen, die von der Ursprungsdrüse weit entfernt sind.

Die wichtigsten endokrinen Drüsen

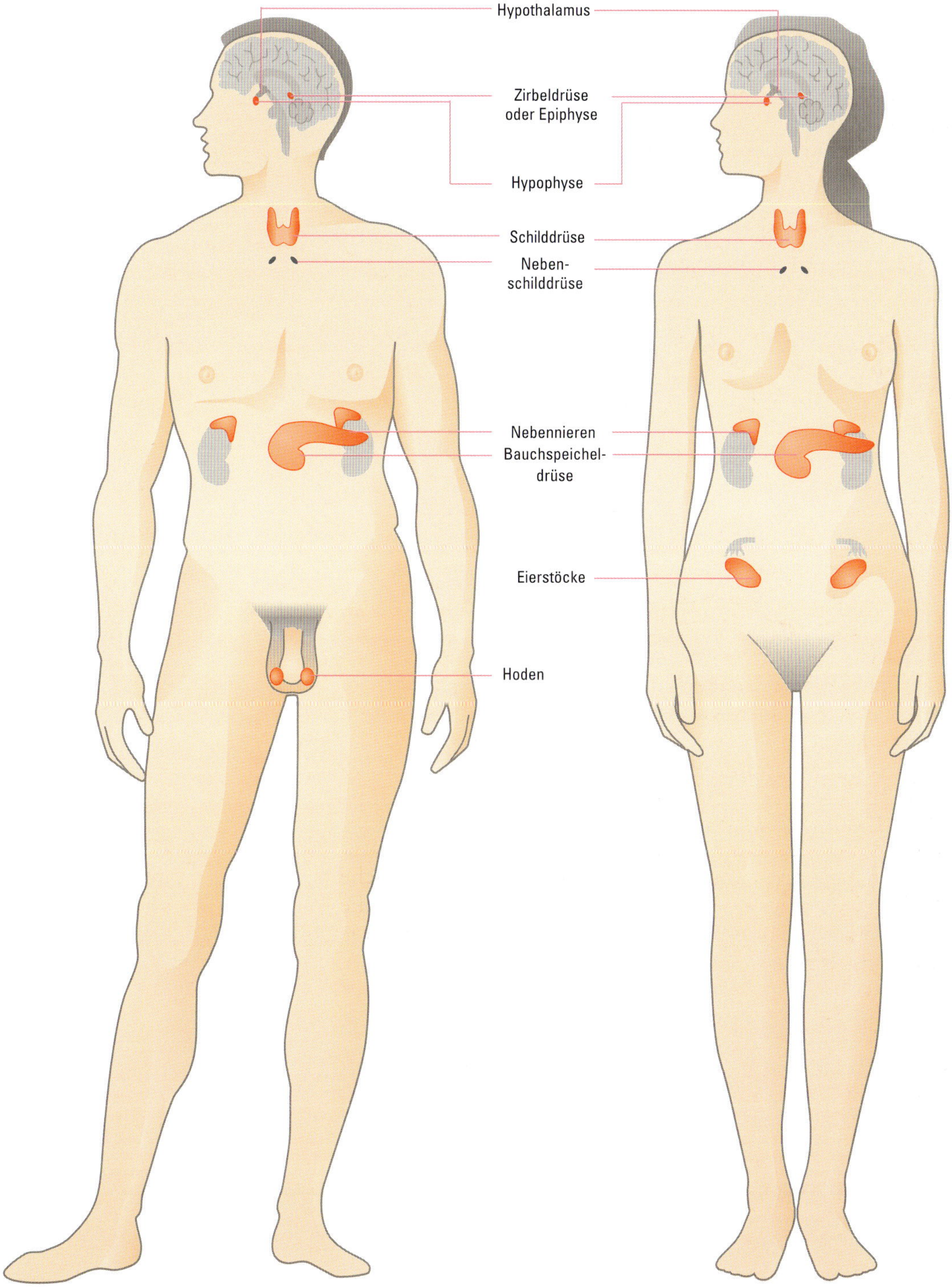

Die wichtigsten Drüsen

Schilddrüsenhormone regulieren den Basisstoffwechsel und sind bei der Entwicklung des Nervengewebes und der Knochen von Bedeutung.

Schilddrüse und Nebenschilddrüse – Die Schilddrüse befindet sich im Hals vor der Luftröhre. Sie produziert die Schilddrüsenhormone T_3 (Trijodthyronin) und T_4 (Thyroxin). Schilddrüsenhormone regulieren den Basisstoffwechsel und sind bei der Entwicklung des Nervengewebes und der Knochen von Bedeutung. Ihre Produktion unterliegt der Steuerung durch die Hirnanhangdrüse über das schilddrüsenstimulierende Hormon Thyrotropin (TSH). Die Schilddrüse speichert große Mengen der Schilddrüsenhormone, die in runden Strukturen, den Schilddrüsenfollikeln, erzeugt werden. In der Umgebung dieser Bläschen befinden sich Gruppierungen heller Zellen, sogenannte Parafollikel-Zellen, die als Reaktion auf einen Kalziumanstieg im Blut das Hormon Calcitonin ausschütten, das diesen Kalziumüberschuß den Knochen zuführt. Calcitonin und das Nebenschilddrüsenhormon Parathormon regulieren die Kalziumkonzentration im Blut.

Die Nebenschilddrüsen sind vier kleine Strukturen, die sich auf der Rückseite der Schilddrüse befinden. Das von ihnen produzierte Parathormon erhöht die Kalziumkonzentration im Blut.

Nebennieren – Dies sind zwei kleine Drüsen auf den oberen Nierenpolen, die aus Rinde und Mark bestehen. In der Rinde werden Mineralokortikoide, Glukokortikoide und Sexualhormone produziert. Die Mineralokortikoide wirken sich auf das Flüssigkeits- und Ionengleichgewicht aus, während die Glukokortikoide den Stoffwechsel der Fette, Proteine und Kohlenhydrate beeinflussen. Die kleine Menge an Sexualhormonen ergänzt die restlichen Sexualhormone. Das Nebennierenmark produziert Adrenalin und Noradrenalin, die zur Bewältigung von Streßsituationen benötigt werden.

Bauchspeicheldrüse – In der Bauchspeicheldrüse, insbesondere an ihrem Ende, befinden sich die sogenannten Langerhans-Inseln, die auf die Herstellung und Ausscheidung von Hormonen spezialisiert sind. Jede einzelne Zellgruppe enthält Alphazellen, in denen Glukagon hergestellt wird, Beta-Zellen, die Insulin produzieren und Delta-Zellen, deren Hormon die Bauchspeicheldrüse steuert. Die endokrine Bauchspeicheldrüse erzeugt also zwei Arten von Proteinhormonen: Insulin und Glukagon. Insulin fördert die Aufnahme von Traubenzucker in die Zellen und reduziert die Traubenzuckermenge, die sich nach einer Mahlzeit im Blut befindet. Die Wirkung von Glukagon ist der des Insulins entgegengesetzt. Die Abgabe dieser Hormone wird durch die Traubenzuckerkonzentration im Blut geregelt.

Drüsen-Beispiele

Schilddrüse und Nebenschilddrüsen (Vorderansicht)

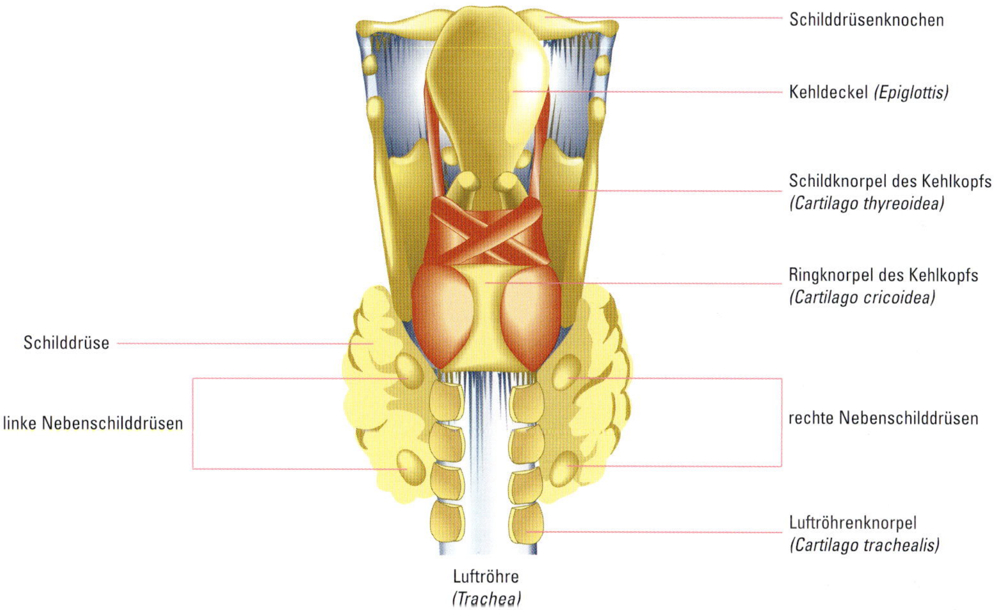

Nebenniere

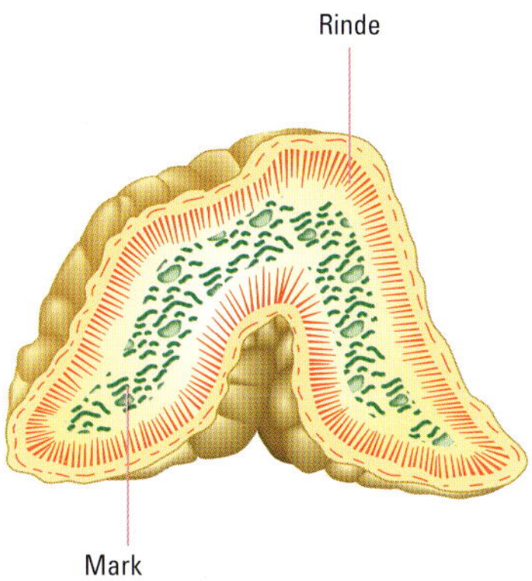

Bauchspeicheldrüse

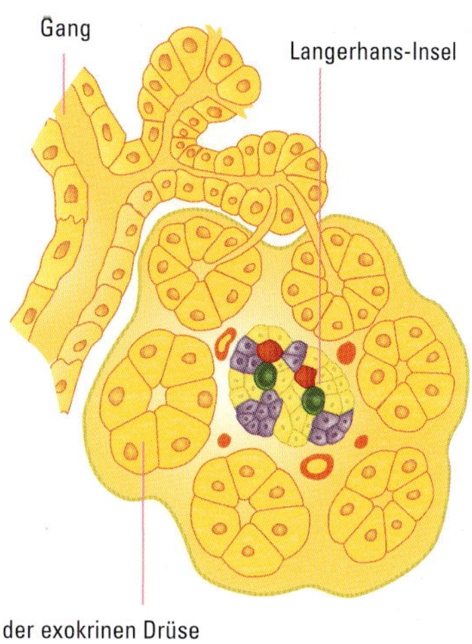

Die Sexualhormone

Die Hormone, die die männliche und weibliche Sexualität steuern, werden erst ab der Pubertät freigesetzt. Beim Mann produzieren die Hoden Androgene wie z. B. das Testosteron; bei der Frau produzieren die Eierstöcke Östrogene und Progesterone. Die Aufgabe der Sexualhormone ist einerseits die Anregung der Produktion von Spermatozoen bzw. Eizellen und zum anderen die Ausbildung der sekundären Geschlechtsmerkmale, etwa die Gesichtsbehaarung beim Mann und das Wachstum der Brüste und der Beginn der Menstruation bei der Frau.

Sexualhormone sind Moleküle, die von den in der Nebenniere produzierten Steroiden abgeleitet werden. Im Gegensatz zu den Hormonen mit Proteinstruktur, die mit der Zielzelle in Wechselwirkung treten und sich mit ihren spezifischen Oberflächenrezeptoren verbinden, müssen Steroide ins Zellinnere eindringen, um mit ihren Rezeptoren in Wechselwirkung zu treten.

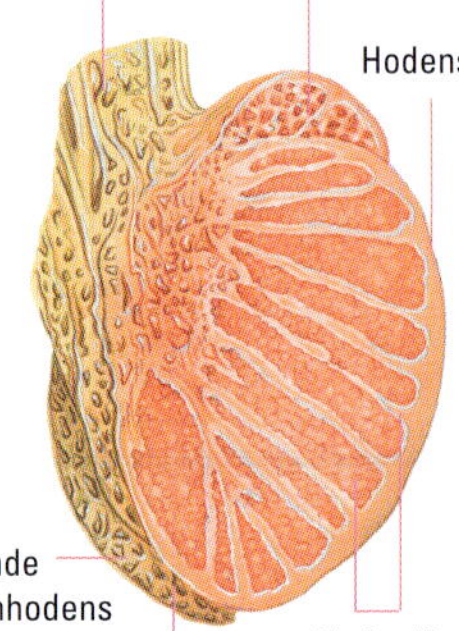

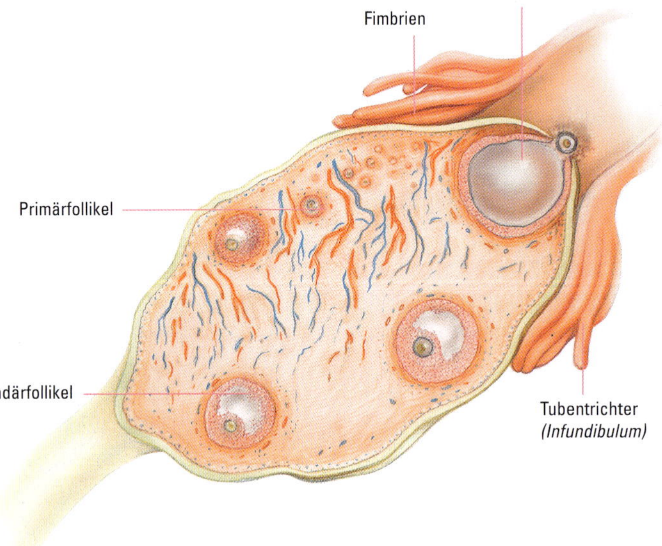

Abbildung oben rechts: Innenansicht des Hoden im Längsschnitt. Deutlich sichtbar sind die durch Scheidewände getrennten Läppchen.

Abbildung oben: Schema des Eisprungs (Ovulation). Das Ei gelangt in den Eileiter (Tuba uterina) und von dort in die Gebärmutter.

Der Mechanismus der Hormonsteuerung

Bei der Hormonproduktion wirken Hypothalamus, Hypophyse und Zieldrüse zusammen. Ein Rückkopplungsmechanismus fördert die Freisetzung eines Hormons (positives Feed-back), falls dieses fehlt, oder kann seine Produktion hemmen (negatives Feed-back), wenn ein Überschuß vorhanden ist. Dieser vom Willen unabhängige Mechanismus sorgt für ein Gleichgewicht der Hormone.

In der folgenden Abbildung ist der Steuermechanismus der weiblichen Sexualhormone dargestellt: Die Synthese der Östrogene in der Zieldrüse (Eierstock) wird von den stimulierenden Hypophysenhormonen FSH (follikelstimulierendes Hormon) und LH (luteinisierendes Hormon) angeregt. Der Hypothalamus steuert die Hypophyse. Ein hoher Östrogengehalt im Blut wirkt sich negativ auf Hypothalamus und Hypophyse aus und verhindert die Synthese der Hormone.

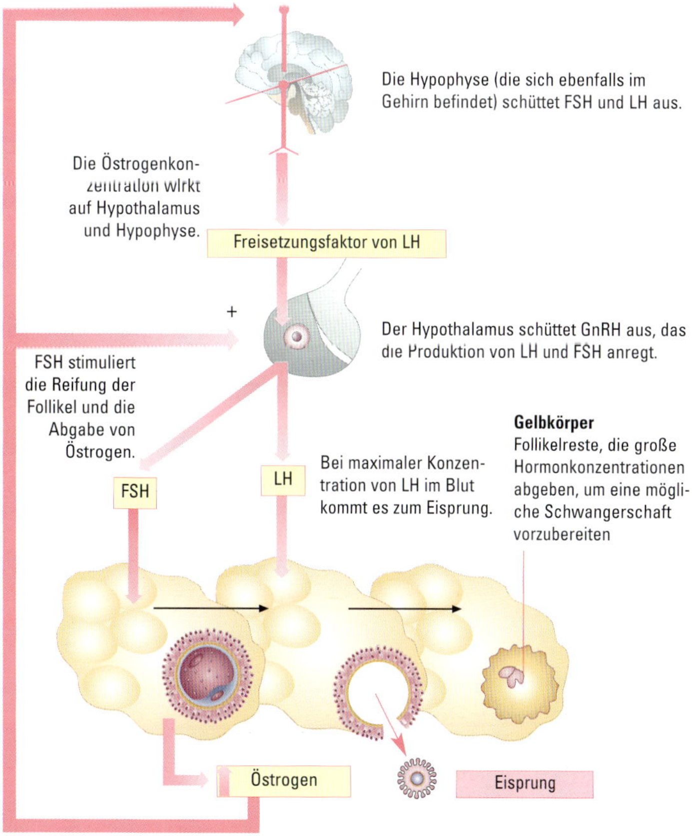

Rechts: schematische Darstellung der hormonellen Steuerung des Menstruationszyklus

Endokrines System

Die Hypophyse

Die Hypophyse bzw. Hirnanhangsdrüse gehört zu den wichtigsten Drüsen des menschlichen Körpers. Von hier aus werden die Funktionen wichtiger Organe gesteuert.

Sie ist nicht größer als eine Bohne und sitzt an der Basis des Großhirns. Durch einen kurzen Stiel ist sie mit dem Hypothalamus verbunden und besteht aus einem vorderen *(Adenohypophyse)* und einem hinteren Lappen *(Neurohypophyse)*. In der Hypophyse werden zwei Arten von Hormonen produziert. Die einen haben eine direkte Wirkung auf ein Zielgewebe, z. B. Wachstumshormone, andere regulieren die hormonelle Produktion einer Drüse, etwa das Schilddrüsenhormon TSH. Ihre Funktion wird wiederum durch den Hypothalamus geregelt, sei es durch Nervenimpulse oder durch die Produktion von Hormonen, die die Funktion der Hypophyse direkt steuern.

Die Hypophyse bzw. Hirnanhangsdrüse steuert die Entwicklung und Funktion wichtiger Organe und Vorgänge im menschlichen Körper.

Hormone der Hypophyse

Neurohypophyse (Hypophysenhinterlappen) – Sie scheidet das antidiuretische Hormon Vasopressin (ADH), das den Wasserhaushalt reguliert, und Oxytozin, das für die Geburt und das Stillen von Bedeutung ist, ins Blut aus. Die Hormone selbst werden in den Neurosekretionszellen des Hypothalamus gebildet, gelangen über Zellaxone in die Neurohypophyse und werden im Bedarfsfall freigesetzt.

Adenohypophyse (Hypophysenvorderlappen) – Hier werden Hormone produziert, die ihrerseits die Produktion anderer Drüsenhormone steuern, z. B. das thyreotrope Hormon TSH, das adrenokortikotrope Hormon (ACTH), das follikelstimulierende Hormon (FSH) und das luteinisierende Hormon (LH). TSH reguliert die Produktion der Schilddrüsenhormone in der Schilddrüse. ACTH steuert die Herstellung der Hormone in der Nebenniere, etwa Adrenalin und steroide Hormone. FSH und LH sind gonadotrope Hormone, die das Wachstum und die Funktion der Sexualhormone steuern.

Im Hypophysenvorderlappen werden Hormone produziert, die direkt auf die in ihren Bereich fallenden Gewebe wirken, etwa das Wachstumshormon und Prolaktin. Die Funktion des Hypophysenvorderlappens wird ebenfalls durch Hormone geregelt, die im Hypothalamus produziert werden und über Blutgefäße zur Drüse gelangen.

Die Hypophyse

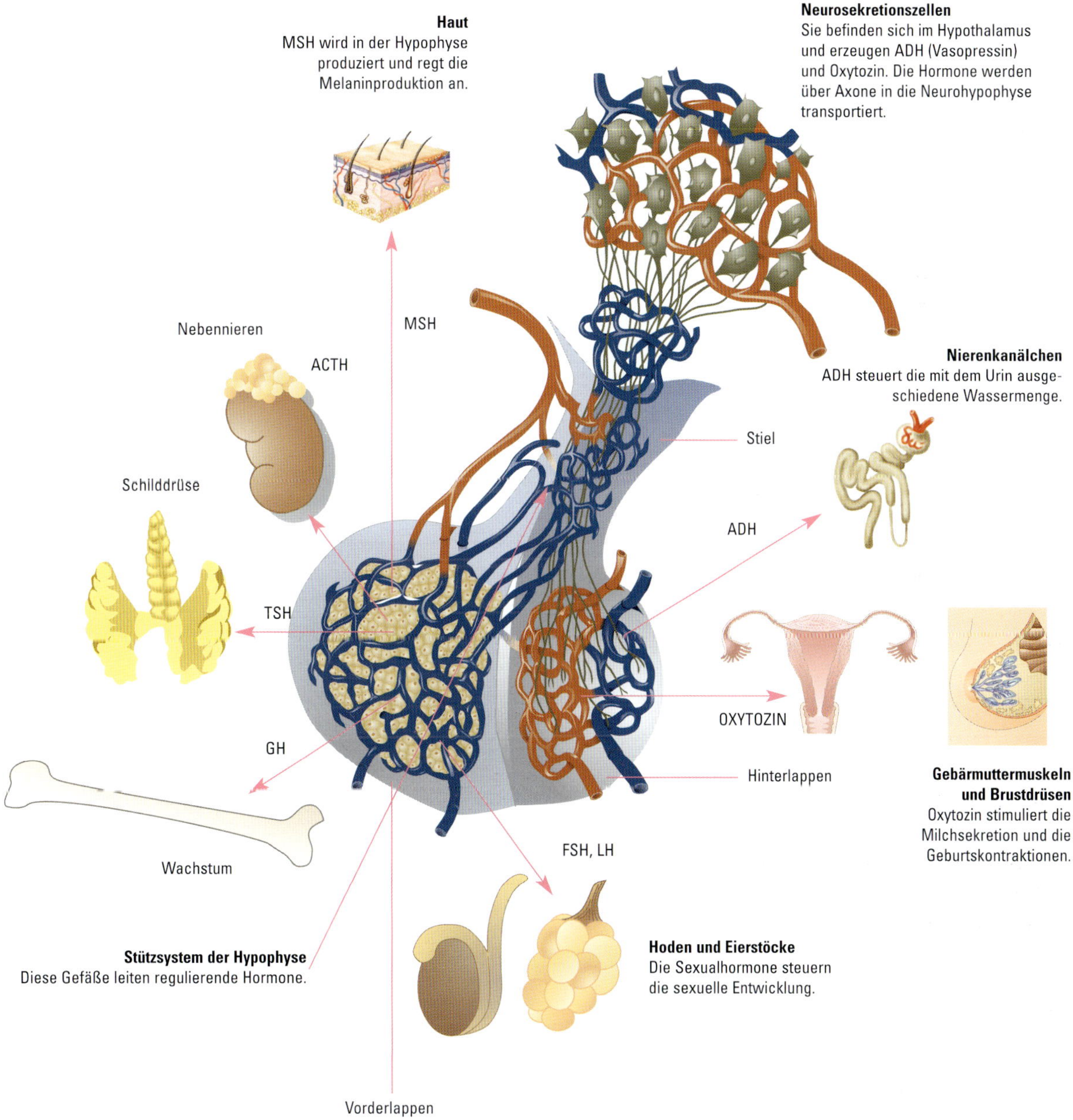

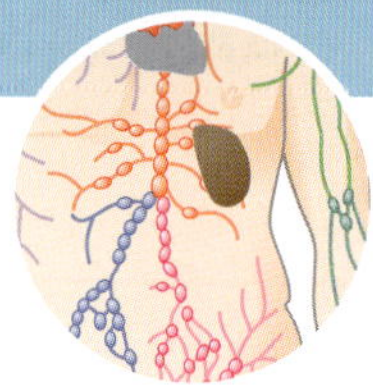

Immunsystem

Alle höheren Lebewesen sind mit einem Immunsystem ausgestattet, das es ihnen ermöglicht, jede ihrem Organismus fremde Substanz zu erkennen und sich dagegen zu verteidigen.

Dieses Verteidigungssystem beginnt in der Haut und den Schleimhäuten, die das erste Hindernis für Mikroorganismen darstellen. Außer der Wirkung als physische Barriere produziert die Haut Sekrete mit bakteriolytischer Wirkung, etwa Lysozym, das im Speichel und den Tränen enthalten ist.

Wenn eine fremde Substanz die Haut durchdringt und mit inneren Geweben in Kontakt tritt, wird die Immunreaktion ausgelöst, die entweder zellulär oder humoral sein kann. Über diese Reaktion versucht der Organismus, den Fremdkörper zu neutralisieren. Die daran beteiligten Zellen sind Makrophagen, B- und T-Lymphozyten.

Wenn sich der Eindringling im Gewebe befindet, wird er von der Lymphe aufgenommen und zum Lymphsystem transportiert; dieses umfaßt zahlreiche Gruppen von Lymphknoten, die miteinander in Verbindung stehen. Jede Gruppe dräniert eine bestimmte Region des menschlichen Körpers. Aus diesem Grund entzünden sich im Falle einer Infektion die nächstgelegenen Lymphknoten. Über das Lymphsystem können sich aber auch Krebszellen ausbreiten, die an bestimmten Orten Metastasen bilden.

Weitere Organe, die zum Immunsystem gehören, sind die Thymusdrüse, die Milz und die Mandeln.

Die Thymusdrüse ist ein lymphähnliches Organ, das im oberen Brustraum hinter dem Brustbein liegt. Dieses Organ erreicht seine höchste Entwicklung in der Kindheit und bildet sich nach dem Kindesalter stark zurück. Aufgabe der Thymusdrüse ist die Ausbildung von Lymphozyten für die Immunabwehr aus Lymphozyten, die im Rückenmark produziert wurden. Sie ist also ein Organ, in dem sich die Reifung der Lymphozyten vollzieht. Die Milz wird auf Seite 33 genau besprochen.

Wenn sich ein Eindringling im Gewebe befindet, wird er von der Lymphe aufgenommen und zum Lymphsystem transportiert; dieses umfaßt zahlreiche Gruppen von Lymphknoten, die miteinander in Verbindung stehen.

Anatomie

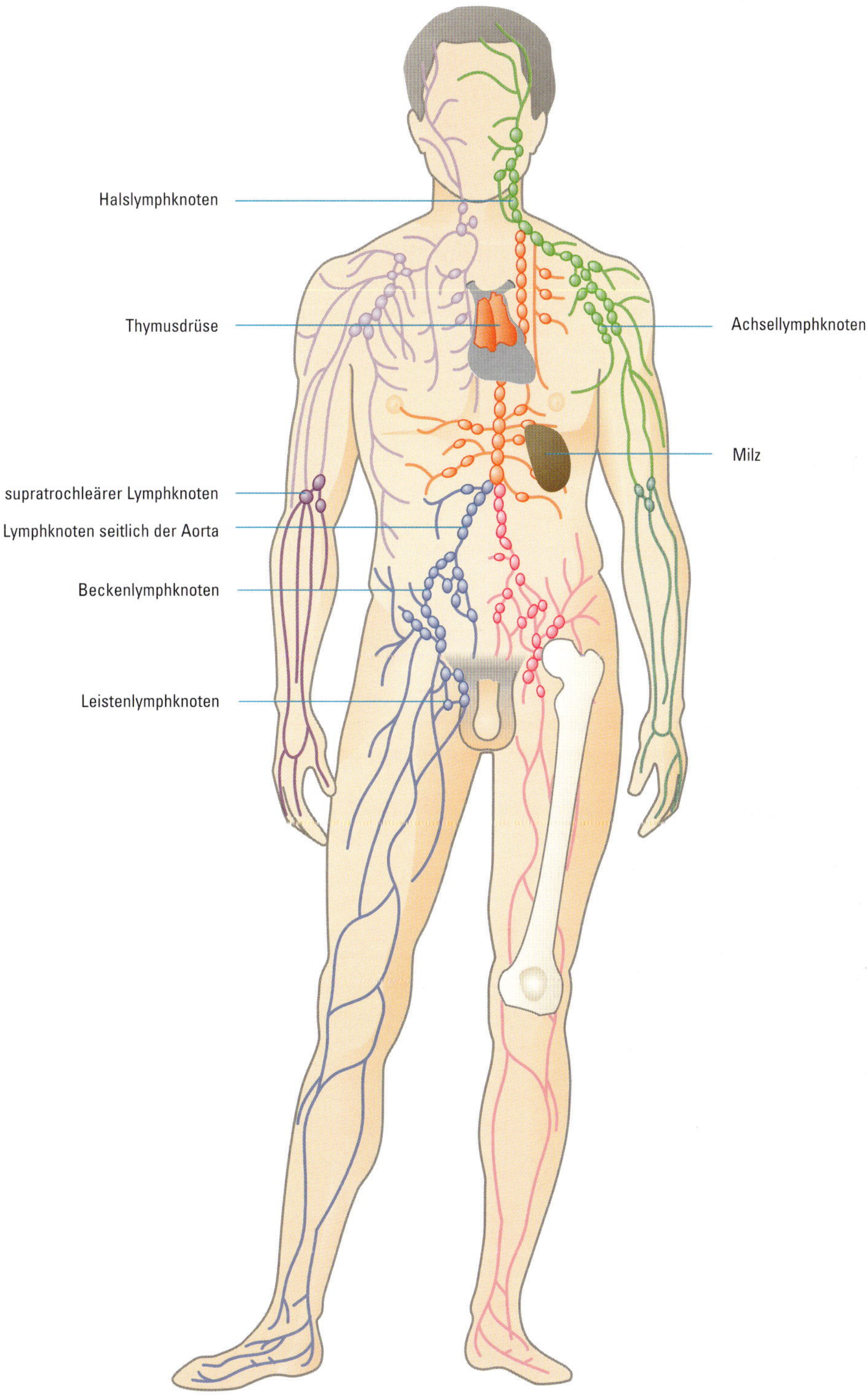
Halslymphknoten
Thymusdrüse
Achsellymphknoten
Milz
supratrochleärer Lymphknoten
Lymphknoten seitlich der Aorta
Beckenlymphknoten
Leistenlymphknoten

Die Lymphknoten

Bei den Lymphknoten handelt es sich um Gewebeknoten, die über den gesamten Organismus verteilt sind und aus einer Bindegewebskapsel bestehen. In ihrem Inneren enthält sie Immunzellen, vor allem Makrophagen und Lymphozyten. Die Größe des Lymphknotens hängt von der Körperregion ab, in der er sich befindet, und vom Stadium seiner Aktivierung. So können die Achsellymphknoten linsengroß sein, während die des Beckens unter normalen Bedingungen bis zu 1,5 cm Durchmesser erreichen können. Ist ein Lymphknoten immunologisch aktiviert, kann er aufgrund der erhöhten Lymphozytenzahl beträchtlich an Größe zunehmen.

Lymphknoten sind im allgemeinen bohnenförmig. Aus der Kapsel entspringen Bindegewebsstreifen, die sich zwischen das Lymphgewebe schieben und Bälkchen von unterschiedlicher Länge bilden. Zwischen der Kapsel und dem Lymphgewebe befindet sich ein Zwischenraum, durch den die Lymphe transportiert wird, die aus den zuführenden Lymphgefäßen kommt. Von diesem Zwischenraum wird die Lymphe über ein Kanalsystem verteilt, bis sie die Austrittsstelle *(Hilus)* erreicht, an der das abführende Lymphgefäß entspringt.

Im Lymphgewebe des Lymphknotens unterscheidet man zwei Zonen, die Rinde weiter außen und das Mark im Inneren. Innerhalb der Rinde gruppieren sich die Lymphozyten und bilden Anhäufungen oder Lymphfollikel. Einige von ihnen besitzen ein helleres Zentrum, das sogenannte Keimzentrum *(Germinal)*.

Die Gefäßbildung in den Lymphknoten erfolgt durch Arterien, die durch den Hilus eindringen und sich im Mark verzweigen. Dadurch ensteht ein feines Kapillarnetz, das sich über die Rinde und die Markstränge verteilt.

In den Lymphknoten sind die Lymphozyten nach einer mehr oder weniger festen Form angeordnet: in der oberflächlichen Rinde und im Mark befinden sich zahlreiche B-Lymphozyten, während in der tiefen Rinde die T-Lymphozyten vorherrschen. Die Makrophagen befinden sich unter der Kapsel.

Anzahl und Größe der Lymphfollikel hängen vom Aktivierungszustand des Knotens und der Art der Immunreaktion ab. Eine zelluläre Reaktion (über die Lymphozyten) führt zu einer parakortikalen Vergrößerung, während eine humorale Reaktion (über Antikörper) viele Kortikal-Follikel mit Keimzentren produziert.

Im Lymphgewebe des Lymphknotens unterscheidet man zwei Zonen, die äußere Rinde und das Mark im Inneren. Innerhalb der Rinde gruppieren sich die Lymphozyten und bilden Anhäufungen oder Lymphfollikel.

Schnitt durch einen Lymphknoten

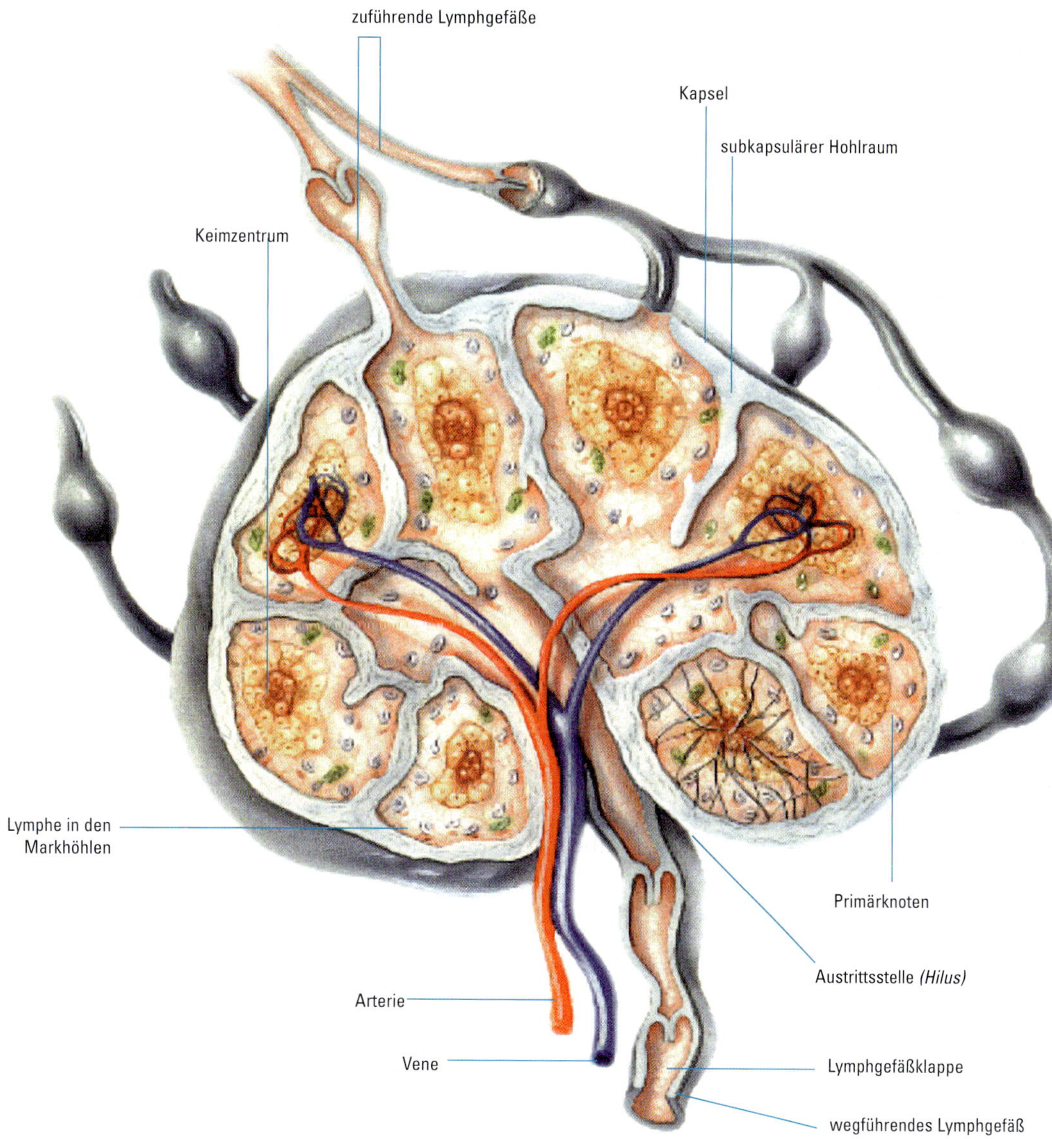

Die Immunabwehr

Unter Immunabwehr versteht man die Abwehrreaktion des Immunsystems auf das Eindringen von Fremdkörpern (Antigene). Daran sind weiße Blutkörperchen, vor allem die Lymphozyten, und speziell gebildete Antikörper, die Immunglobuline, beteiligt.

Das Immunsystem verteidigt den Körper gegen Fremdkörper mit Hilfe der spezifischen und der unspezifischen Immunabwehr. Die spezifische Abwehr hat zelluläre und humorale Mechanismen.

Die Lymphozyten sind in der Lage, Antigene zu erkennen und zu bekämpfen. Dabei gibt es zwei verschiedene Vorgänge, die im folgenden beschrieben werden.

Zelluläre Immunabwehr

Sie erfolgt durch die T-Lymphozyten, und ist an die Zellen im Blutkreislauf gebunden. Trifft ein T-Lymphozyt auf ein Antigen, wird die Abwehr ausgelöst, indem die Produktion spezieller, auf dieses Antigen abgestimmter Freßzellen und anderer Abwehrstoffe angeregt wird. Außerdem werden Lymphokine freigesetzt, um die humorale Immunabwehr zu fördern.

Humorale Immunabwehr

Hier spielen die B-Lymphozyten, die sich in den Lymphorganen – vor allem in den Lymphknoten – befinden, eine große Rolle. Sie können sich mit den Antigenen verbinden, um dann Plasmazellen zu bilden. Die Plasmazellen produzieren spezifische Antikörper, die sich an die Antigene heften und die unten beschriebene unspezifische Abwehr aktiveren. Wurden einmal Antikörper für ein bestimmtes Antigen gebildet, ist der Körper lebenslang dagegen immun, da die Information über die spezifischen Antikörper in sogenannten Gedächtniszellen gespeichert wird. Die Antikörper werden nicht nur in den Blutkreislauf abgegeben, sondern in sämtliche Körperflüssigkeiten.

Bei den bisher beschriebenen Mechanismen handelt es sich um die sogenannte spezifische Immunabwehr, die eine vorausgehende Verarbeitung des Antigens erfordert. Es gibt jedoch auch eine unspezifische Abwehr, die in der direkten und spontanen Zerstörung der Antigene durch die Phagozyten oder Freßzellen besteht.

Virusinfektionen führen bei manchen Zelltypen zur Absonderung eines Hemmstoffes gegen Viren namens Interferon, der die Teilung der Viren im Zellinneren blockiert.

Eine weitere Komponente der unspezifischen Immunabwehr ist die Reaktion auf Entzündungen, die später beschrieben wird. Sie umfaßt lokale Kreislaufveränderungen und die Anreicherung des Entzündungsherdes mit Freßzellen.

Neben den dargestellten Mechanismen, gibt es ein System, das für die Immunabwehr sehr wichtig ist: das Ergänzungssystem. Es besteht aus rund 25 Proteinen, die im Blut zirkulieren und grundsätzlich durch Antikörper aktiviert werden. Wenn sich ein Antikörper (ein Immunglobulinmolekül) mit einem Fremdkörper verbindet, aktiviert er die ergänzenden Proteine. Unter diesen Molekülen beginnt eine Kettenreaktion, sie verbinden sich miteinander, bis sie schließlich in der Membran des Angreifers eine Pore bilden. Dadurch wird die Durchlässigkeit der Membran so verändert, daß es zur Zerstörung des Mikroorganismus kommt.

Humorale Immunabwehr

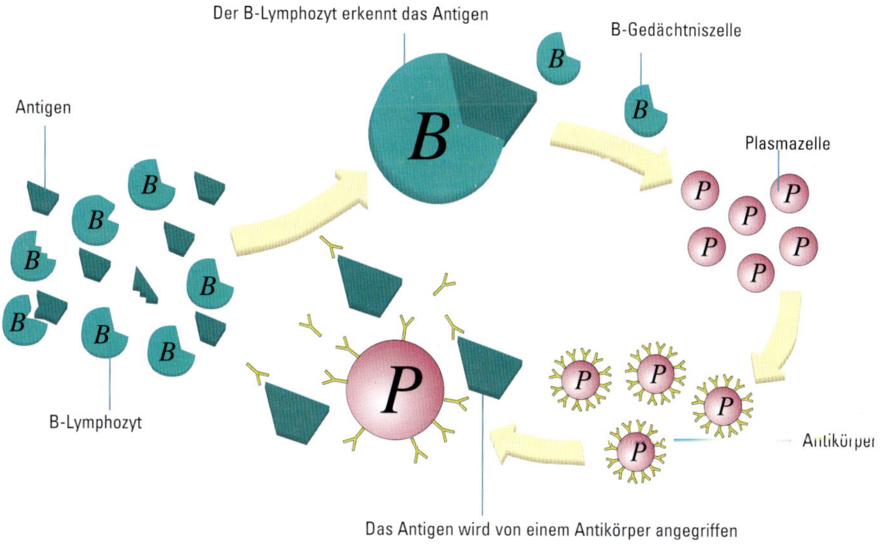

Abwehrreaktion bei Entzündungen

Die Abwehrreaktion gegen Entzündungen gehört zu den wichtigsten Mechanismen, die beginnen, nachdem ein Antigen durch die Haut oder die Schleimhäute in den Körper eingedrungen ist.

Sie ist Teil des unspezifischen Immunsystems, weshalb sie jeden Mikroorganismus auf dieselbe Art angreift. Zuerst erhöht sie den lokalen Blutfluß, um die Freßzellen (Makrophagen und neutrophile Granulozyten) an die betroffene Stelle zu bringen. Es kommt auch zur Absonderung von entzündungshemmenden Stoffen, der Prostaglandine und Histamine, welche die Durchlässigkeit der Kapillaren erhöhen.

Die Freßzellen klammern sich mit Hilfe der an ihnen haftenden Antikörper an die Fremdkörper. Im Anschluß kommt es zur Phagozytose, einem Prozeß, bei dem die Antigene von den Freßzellen verschlungen werden. Dort werden die Mikroorganismen von toxischen Substanzen (*siehe S. 151*) zersetzt.

Nicht nur gegen Stoffe wie Viren und Bakterien kann es zu Abwehrreaktionen und Entzündungen kommen, sondern auch gegen physische und chemische Angriffe. Beispielsweise führt unablässiges Kratzen einer Hautstelle auch ohne Infektion zu einer Entzündung. Verbrennungen und direkte Schläge auf irgendeine Körperstelle können ebenfalls Entzündungen verschiedener Stärke hervorrufen.

Ein Sonderfall der Entzündung ist die Überreaktion des Immunsystems, die allergische Reaktion oder Allergie. Dabei reagiert die Immunabwehr auf ein eigentlich unschädliches Antigen und löst großflächige Abwehrreakionen aus, die von Rötung und Anschwellen der Haut (Urtikaria) bis zu einer starken Entzündung der Bronchien und Atembeschwerden reichen kann. Im Extremfall, einem sogenannten allergischen Schock, kann dieses Entzündungsphänomen den gesamten Kreislauf befallen Es kommt zu einer übermäßigen Ausdehnung der Blutgefäße mit darauffolgendem Abfall des Blutdrucks, was sogar zum Tod der betroffenen Person führen kann.

Die Immunabwehr reagiert nicht nur auf Fremdstoffe mit Entzündungen, sondern auch auf physische und chemische Einflüsse von außen, z. B. Kratzwunden und Verbrennungen.

Abwehrreaktion

Entzündungsreaktion

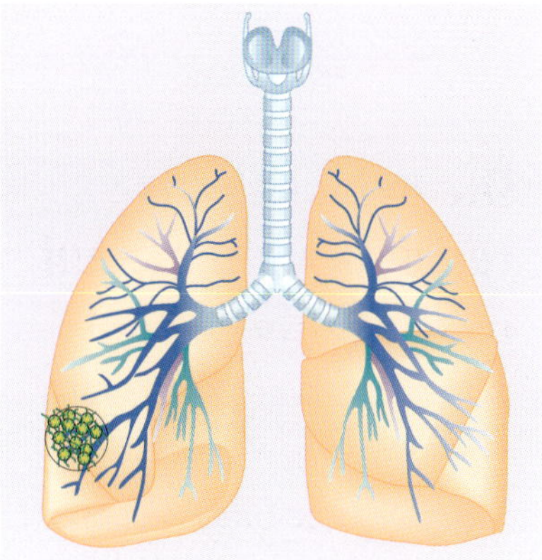

Abwehrreaktion gegen eine Entzündung des Bronchialgewebes

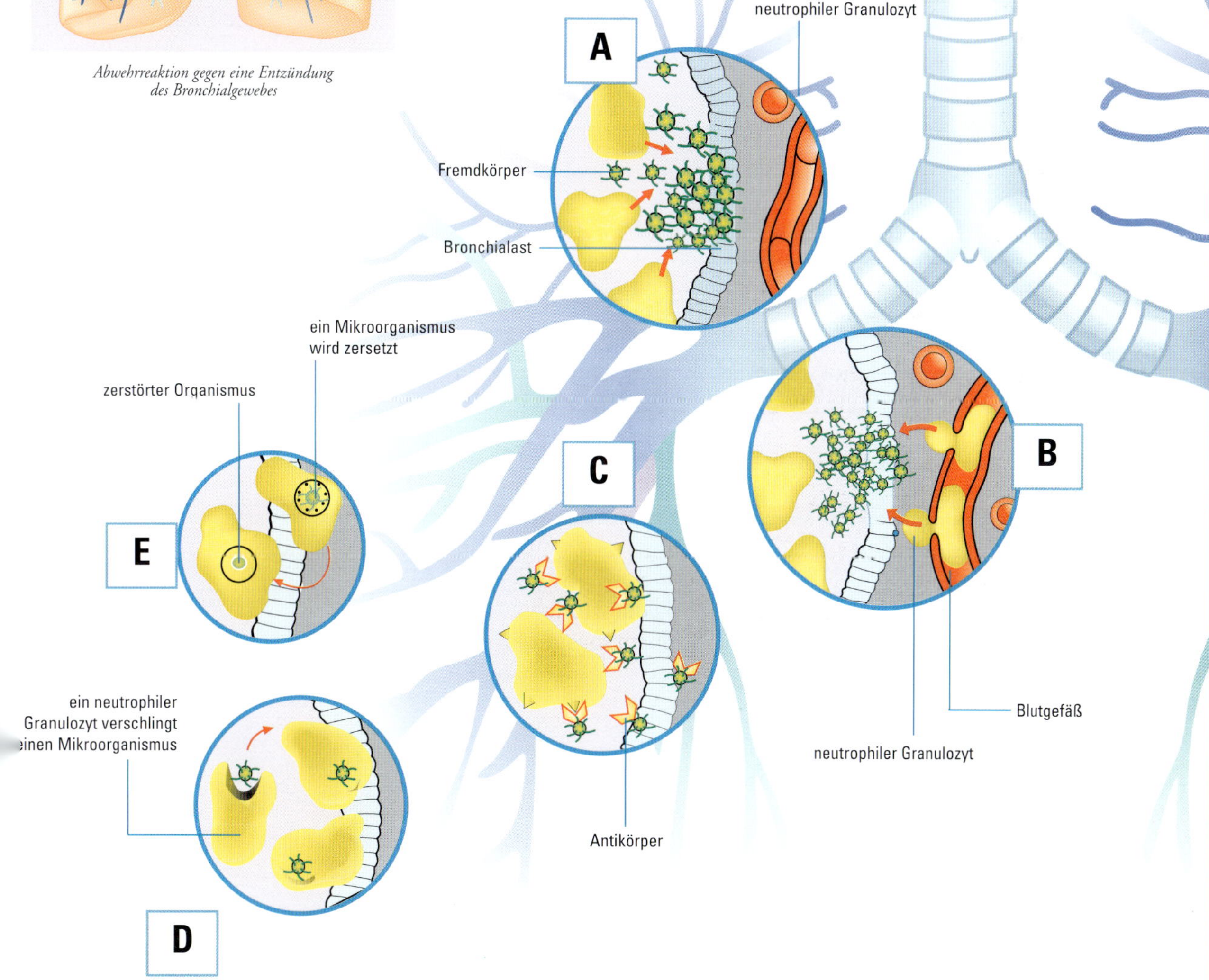

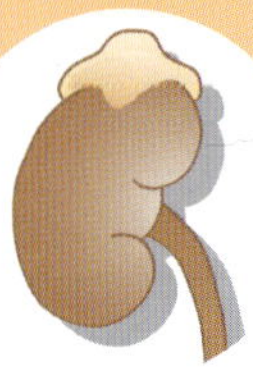

Urogenitales System

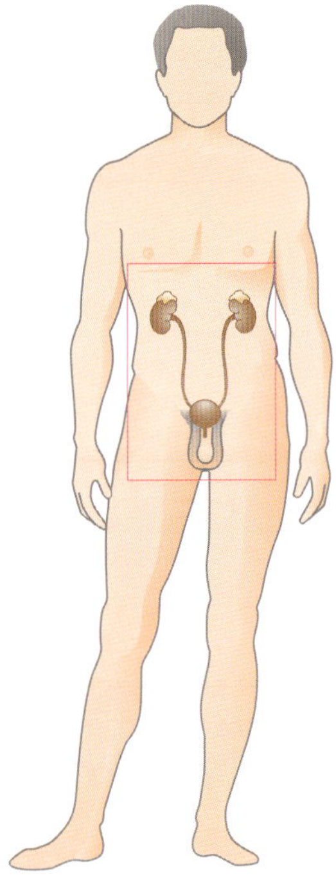

Die Hauptaufgabe der Harnwege bzw. des urogenitalen Systems ist die Ausscheidung von Stoffwechselabfällen wie Harnsäure und Kreatin aus dem Organismus. Wichtigstes Ziel ist es, die Zusammensetzung der Körperflüssigkeiten und der darin gelösten Substanzen möglichst konstant zu halten. So werden Überschüsse an aufgenommenen Flüssigkeiten und/oder Salzen im Organismus mit einem unterschiedlichen Anteil im Urin kompensiert.

Weitere Funktionen der Harnwege, deren Organe über Hormone gesteuert werden, sind die Aufrechterhaltung des Blutdrucks und die Anregung der Erzeugung roter Blutkörperchen im Knochenmark.

Anatomie

Zu den Harnwegen gehören zwei Nieren, die an der Rückseite des Abdomens, links und rechts von der Wirbelsäule angeordnet sind, zwei Harnleiter, die in die Harnblase münden, sowie die Harnröhre (Urethra), über die der Urin oder Harn ausgeschieden wird.

Nieren – Jede Niere ist 10–12 cm lang und in unterschiedliche Zonen, nämlich Rinde und Mark, gegliedert. Eine Niere enthält rund eine Million Filtereinheiten, die sogenannten Nephronen. In den Nieren wird das Blut gefiltert und Urin produziert, der durch das Ausscheidungssystem aus dem Körper geleitet wird: Nierenbecken, Harnleiter, Harnblase und Harnröhre. Über der Niere befindet sich die Nebenniere, die Hormone produziert.

Harnleiter (Ureter) – Leitungen, über die der Urin von den Nieren zur Harnblase befördert wird. Beim normalen Erwachsenen sind sie rund 30 cm lang und haben einen Durchmesser von 5 mm. Vom Nierenbecken, wo sie entspringen, verlaufen sie absteigend retroperitoneal. Wenn sie in die Harnblase münden, erfolgt dies in einem solchen Winkel, daß die Blasenmuskulatur wie ein Schließmuskel wirkt, wodurch der Rückfluß des Urins vermieden wird.

Anatomie

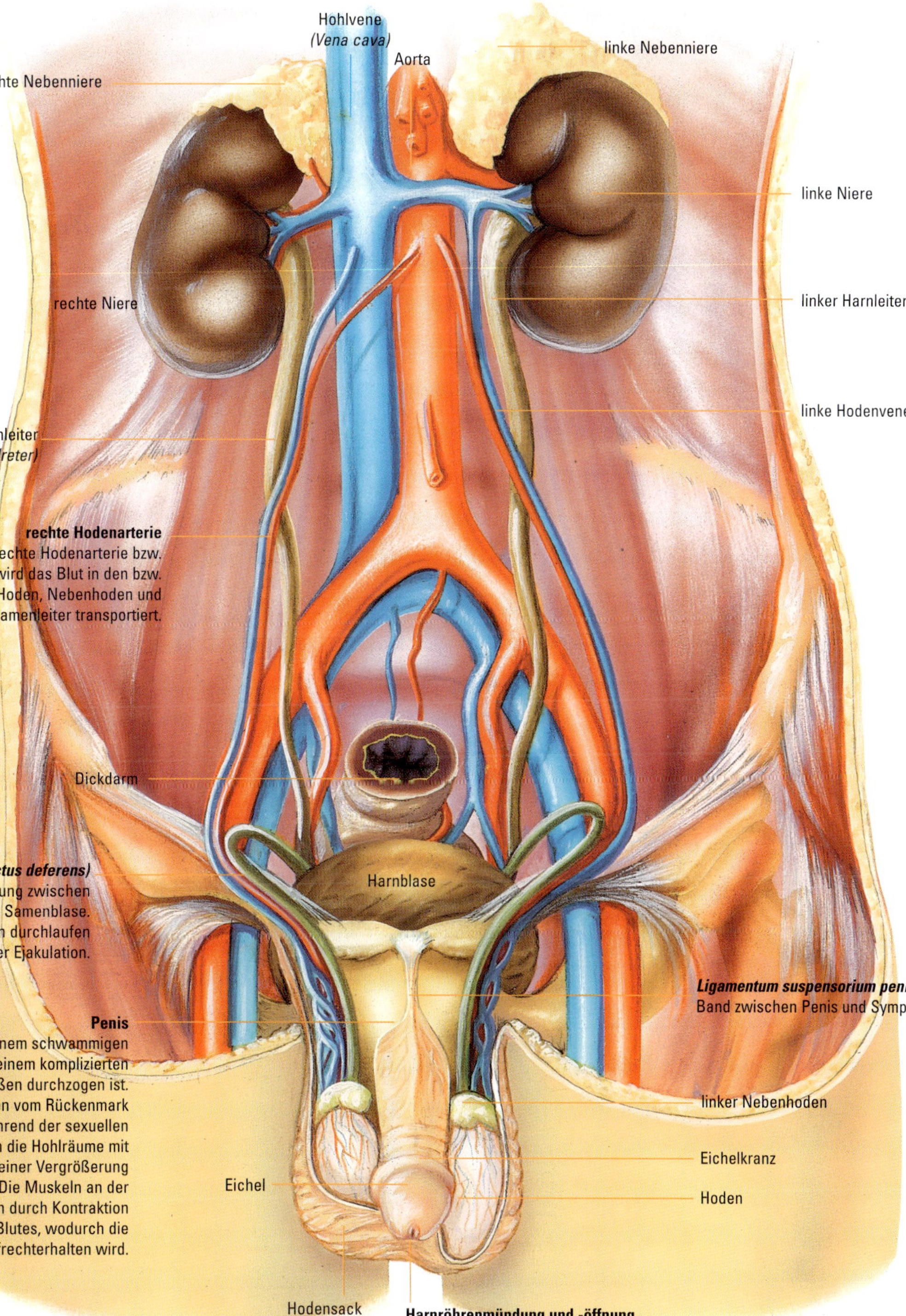
Hohlvene
(Vena cava)
Aorta
linke Nebenniere
rechte Nebenniere
linke Niere
rechte Niere
linker Harnleiter
linke Hodenvene
rechter Harnleiter
(Ureter)
rechte Hodenarterie
Durch die rechte Hodenarterie bzw. Hodenvene wird das Blut in den bzw. aus dem Hoden, Nebenhoden und dem Samenleiter transportiert.
Dickdarm
Samenleiter *(Ductus deferens)*
Verbindung zwischen Nebenhoden und Samenblase. Die Spermatozoen durchlaufen ihn vor der Ejakulation.
Harnblase
Ligamentum suspensorium penis
Band zwischen Penis und Symphyse
Penis
Besteht aus einem schwammigen Gewebe, das von einem komplizierten Netz aus Blutgefäßen durchzogen ist. Diese werden vom Rückenmark gesteuert. Während der sexuellen Erregung füllen sich die Hohlräume mit Blut, so daß es zu einer Vergrößerung des Penis kommt. Die Muskeln an der Basis verhindern durch Kontraktion den Rückfluß des Blutes, wodurch die Erektion aufrechterhalten wird.
linker Nebenhoden
Eichelkranz
Eichel
Hoden
Hodensack
(Skrotum)
Harnröhrenmündung und -öffnung
Endöffnung der Harnröhre, aus der Urin oder Samenflüssigkeit austritt.

Urogenitales System

Harnblase – Das Hohlorgan besteht aus mehreren elastischen Muskelschichten, durch die sich die Blase ausdehnen und nach der Entleerung zusammenziehen kann. Es liegt im kleinen Becken, ist bei der Frau teilweise mit der Gebärmutter verbunden, beim Mann durch Prostata, Samenblase und -leiter vom Beckenboden getrennt.

Harnröhre (Urethra) – Sie leitet den Harn aus der Blase nach außen. Beim Mann dient sie auch zur Weiterleitung der Samenflüssigkeit, ist rund 20 cm lang und besteht aus drei Teilen: *Pars cavernosa* im Bereich der Schwellkörper, dem membranösen Teil *(Pars membranacea)* und dem Teil, der die Prostata durchzieht *(Pars prostatica)*. Die Harnröhre der Frau mißt dagegen nur etwa 4 cm.

Prostata – Die Prostata oder Vorsteherdrüse eines Erwachsenen ist gewöhnlich ca. 20 g schwer. Das walnußgroße Organ umgibt den Anfangsteil der Harnröhre und ist hormonabhängig, d. h. sein Wachstum wird durch Hormone gesteuert. Mit dem Alter nimmt die Prostata an Größe zu.

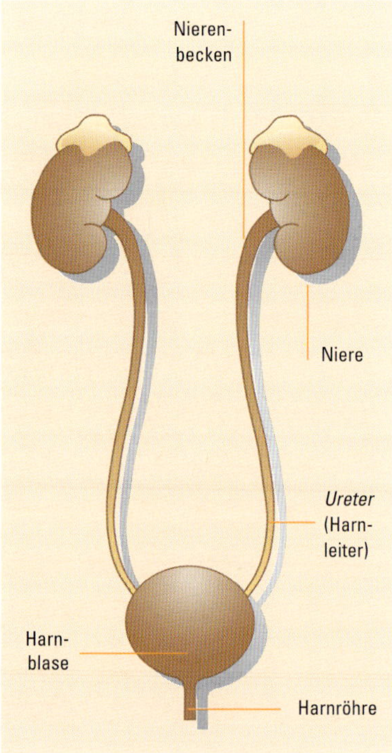

Schematische Darstellung des Ausscheidungssystems

Physiologie

Über die Nierenarterie gelangt das mit Abfallstoffen angereicherte Blut zu den Hauptbausteinen der Nieren, den sogenannten Nephronen. Diese winzigen Ausscheidungseinheiten bilden ein Röhrensystem, das in engem Kontakt mit arteriellen Kapillaren steht. Zwischen Nephronen und Kapillaren erfolgt ein Austausch von Substanzen, aus denen sich dann der Urin bildet, eine wäßrige Flüssigkeit von gelblicher Farbe, die durch die Ausscheidungswege der Nieren aus dem Körper geleitet wird.

Das Gesamtvolumen des zirkulierenden Blutes durchläuft die Nieren rund 300mal am Tag. Die Gesamtmenge des pro Tag ausgeschiedenen Urins beträgt rund 1,5 Liter.

Das Gesamtvolumen des zirkulierenden Blutes durchläuft die Nieren rund 300 mal am Tag.

Anatomie der Harnwege im weiblichen Körper

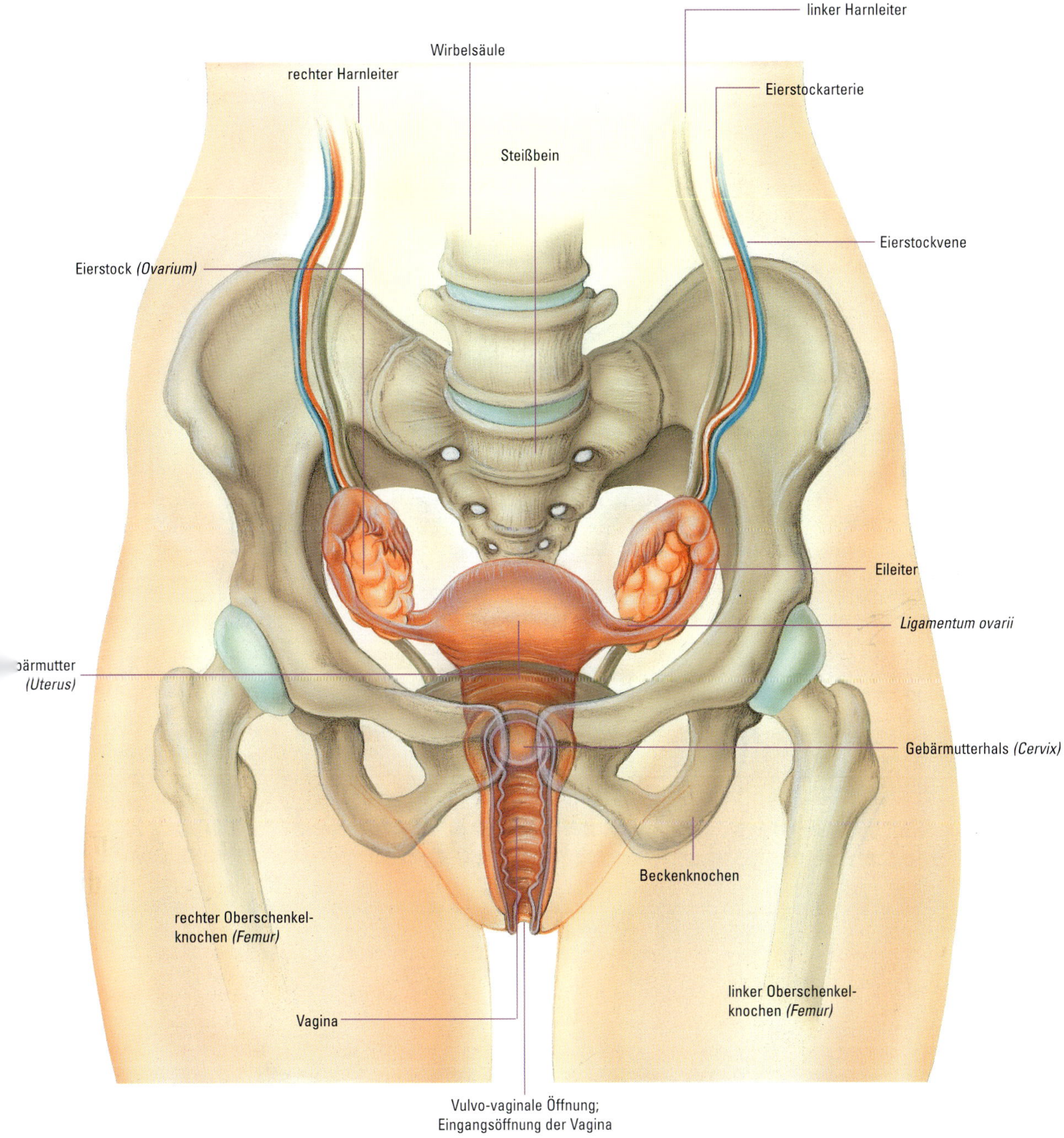

Harnwege

Gefäßbildung

Im *Hilus renalis* teilt sich die Nierenarterie, die von der Aorta ausgeht, in zwei Hauptzweige. Jeder Zweig bildet mehrere Arteriolen, die zwischen den Nierenpyramiden bis zur Grenze zwischen Rinde und Mark aufsteigen. Dort verzweigen sie sich zu bogenförmigen Arterien, dann zu den Arterien der Nierenrinde und schließlich zu zuführenden Arteriolen, die zum *Glomerulus* (Gefäßknäuel) führen. Die Drainage durch die Venen erfolgt auf umgekehrte Weise von der vom *Glomerulus* wegführenden Arteriole und den Venula, die später die Nierenvenen bilden. Die Harnwege stehen in enger Verbindung mit den großen Arterien und Venen, die am hinteren Abdomen verlaufen: Aorta, Nierenarterien, untere Hohlvene *(Vena cava inferior)* und Nierenvenen.

Venen der Bauchhöhle

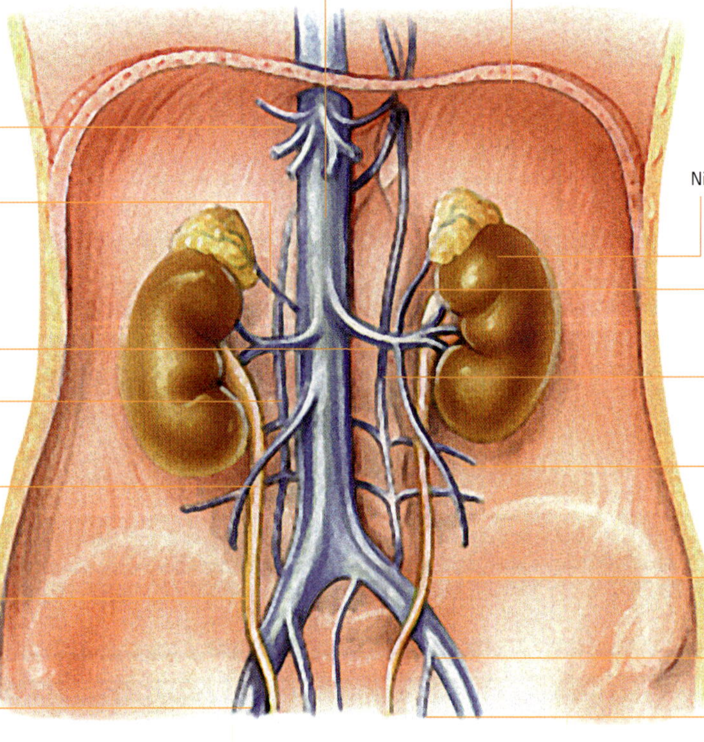

Arterien in den Nieren

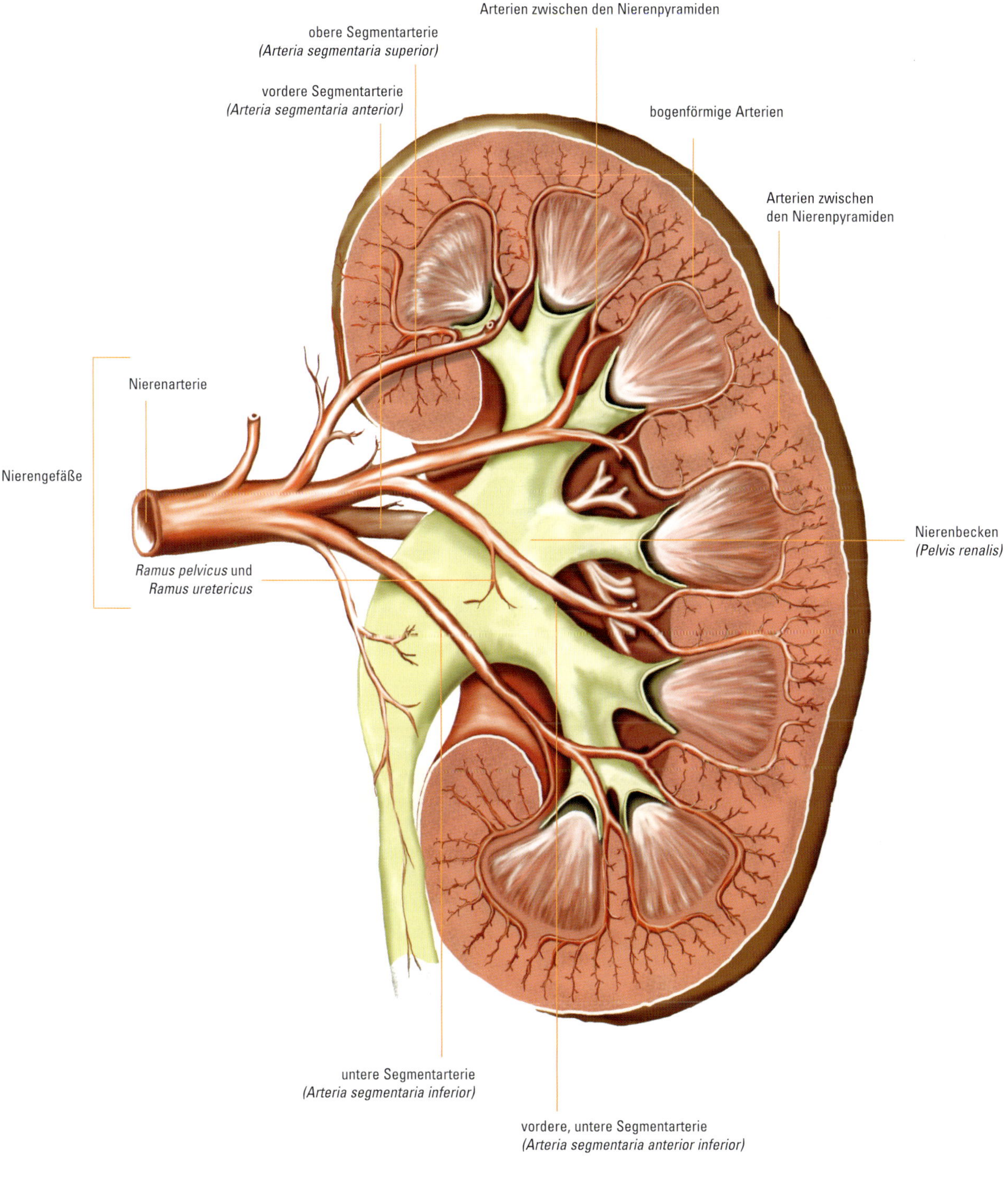

Das Nephron

Das Nephron ist die kleinste funktionelle Einheit der Niere. Jede Niere besteht aus etwa einer Million Nephronen. Sie filtern bestimmte Moleküle aus dem Plasma heraus, reabsorbieren einen Teil des Wassers und andere nützliche Moleküle, um dann die Abbaustoffe mit dem Urin auszuscheiden. Das gesamte Blutvolumen des Organismus durchläuft zur Filterung pro Tag etwa 300 mal die Nieren.

Ein Nephron besteht aus zwei Teilen, dem Nierenkörperchen oder Glomerulus und dem Nierentubulus.

Nierenkörperchen

Im Nierenkörperchen wird das Plasma gefiltert. Es besteht aus der Bowman-Kapsel und dem Gefäßknäuel, einem Kapillarnetz mit vielen Windungen im Inneren der Kapsel. Zwischen Bowman-Kapsel und Nierenkörperchen befindet sich eine Schicht aus Epithelzellen, den Podozyten, die beim Filtervorgang im Nierenkörperchen eine wichtige Rolle spielen. Der Aufbau der Nephronen und der Nierenkörperchen ist auf den Seiten 159 und 161 dargestellt. Das Nierenkörperchen beginnt an der zuführenden Arteriole, die sich zu Kapillaren verzweigt. An ihrem venösen Abschnitt fließen die Kapillaren zusammen und bilden den abführenden Teil der Arteriole. Im engen Bowmann-Raum (zwischen Podozyten und Kapillaren) wird der Primärharn bereitet und von dort in die Sammelrohre geleitet.

Abführende Gänge

Ein abführender Gang ist beim Mann etwa 55 mm lang. Hier werden ein Teil des Wassers und vorher im Nierenkörperchen herausgefilterte Substanzen wieder aufgenommen. Sie bestehen aus verschiedenen Abschnitten, mit jeweils unterschiedlichen Aufgaben: der erste Teil, der proximale gewundene Tubulus, ist der längste und resorbiert den Großteil des Wassers und der Ionen des aus dem Nierenkörperchen kommenden Primärharns. Daran schließen sich die Henle-Schleifen an. Sie durchziehen die gesamte Niere, von der Nierenrinde bis ins Nierenmark und spielen bei der Druckregulierung eine wichtige Rolle. Im distalen Teil des gewundenen Tubulus werden Kalium und Natrium ausgetauscht, die Sammelröhrchen genannten Kanäle schließlich leiten den Endharn über die Harnleiter in die Harnblase.

Die Filtration durch den Harnleiter ist abhängig vom arteriellen Blutdruck, vom Zustand des Harnfilters sowie der Größe der filtrierten Moleküle.

Aufbau eines Nephrons

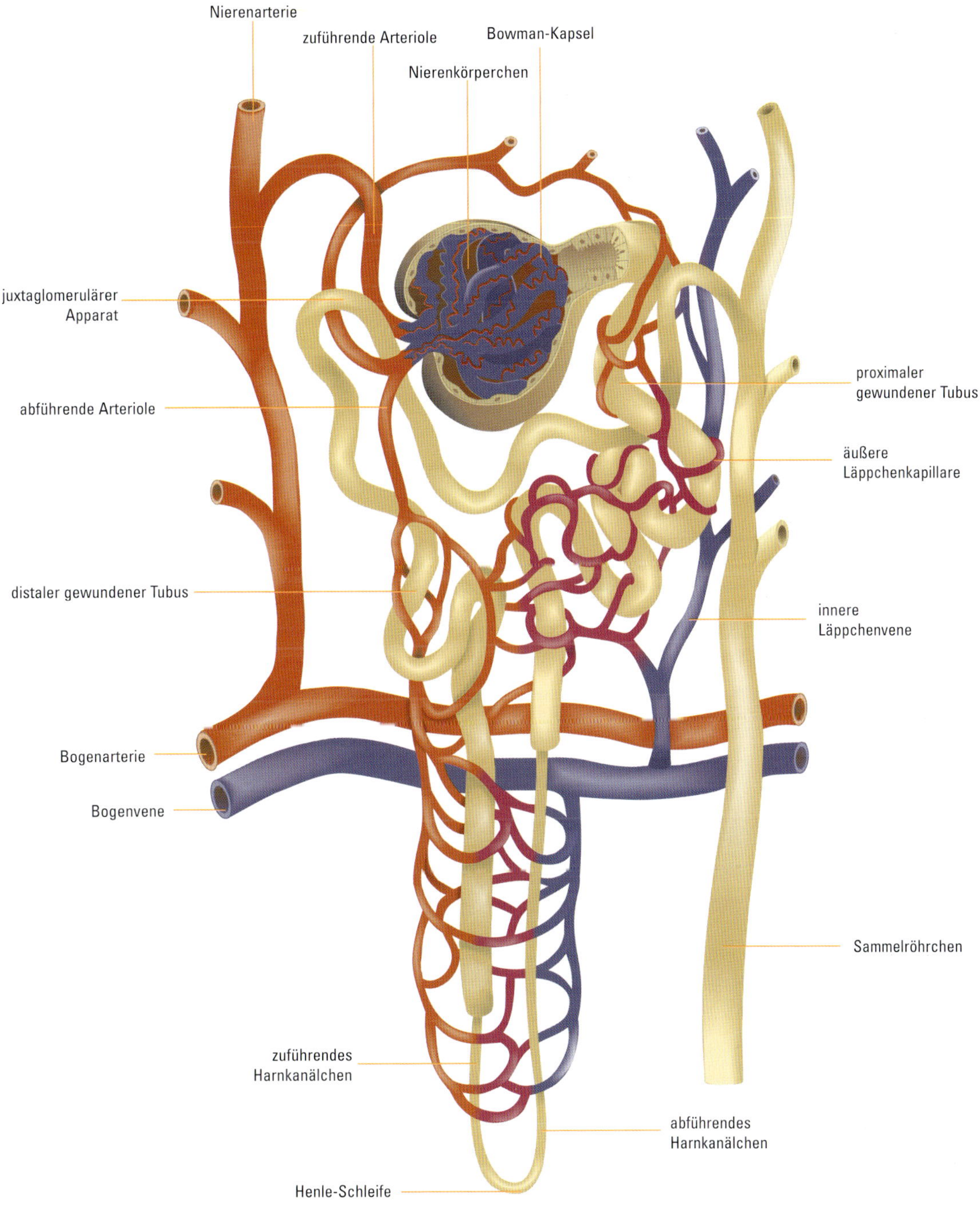

Der juxtaglomeruläre Apparat

In engster Nachbarschaft zu den Nierenkörperchen befindet sich das System des juxtaglomerulären Apparats, das den arteriellen Blutdruck regelt. Es besteht aus der zuführenden Arteriole, kurz vor ihrem Eintritt ins Nierenkörperchen, und einem abführenden Teil am distalen gewundenen Tubulus *(siehe Abb. S. 159 und 161)*. In den Gefäßwänden der zuführenden Arteriolen wird Renin gebildet, eine Substanz, die eine Kette von Reaktionen auslöst, die zur Erhöhung des Blutdrucks führen. Die Arteriole des Nierenkörperchens reagiert auf einen Blutdruckabfall, sie schüttet Renin ins Blut aus und bewirkt durch Steigerung der Reabsorption von Natrium und Wasser im distalen gewundenen Tubulus einen Blutdruckanstieg.

Zum juxtaglomerulären Apparat gehören auch eine besondere Art der Zellen, die das Erythropoietin produzieren, ein Hormon, das die Produktion von roten Blutkörperchen im Knochenmark stimuliert.

Die Nieren und Harnwege sorgen für die Reinigung des Blutes von Abfallprodukten, wirken an der Regulierung des Blutdrucks mit und regen die Bildung von roten Blutkörperchen an.

Die Harnproduktion

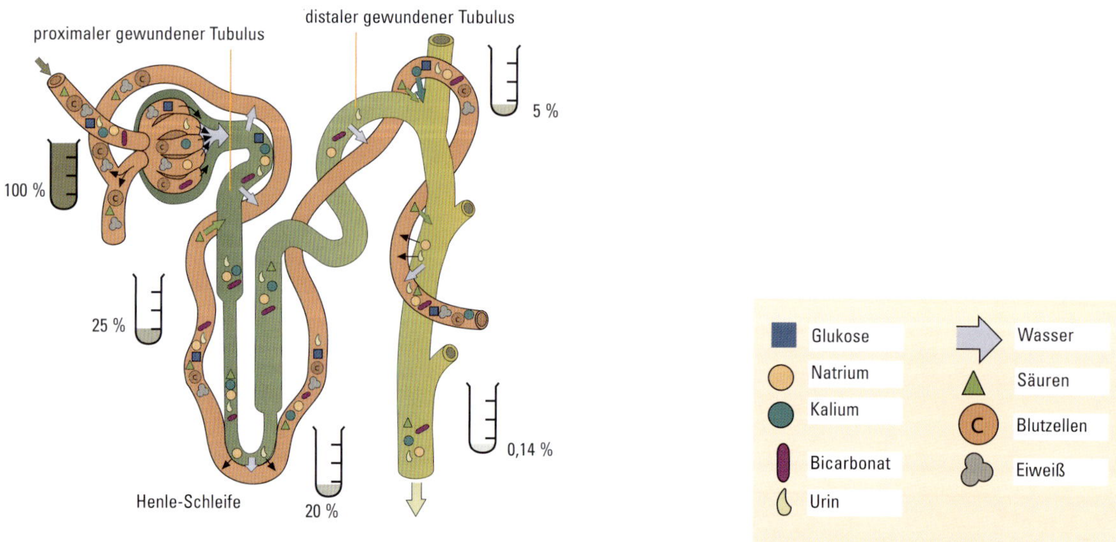

Die Filterung in den Nierenkörperchen

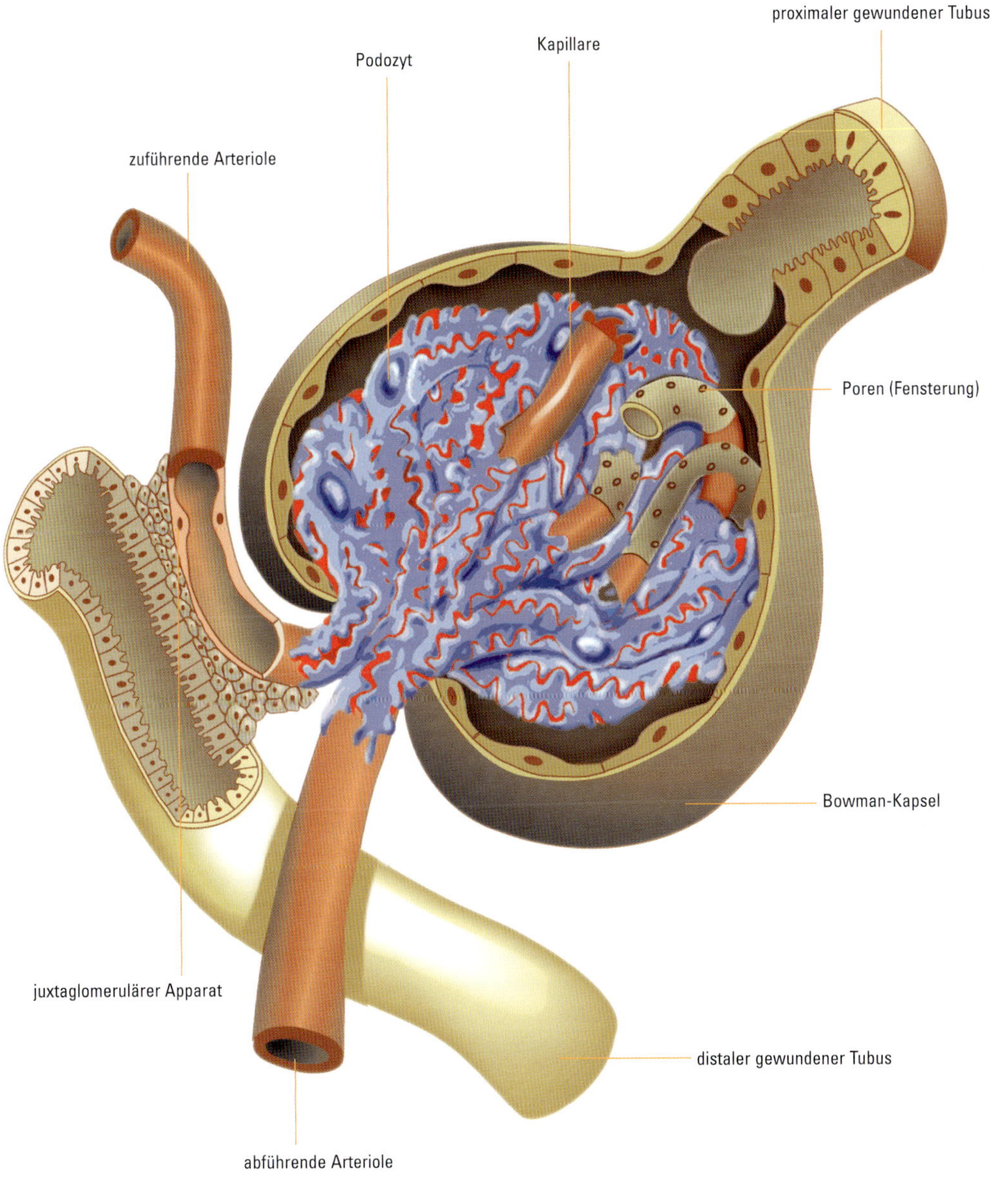

Die Sinnesorgane

Gesichtssinn

Das Auge ist das hochspezialisierte Organ des Gesichtssinns, das als Verlängerung des Gehirns betrachtet werden kann. Der Sehvorgang besteht in der Umwandlung von Lichtwellen in Nervenimpulse an das Gehirn, das die Informationen in Bilder verwandelt. Diese Umwandlung geschieht mit Hilfe spezieller Rezeptoren, die als verlängerte Nervenzellen in der Netzhaut liegen. Sie heißen Fotorezeptoren, wobei es Zapfen für das Farbensehen und Stäbchen zum Erfassen der Grautöne gibt.

„Grauer Star" *(Cataracta senilis)* wird die altersbedingte Linsentrübung genannt, die zur Verschlechterung der Sehfähigkeit führt.

Der Augapfel ist dreischichtig aufgebaut: Die äußere Schicht ist die Lederhaut *(Sklera)*, darunter liegt die Aderhaut *(Choroidea)* und die innere Schicht wird von der Netzhaut *(Retina)* gebildet.

Lederhaut – Sie besteht aus derbem Bindegewebe und umgibt den Augapfel als feste Hülle. Die Augenaußenmuskeln treten in die Lederhaut ein. Sie ist überwiegend undurchsichtig, nur ihr vorderster Teil ist durchsichtig undgehört zur Linse. Dieser Abschnitt heißt auch Hornhaut *(Cornea)*. Die Linse ist einer der wichtigsten Bestandteile des Auges, denn sie bricht das Licht und wirft es auf die Netzhaut.

Aderhaut – Dies ist der mittlere, gefäß- und pigmentreiche Teil der Augenhaut und absorbiert das Licht, das auf die Netzhaut fällt. Sie geht an ihrem vorderen Teil in den Ziliarkörper über, eine verdickte, ringförmige Zone, die sich zur Regenbogenhaut fortsetzt. Der Ziliarkörper enthält einen glatten Muskel, der die Form der Linse bestimmt. Der Glaskörper bildet die Linse, die die Bilder auf die Netzhaut wirft. Wird der Glaskörper trüb, spricht man von einem Katarakt oder Star. Glaskörper und Ziliarkörper unterteilen das Auge in eine vordere und eine hintere Augenkammer. Sie enthalten das Kammerwasser. Die Regenbogenhaut ist pigmenthaltig und bestimmt die Augenfarbe. Ihr mittlerer Teil, die Pupille, funktioniert wie eine Blende und läßt das Licht zur Netzhaut passieren.

Netzhaut – Die Netzhaut ist die innere Augenhaut und besteht aus Nervenfasern, die Fotorezeptoren enthalten. All diese Nervenfasern bündeln sich an der Sehnervenpapille zum Sehnerv, der direkt mit dem Gehirn verbunden ist. An dieser Stelle gibt es auch einen blinden Fleck. In der Sehachse des Augapfels liegt die *Macula densa*, der sogenannte gelbe Fleck, dem Punkt des schärfsten Sehens.

Aufbau des Auges

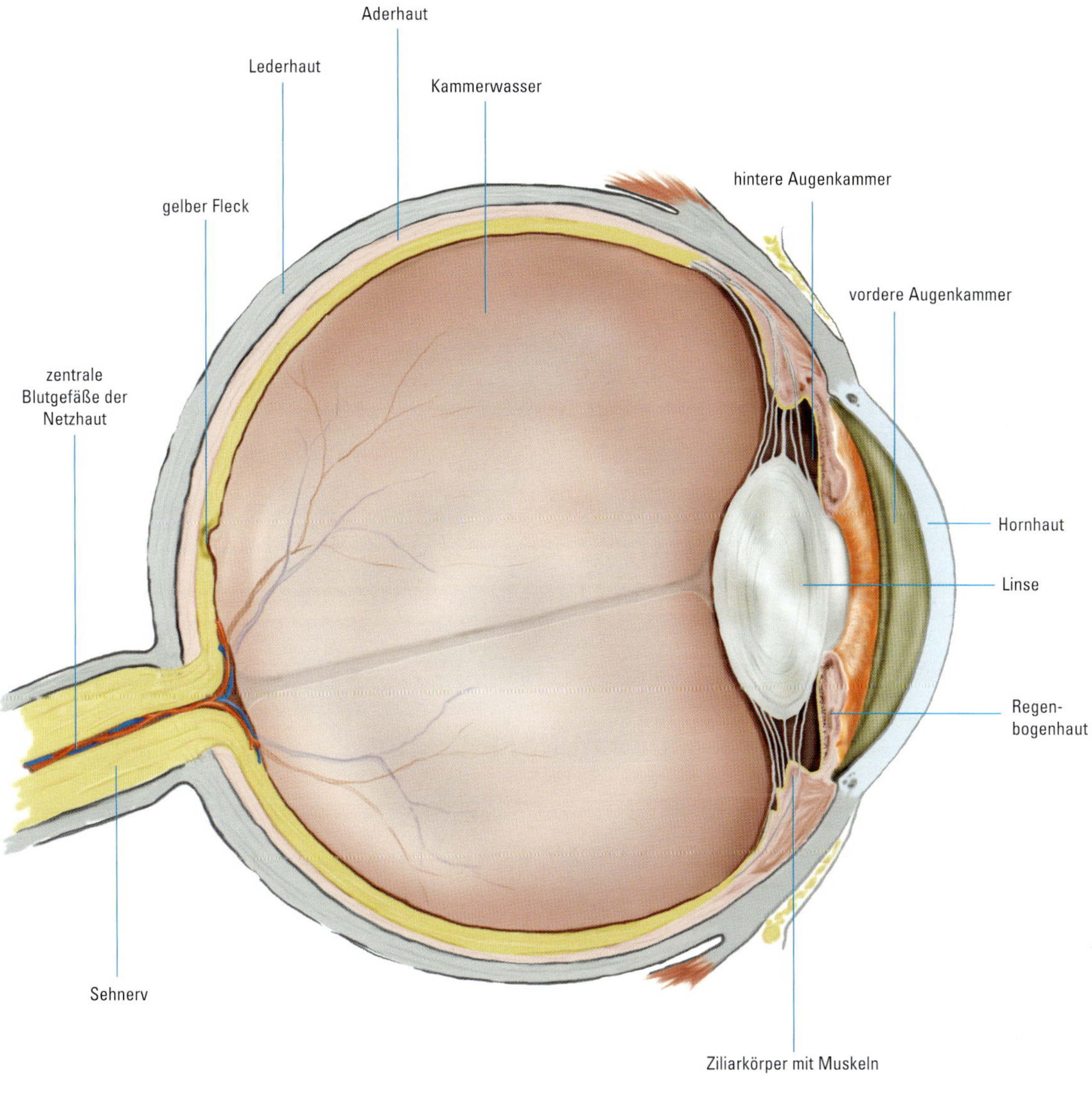

Die Sinnesorgane

Gehör

Das Ohr ist das Organ des Gehörs und des Gleichgewichtssinns. Es besteht aus drei Abschnitten: dem äußeren Ohr, das den Gehörgang schützt und die Schallwellen über das Trommelfell ins Mittelohr leitet, dem Mittelohr mit den Gehörknöchelchen und dem Innenohr, das die Schwingungen in Nervenbotschaften übersetzt, die an das Gehirn weitergegeben und dort interpretiert werden.

Äußeres Ohr – Es besteht aus der Ohrmuschel und dem äußeren Gehörgang, der mit Zilien und Ohrschmalzdrüsen ausgestattet ist.

Mittelohr – Das Mittelohr ist eine Höhlung im Schläfenbein zwischen Trommelfell und Innenohr. Drei kleine Knöchelchen, Hammer, Amboß und Steigbügel, übertragen die Schwingungen zum Innenohr.

Innenohr – Es wird auch Labyrinth genannt und besteht aus dem Vorhof, drei halbrunden Bogengängen und der Schnecke, wo im Cortischen Organ der eigentliche Gehörsinn liegt. Der Gleichgewichtssinn liegt im Vorhof und in den Bogengängen.

Die Eustachische Röhre verbindet das Mittelohr mit dem Nasen-Rachen-Raum.

Das Mittelohr

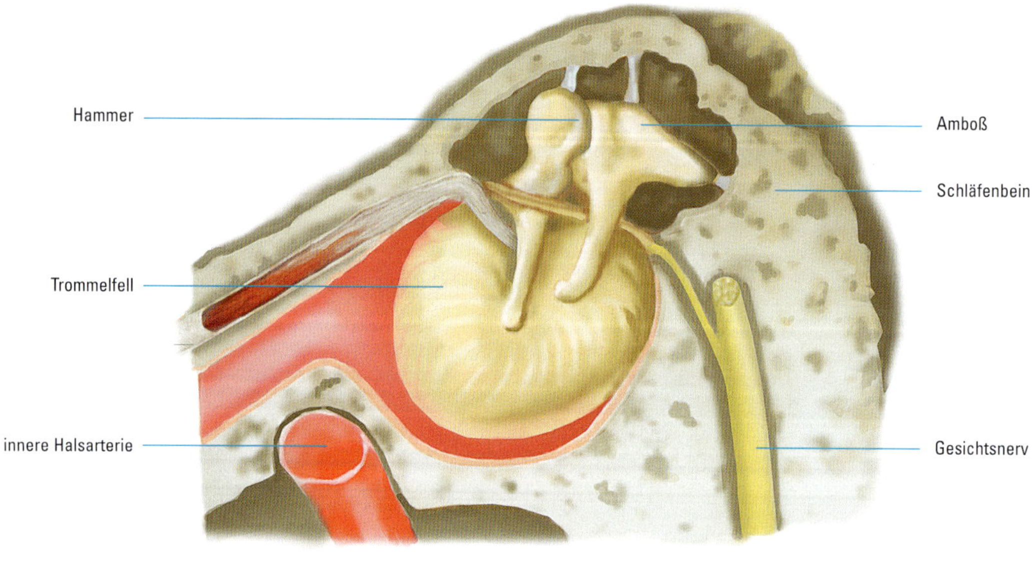

Schematische Ansicht des Ohrs

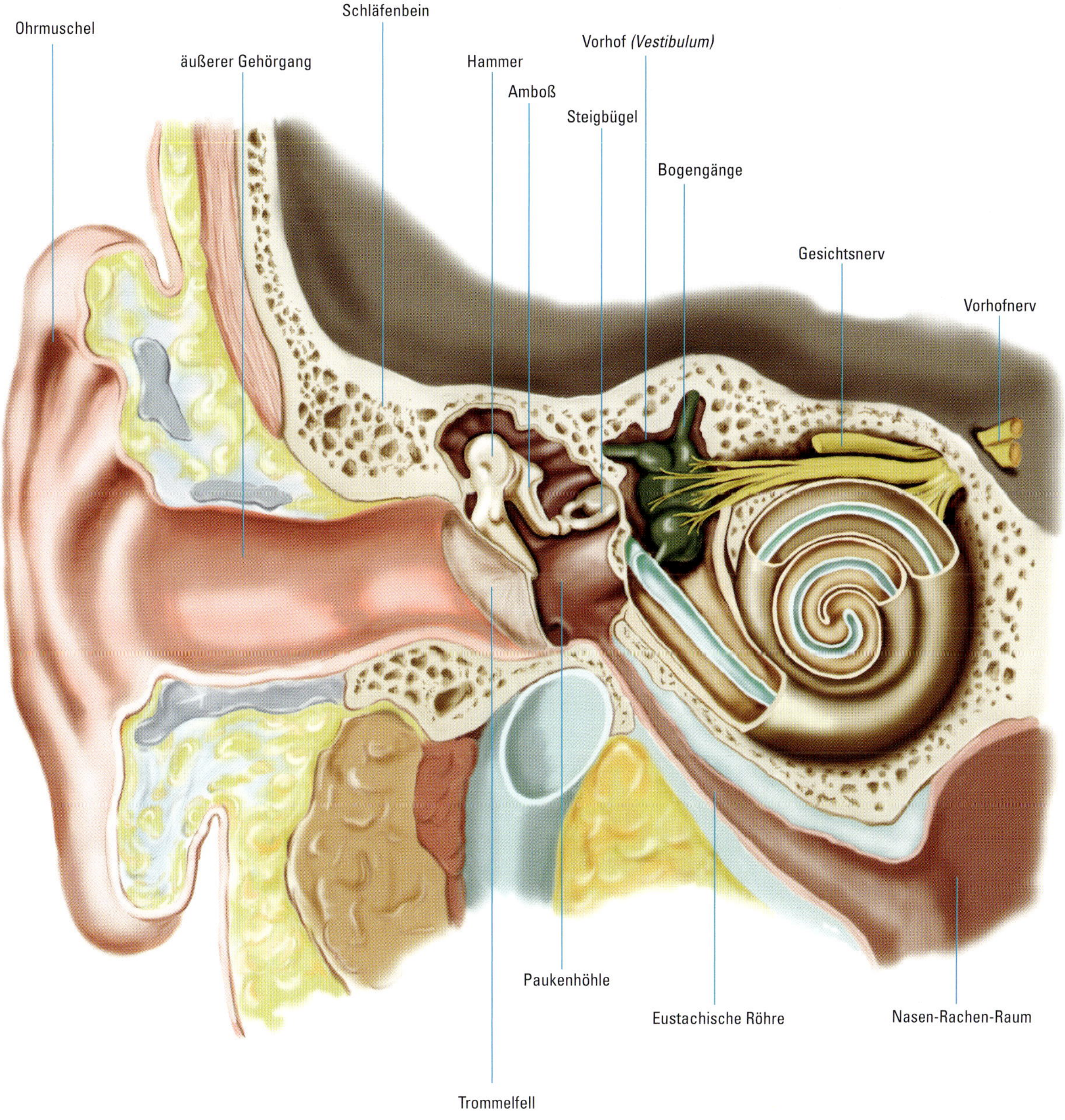

Geruchssinn

Die Geruchsrezeptoren befinden sich in einem abgegrenzten Bereich der Nasenschleimhaut, der sogenannten Riechschleimhaut, unterhalb des Siebbeins im oberen Bereich von Nasenmuschel und Nasenscheidewand. Diese Schleimhaut ist durchsetzt von Sinneszellen, die mit Riechhärchen ausgestattet sind. Die Nervenenden der Riechzellen verbinden sich zu den Riechfäden, die mit den Riechkolben verbunden sind. Diese Nervenverdickungen liegen paarweise zwischen dem Stirnlappen des Großhirn und der Schädelbasis. Aus ihnen gehen Nervenstränge hervor, die zu verschiedenen Hirnregionen führen.

Funktion des Geruchssinns

In der eingeatmeten Luft befinden sich molekulare Duftstoffe, die sich im Nasenschleim absetzen und die Härchen der Riechzellen stimulieren. Die so ausgelösten Nervenimpulse gelangen zum Riechkolben und werden von dort aus in die Stirn- und Schläfenlappen des Gehirns weitergeleitet. Neben der Geruchsempfindung können die Duftstoffe auch Gefühle auslösen.

Wirkt ein Duftstoff in gleichbleibender Konzentration über einen langen Zeitraum auf die Geruchsrezeptoren, kommt es zu einer Gewöhnung und der Geruch wird nicht mehr wahrgenommen.

Funktion des Geruchssinns

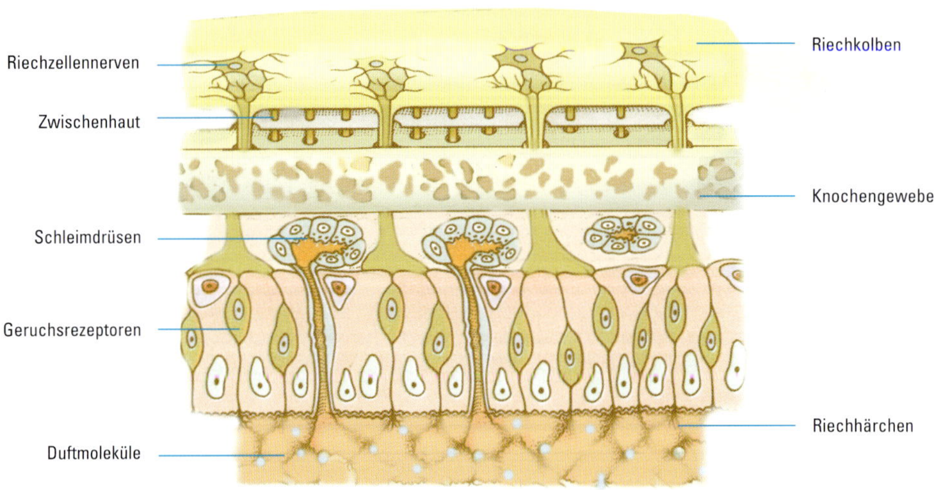

Der Aufbau des Geruchssinns

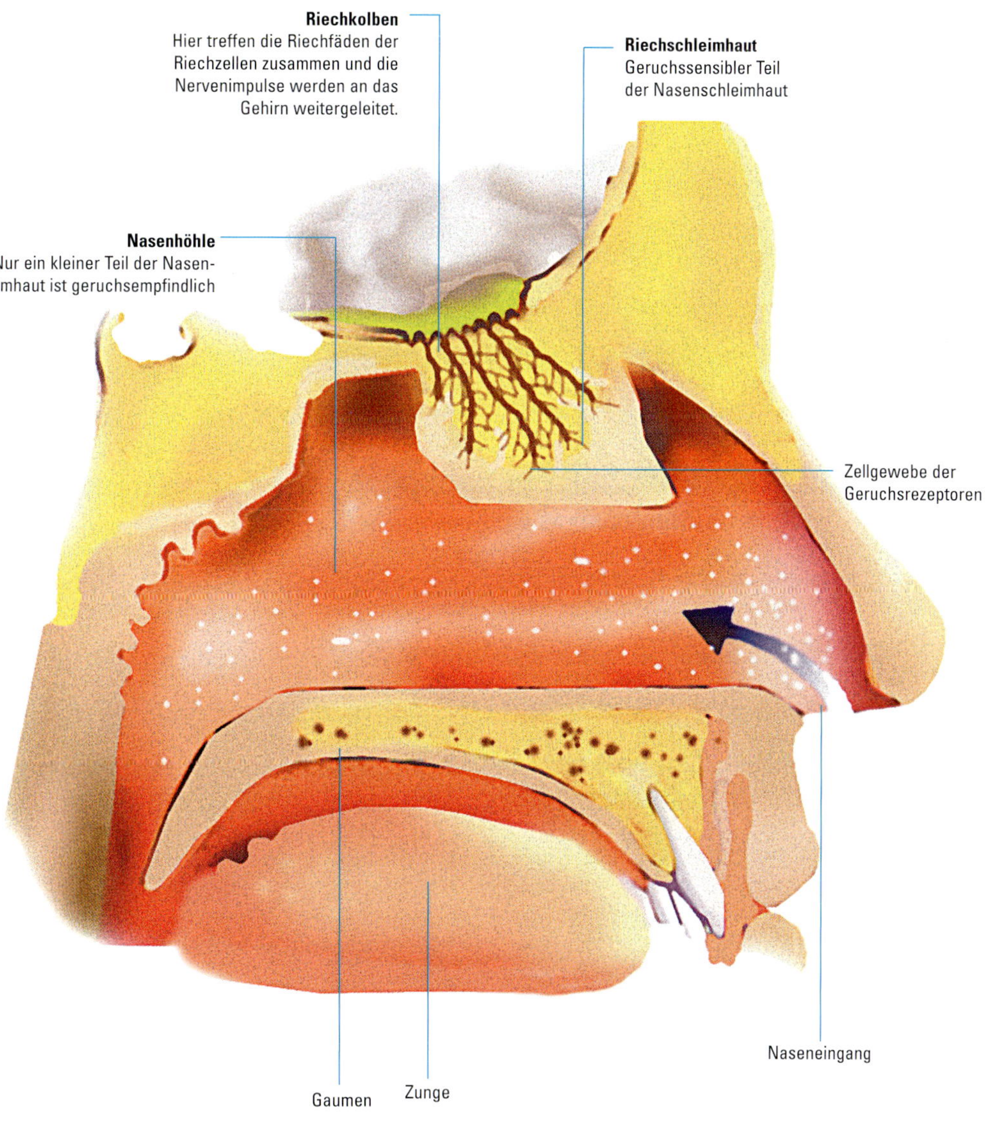

Die Sinnesorgane

Geschmackssinn

Die Rezeptoren des Geschmackssinns heißen Geschmacksknospen. Sie befinden sich hauptsächlich in den Zungenpapillen (warzenförmige Erhebungen der Schleimhaut), vereinzelt aber auch in Rachen und Gaumen. Jede Geschmacksknospe besteht aus rezeptiven Geschmackszellen. Sie sind in Stützgewebe eingebettet und mit Poren nach außen geöffnet. Dort treten Geschmacksstiftchen hervor, die mit den Geschmacksstoffen der Nahrung in Kontakt kommen.

Man unterscheidet vier Grundqualitäten des Geschmacks: süß, sauer, bitter und salzig. Jede wird überwiegend von einem ganz bestimmten Teil der Zunge wahrgenommen. Die Kombination dieser Geschmacksrichtungen löst vielerlei Empfindungen aus, wobei auch verwandte Reize, wie Gerüche und Farben eine Rolle spielen *(siehe Darstellung. S. 169)*.

Geschmacks- und Geruchssinn sind eng miteinander verbunden. Ist der Geruchssinn, etwa durch eine Erkältung, beeinträchtigt, werden auch die Geschmacksempfindungen schwächer.

Aufbau einer Geschmacksknospe

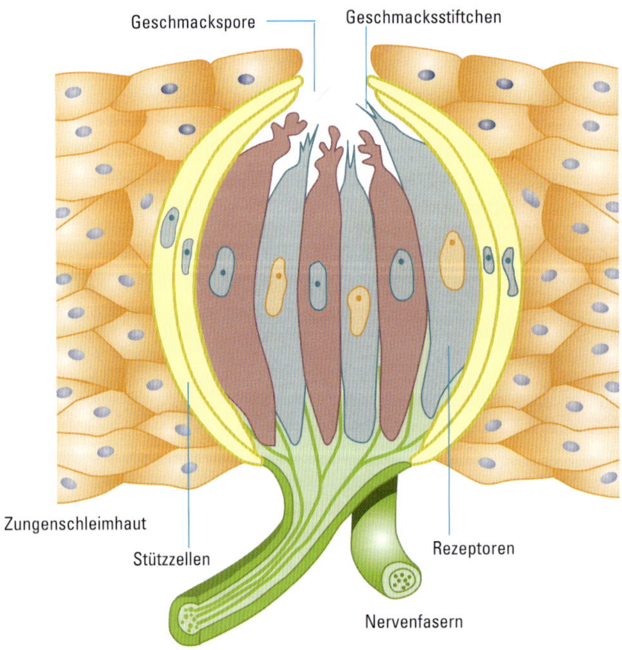

Vorderansicht der Zunge und ihrer Geschmackszonen

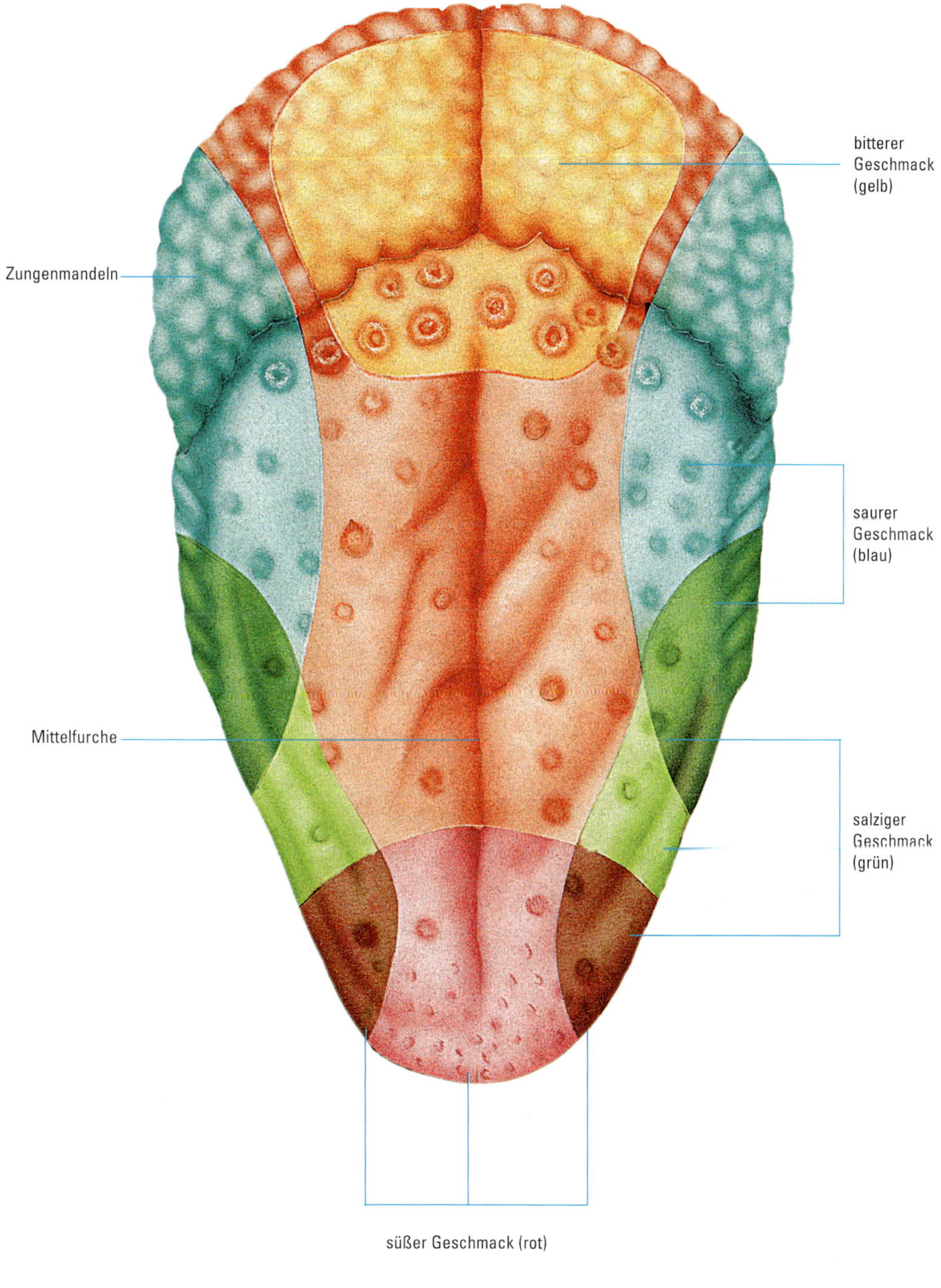

Die Sinnesorgane

Tastsinn

Das Tastgefühl wird von sensorischen Rezeptoren ausgelöst, die in der Haut und im Unterhautgewebe liegen. Diese Rezeptoren leiten Nervenimpulse zum Gehirn, wo sie willkürliche und unwillkürliche Reaktionen auslösen. Es gibt Rezeptoren, die von Bindegewebskapseln umgeben sind und solche, die als freie Nervenenden an der Hautoberfläche liegen. Die Meissner-Tastkörperchen mit ihren Rezeptoren für leichte Berührung und die etwas größeren Pacini-Körperchen, die auf stärkeren Druck und Schwingungen reagieren, sind von Bindegewebskapseln umgeben. Die freien Nervenende sind zahlreich und über die ganze Hautoberfläche verteilt. Sie nehmen schon leichte Berührung, Druck, Schmerz und die Temperatur wahr.

Die Haut dient mit Hilfe der Thermorezpetoren auch als Wärme- und Kälteempfänger. Einerseits werden so Schutzreaktionen ausgelöst, andererseits setzt die Empfindung von Wärme oder Kälte eine Kette automatischer Reaktionen zur Temperaturregulation in Gang.

Die von den Sinnen aufgenommenen Nervenimpulse gelangen zum Gehirn, werden dort ausgewertet und mit den entsprechenden Reaktionen beantwortet.

Der Mechanismus der Temperaturregulation

Reaktion auf Wärme

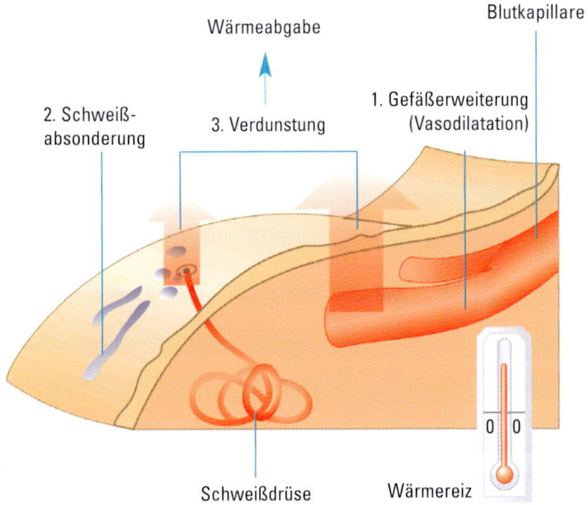

Reaktion auf Kälte

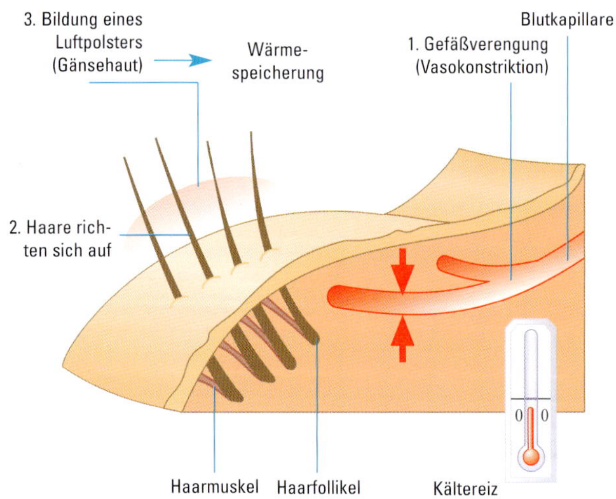

Aufbau der Haut und ihrer Tastrezeptoren

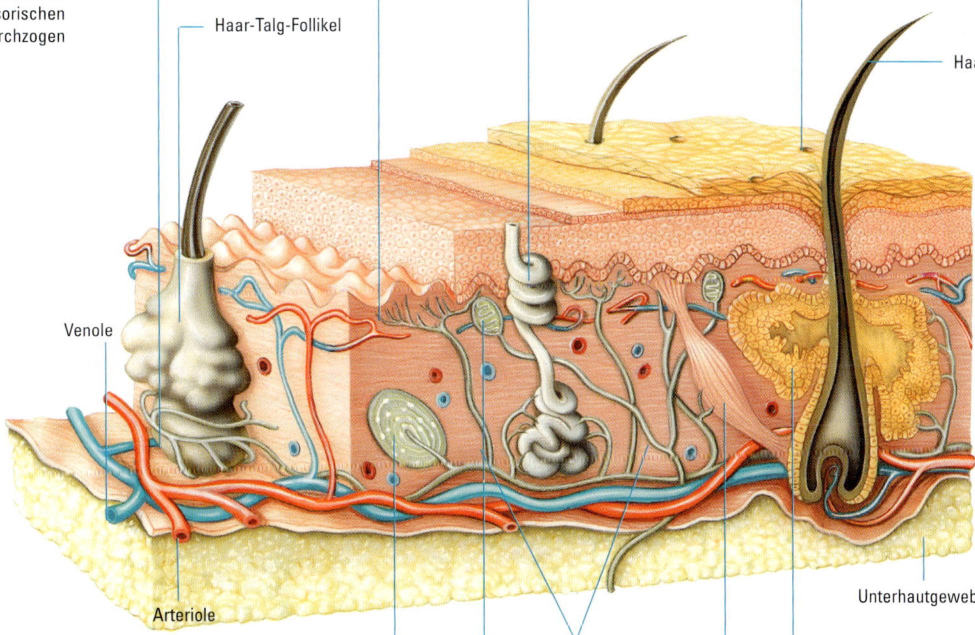

Register

Kursiv gedruckte Seitenzahlen verweisen auf Abbildungen, fett gedruckte Seitenzahlen auf die Erklärung des Begriffes im Text.

Bibliographie

Cotran, R.; Kumar, V.; Robbins, S. L.: *Grundlagen der Allgemeinen Pathologie*, Urban & Fischer 1993

Faller, A.: *Der Körper des Menschen. Einführung in Bau und Funktion*, Thieme 1995

Hampe, B.: *Das Nervensystem. Die Steuerung unseres Körpers*, Verlag Anatomie plus 1999

Netter, F. H.: *Atlas der Anatomie des Menschen*, Thieme 2000

Pschyrembel Medizinisches Wörterbuch, Verlag Walter de Gruyter

Roche-Lexikon Medizin, Verlag Urban & Schwarzenberg

Schmidt, R. F.; Thews, G.; Lang, F. (Hrsg.): *Physiologie des Menschen*, Springer 2000

Speckmann, E.-J.; Wittkowski, W.: *Bau und Funktion des menschlichen Körpers. Praxisorientierte Anatomie und Physiologie*, Urban & Schwarzenberger 1998

Spornitz, U. M.: *Anatomie und Physiologie, Lehrbuch und Atlas für Fachberufe im Gesundheitswesen*, Springer 1996